# 世纪高等教育精品大系

Shiji Gaodeng Jiaoyu Jingpin Da Xi

# C程序设计基础

●主编 胡同森 田贤忠

浙江科学技术出版社

图书在版编目(CIP)数据

C程序设计基础/胡同森,田贤忠主编.—杭州:浙江科学技术出版社,2007.8(2022.7重印)
(世纪高等教育精品大系·计算机系列)
ISBN 978-7-5341-3155-4

Ⅰ.C… Ⅱ.①胡…②田… Ⅲ.C语言—程序设计—高等学校—教材 Ⅳ.TP312

中国版本图书馆CIP数据核字(2007)第129186号

| 丛　书　名 | 世纪高等教育精品大系·计算机系列 |
|---|---|
| 书　　　名 | C程序设计基础 |
| 主　　　编 | 胡同森　田贤忠 |
| 出版发行 | 浙江科学技术出版社<br>杭州市体育场路347号　邮政编码:310006<br>联系电话:0571-85152486<br>E-mail:cl@zkpress.com |
| 排　　　版 | 杭州兴邦电子印务限公司 |
| 印　　　刷 | 浙江新华数码印务有限公司 |
| 经　　　销 | 全国各地新华书店 |
| 开　　　本 | 787×1092　1/16　　印张 17 |
| 字　　　数 | 422 000 |
| 版　　　次 | 2007年8月第1版　2022年7月第9次印刷 |
| 书　　　号 | ISBN 978-7-5341-3155-4　　定价:35.00元 |

版权所有　翻印必究

(图书出现倒装、缺页等印装质量问题,本社负责调换)

责任编辑　张祝娟　　责任印务　田　文
责任美编　金　晖　　责任校对　马　融
封面设计　孙　菁

# 前言

有很多同学问过作者:"现在为什么还要学习 C 语言,C 语言不是已经过时了吗?"作为具有多年教学经验和计算机专业工作经历的教师,曾不止一次地回答过这样的问题。

1. 开设程序设计课的目的是以编程语言为平台介绍程序设计的思想和方法。

通过学习,学生不仅要掌握高级程序设计语言的知识,更重要的是在实践中逐步掌握程序设计的思想和方法,培养问题求解和语言的应用能力,为今后进一步学习程序设计打好基础。C 语言具有丰富灵活的控制和数据结构、简洁而高效的语句表达、清晰的程序结构和良好的可移植性,既具有高级语言的优点,又具有低级语言的特点。学好 C 语言可以为今后深入学习 C++、Java 等其他高级语言打下一个良好的基础。

2. 认为 C 语言过时主要有两个理由:它是面向过程设计的,而非面向对象的;它不是可视化编程。

C++是在 C 的基础上开发的,且 Java 与 C++也有千丝万缕的联系,在 Java 环境下就可以直接用 C 程序,因而用 C 语言作为入门语言是较佳选择。由于我们习惯用 Windows 操作系统,于是认为非图形界面即不好,然而若一个问题不用图形界面就可以解决,那又何必做得这么复杂呢?试想,如果一条信息可以告诉你现在的时间是什么,你又何必去翻个闹钟出来看看?

即使是在 Linux 操作系统下,C 语言也大有用武之地,绝大多数的应用软件都是用 C 语言写的,包括图形界面。

3. 由于 C 语言具有低级语言的特点,因此许多涉及硬件底层设备的控制程序都要用 C 语言来完成,如设备驱动程序和操作系统。

本书作为高校学生第一门程序设计课程的教材,力图使学生掌握标准 C 语言的基本知识和 C 程序设计的思想和方法,为今后深入学习 C++、Java 等高级语言打下一个良好的基础。所以,本书在体系上重视理论结合实际,以便于读者低起点、高效率地掌握 C 语言;在内容组织上突出重点而不过度纠缠一些晦涩的语法现象,且注重解题的思路分析和算法的设计;在编排上尽量体现各章节的关联和系统性;在文字叙述上力求条理清晰、概念准确。

为便于学生更好地学习和理解 C 语言,在一些较难理解的部分尽量使用图解的方法,并且在例题中加入了部分代码注释。书中例题都是精选的,不以单纯解释 C 的语法为目的。习题难易适中、覆盖面广,对较难的习题还给出了提示以帮助学生解答。例题和习题强调了编程能力训练的重要性,淡化了部分语法细节。所有教学内容围绕 ANSI C 展开,因考虑到软件系统的流行配置,故重点介绍了在 Visual C++环境中运行调试 ANSI C 程序的方法。

本书共分 11 章,主要内容包括:

第一章:C 程序设计基础知识。介绍算法的概念与描述工具、计算机语言及其发展、C 语言的发展与特点、C 语言的程序结构,重点介绍 C 程序的上机环境与操作步骤。

第二章:基本数据类型与常用库函数。介绍了一些基本的数据类型、变量与常量的声明与应用,以及常用库函数的简单应用。

第三章:运算符和表达式。介绍 C 的算术、关系、逻辑、条件和逗号等运算符和表达式。

第四章:流程控制。重点介绍分支结构中的 if、switch 语句,循环结构中的 while、do-while、for 语句。

第五章:函数。着重介绍自定义函数的编写与调用,强调函数间参数传递的方式,同时还介绍了递归函数。

第六章:编译预处理与变量的作用域。介绍编译预处理中的文件包含和宏定义,变量的作用域、可见性以及存储类型。

第七章:数组与字符串处理。介绍了一维数组和二维数组的概念、定义、初始化,数组元素的引用和数组作为函数参数的使用,以及字符串、字符串数组的使用。

第八章:指针。介绍指针的概念,用较大篇幅从实用角度介绍了指针变量的应用分类、整理,使之更易于被接受。

第九章:结构体。介绍定义结构体的格式与使用方法,同时还对链表操作的几个典型示例作了分析。

第十章:位运算。主要介绍了位运算的概念以及六种常见的位运算符。

第十一章:文件。介绍文件的概念、文件指针、文件处理的基本过程和相关函数。

本书由浙江工业大学的胡同森教授、田贤忠老师、王英姿老师与浙江工商大学的陶华良老师编写,陈登、陈长军、项方云、佘静涛也参加了本书的编写工作。对于浙江工业大学以及信息工程学院领导和浙江科学技术出版社的大力支持,在此表示衷心感谢。

本书可以作为各类大专院校、各类培训与等级考试的教学用书,也可以作为 C 程序设计爱好者的自学用书,还可以作为计算机类硕士考研参考用书。相信通过本书的学习,能为你打下 C 程序设计坚实的基础。

恳请读者提出宝贵意见,可发送至 E-mail:hts@zjut.edu.cn。若需要本书中所有例题的源程序以及习题参考答案与复习题集的电子稿,可以按网址:www.computer.zjut.edu.cn 下载。

编著者

2007 年 6 月

# 目 录

**第一章 C程序设计基础知识** ································ 1
  第一节 算法的概念与描述工具 ································ 1
  第二节 计算机语言及其发展 ································ 3
  第三节 C语言的发展与特点 ································ 6
  第四节 C语言程序结构 ································ 7
  第五节 C程序的编译运行 ································ 10
  第六节 小 结 ································ 14
  习题一 ································ 15

**第二章 基本数据类型与常用库函数** ································ 17
  第一节 基本数据类型 ································ 17
  第二节 常量与变量 ································ 23
  第三节 常用标准库函数 ································ 28
  第四节 小 结 ································ 36
  习题二 ································ 37

**第三章 运算符和表达式** ································ 40
  第一节 表达式的基本概念 ································ 40
  第二节 算术运算符与算术表达式 ································ 41
  第三节 赋值运算符与赋值表达式 ································ 43
  第四节 关系运算符、逻辑运算符与逻辑表达式 ································ 45
  第五节 条件表达式与逗号表达式 ································ 49

第六节　小　结 ·············································· 50
　　习题三 ····················································· 50

## 第四章　流程控制 ················································ 53
　　第一节　结构化程序设计 ······································ 53
　　第二节　选择结构 ············································ 54
　　第三节　循环结构 ············································ 61
　　第四节　多重循环 ············································ 76
　　第五节　小　结 ·············································· 81
　　习题四 ····················································· 81

## 第五章　函　数 ·················································· 85
　　第一节　函数概述 ············································ 85
　　第二节　函数嵌套调用 ········································ 94
　　第三节　递归函数 ············································ 95
　　第四节　小　结 ·············································· 99
　　习题五 ···················································· 100

## 第六章　编译预处理与变量的作用域 ································ 103
　　第一节　编译预处理 ········································· 103
　　第二节　变量的作用域与可见性 ······························· 108
　　第三节　变量的存储类型 ····································· 111
　　第四节　小　结 ············································· 113
　　习题六 ···················································· 113

## 第七章　数组与字符串处理 ········································ 117
　　第一节　一维数组 ··········································· 117
　　第二节　二维数组 ··········································· 124
　　第三节　字符串 ············································· 130
　　第四节　字符串数组 ········································· 137

第五节　三维数组应用示例 ·················································· 140

　第六节　小　结 ·································································· 143

　习题七 ············································································ 144

## 第八章　指　针 ·································································· 149

　第一节　指针的基本概念 ······················································ 149

　第二节　多级指针 ······························································· 154

　第三节　指针数组 ······························································· 155

　第四节　指针变量的应用 ······················································ 158

　第五节　小　结 ·································································· 171

　习题八 ············································································ 172

## 第九章　结构体 ·································································· 177

　第一节　结构体类型与结构体类型数据 ···································· 177

　第二节　结构体与函数 ························································· 185

　第三节　链　表 ·································································· 190

　第四节　共用体 ·································································· 202

　第五节　小　结 ·································································· 203

　习题九 ············································································ 204

## 第十章　位运算 ·································································· 207

　第一节　二进制位 ······························································· 207

　第二节　位运算 ·································································· 208

　第三节　位运算应用举例 ······················································ 213

　第四节　小　结 ·································································· 216

　习题十 ············································································ 216

## 第十一章　文　件 ······························································· 218

　第一节　文件概述 ······························································· 218

　第二节　文件的打开与关闭 ··················································· 221

# 目 录

第三节 文本文件的顺序读写 …………………………………………………… 222

第四节 文件的定位与随机读写简介 …………………………………………… 234

第五节 小 结 …………………………………………………………………… 236

习题十一 ……………………………………………………………………………… 237

附录Ⅰ 字符与ASCⅡ码对照表 ………………………………………………… 239

附录Ⅱ 运算符优先级 …………………………………………………………… 240

附录Ⅲ 常用C库函数 …………………………………………………………… 241

附录Ⅳ C程序设计样卷 ………………………………………………………… 244

附录Ⅴ 综合测试试卷（150分） ………………………………………………… 250

# 第一章　C程序设计基础知识

　　一个完整的计算机系统是由硬件和软件两大部分组成的。计算机硬件是指计算机系统的物理装置本身，即我们看得见也摸得着的东西，如主板、处理器、内存等各种设备。但是如果没有软件，它们只是一堆废铜烂铁。计算机软件是指计算机程序以及与程序有关的资料和说明的总称，如Windows XP、Word和各种应用程序。简单地说，软件就是计算机执行的程序。

　　程序是为解决某一问题而设计的一系列指令，这些指令是由某种计算机语言来描述的。程序设计是指根据所提出的任务，用计算机语言编制一个能正确完成任务的计算机程序。我们学习C语言的目的就是用C语言来设计程序，从而帮助我们解决工作中的实际问题。

　　本章首先简单介绍算法的概念及描述工具，然后介绍计算机语言的发展过程和C语言的发展与特点，最后通过简单的C程序实例使读者对C程序的结构，以及C程序的调试运行环境有一个初步的了解。

## 第一节　算法的概念与描述工具

　　用计算机处理各种不同的问题时，首先要对各种问题进行分析，确定解决问题的方法和步骤，然后根据它编写出计算机程序，再让计算机执行这个程序，最后得出结果。所以，确定解题的方法和步骤是编程的前提。

### 一、算法的概念

　　著名计算机科学家Wirth提出了一个著名的公式"数据结构+算法=程序"，是说一个程序应包括以下两方面内容：

　　（1）对数据的描述。在程序中要指定数据的类型和数据的组织形式，即数据结构。

　　（2）对操作的描述。即算法，亦即程序描述了为解决一个问题而采取的方法和步骤。

　　其实，做任何事都要按一定的步骤。例如，计算1+2+3+4+5的值，一般是先将1和2相加得3，再将3加3得6，再将6加4得10，最后再将10加5得15。无论手算、心算或用计算机计算，都要经过有限的、事先设计好的步骤才能得出结果。这种为解决一个问题而采取的方法和步骤就是算法，或者说，算法是解题方法的精确描述。

算法一般分为两大类:数值算法和非数值算法。

数值算法主要用于求数值解的问题,例如求若干数之和、求方程的根、求两个数的最大公约数等。

非数值算法主要用于解决需要用分析推理、逻辑推理才能解决的问题,例如将若干个人名按字母排序、图书情报检索、人工智能中的许多问题等。

目前,数值算法比较成熟,对各类数值计算问题都有成熟的算法可供选用。

一个算法应具有以下特点:

(1)有穷性。算法包含的操作步骤是有限的,否则计算机将永远运行下去,永无结果。

(2)确定性。算法中每一个步骤应是确定的,不能是含糊、模棱两可的。例如,"吃完饭来老师办公室"这句话是不明确的,因为这句话是指吃完早饭、午饭还是晚饭?除非在特定的条件下,如两人正在吃午饭,否则该要求很难执行。

(3)有多个或零个输入。即按算法执行过程中可输入数据,也可以不输入。

(4)有一个或多个输出。算法的目的是求"解","解"就是结果,就是输出。如"求两个正整数的最大公约数",输出的是最大公约数,不给出输出的算法是没有意义的。

(5)有效性。算法中每一个步骤都应当能有效地执行,并得到确定的结果。例如一个数被零除,就不能有效地执行。

## 二、算法的描述工具

在设计程序时,通常使用专门的算法表达工具对算法进行描述,如自然语言、流程图、N–S图、伪码等。下面通过简单例子来重点介绍前两种。

1. 用自然语言表示算法,通俗易懂,适合求解简单问题

【例1–1】 设有两个整数A和B,要求将它们互换。

第一步:定义一个新的变量C,将A的值赋给C;

第二步:将B的值赋给A;

第三步:将C的值赋给B。

以上程序可以简写为:

S1:C←A;

S2:A←B;

S3:B←C。

【例1–2】 输入一个数,求其绝对值并输出。

S1:输入x;

S2:判断x的值,若x小于零,则将x取反(即:x←–x);

S3:输出x。

【例1–3】 求1~100之间所有整数的和。

S1:sum←0,t←1;

S2:sum←sum+t;

S3:t←t+1;

S4:若t<=100,则转到S2,否则顺序执行S5;

S5：输出sum，结束。

**2. 用流程图表示算法，直观、易懂**

流程图中的基本符号如图1-1所示。

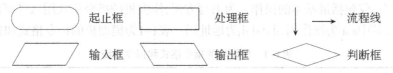

图1-1 流程图的基本符号及其含义

如图1-2(a)、(b)、(c)所示为前面3个例子的流程图。

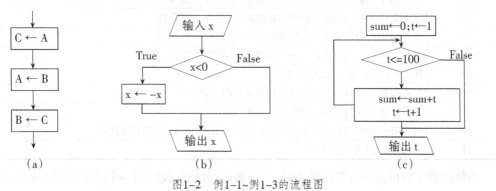

图1-2 例1-1~例1-3的流程图

## 第二节 计算机语言及其发展

有了算法后，如果用计算机来实现，必须要用某种计算机语言把它描述出来，变成计算机能识别的程序。

程序就是为解决某一问题而设计的一系列指令。安排人们日常生活、工作的程序，可以用汉语、英语、日语等不同语言描述；为使计算机能按照人们的意志工作的程序，则要用计算机能够理解和识别的语言，即计算机语言来描述。计算机语言的发展，经历了机器语言、汇编语言、高级语言这几个阶段。

### 一、机器语言

计算机能够直接执行的程序，是机器语言程序。

机器语言程序用二进制编码表示的机器指令编写，一台计算机能够执行哪些机器指令，取决于其硬件设计。计算机能够执行的不同指令的集合，称为该计算机的指令系统，计算机的指令系统中一般都有数百条指令。

早期的计算机都只能执行机器指令程序，指令系统是计算机唯一能够直接识别和执行的语言，因此又称作机器语言。

计算机之所以能够自动完成指定的各种运算，是由于用来描述这些运算的指令、运算所需要的数据已事先被存储在内存的指定地址中，计算机是从程序区的首地址开始执行程序的，故能自动地执行这些指令。

一条机器指令由操作码、若干个地址码组成。操作码表示该指令执行何种操作,地址码标识作为操作对象的数据或指令的地址。

为便于描述机器语言程序编制、执行的过程,我们虚拟了一台模型机,其指令系统总共才10条指令,仅包括最基本的操作。为书写方便,模型机的指令格式用八进制而不是用二进制来表示,其中$a_1a_2$为操作码,$d_1d_2d_3d_4$为地址码。表1-1为模型机的指令格式和指令系统。

表1-1 模型机的指令格式和指令系统

| 操作码 | 操作内容 |
|---|---|
| 00 | 停机 |
| 01 | 寄存器中的数与$d_1d_2d_3d_4$中的数相加,结果存于寄存器 |
| 02 | 寄存器中的数与$d_1d_2d_3d_4$中的数相减,结果存于寄存器 |
| 03 | 寄存器中的数与$d_1d_2d_3d_4$中的数相乘,结果存于寄存器 |
| 04 | 寄存器中的数与$d_1d_2d_3d_4$中的数相除,结果存于寄存器 |
| 05 | 从$d_1d_2d_3d_4$单元取数,存于寄存器 |
| 06 | 把寄存器中的数送到以$d_1d_2d_3d_4$为地址的存储单元 |
| 07 | 无条件转去执行$d_1d_2d_3d_4$单元中的指令 |
| 10 | 如果寄存器中的数小于0,则执行$d_1d_2d_3d_4$中的指令,否则顺序执行 |
| 11 | 输出$d_1d_2d_3d_4$单元中的数 |

为使读者了解机器语言程序的编制、调试和运行过程,我们用一个简单的例子来说明。

【例1-4】用模型机的指令系统编制程序,求S=99+97+95+…+3+1的和,并输出结果。

(1)在内存的下列单元中送入数据:
- 0001单元送入0(该单元存放各次累加的和S,初值为0);
- 0002单元送入2(表示相邻两项之差);
- 0003单元送入八进制数143(即十进制数99,为被加项的初值,记为a)。

(2)从0010单元起,送入如表1-2所示中的指令。

表1-2 例1-4程序中的指令及说明

| 指令存放地址 | 指令 | | 操作说明 |
|---|---|---|---|
| | 操作码 | 地址码 | |
| 0010 | 05 | 0001 | 取s(0001单元中的数)到寄存器 |
| 0011 | 01 | 0003 | s←s+a,寄存器中的数加a(0003中的数)后送回0001单元 |
| 0012 | 06 | 0001 | |
| 0013 | 05 | 0003 | 取a到寄存器 |
| 0014 | 02 | 0002 | a←a-2,寄存器中的数减2后送回a(即0003单元),此时寄存器与a中的数相等 |
| 0015 | 06 | 0003 | |
| 0016 | 10 | 0020 | 若寄存器中的数小于0,则执行0020中的指令,否则执行下一条指令 |
| 0017 | 07 | 0010 | 无条件转去执行0010中的指令 |
| 0020 | 11 | 0001 | 输出0001中的数(即所求的和) |
| 0021 | 00 | 0000 | 停止执行 |

（3）从程序首地址0010启动，计算机将自动执行该程序。在完成了99、97直至1的累加后，当a(0003中的数)等于"-1"时，计算机将执行输出和停止指令。从执行过程可知，除非遇到控制指令如无条件转移、条件转移指令，否则计算机将按指令在内存中存放的地址逐条、顺序地执行。

用机器语言编写程序，存在下列几个主要问题：

（1）冗长繁琐，难记、难写、难读。编写机器语言程序，一定要熟悉指令系统，而指令系统包含数百条指令。机器指令只能完成一些基本操作，程序的每个步骤往往被分解为若干条机器指令，因此经常为解决一个简单问题而编制出相当复杂的机器语言程序。这样的程序即便是编程者本人也是难以看懂的，许多人宁可自己重新编制程序，也不愿去消化、改写别人的程序。

（2）难以修改。在编程处理复杂问题时，错漏总是难免的，往往要经过多次修改后才能完成程序的编制过程。修改机器语言程序是非常棘手的，仅举一例：机器语言程序中，要写出每一条指令的地址，如果漏写了一条指令，插入它后，后续的各条指令的地址都要重新改写。

（3）由于上述原因，用机器语言开发应用程序的周期很长。如果用于科研，为了物理模型、数学模型的每一次变化而修改程序，那要付出很大的代价，也许当你的程序调试好了，这一科研课题也过时了。

（4）依赖于机器，难以移植。由于指令系统是面向机器的，不同种类的CPU对应的指令系统之间往往相差很大，因此，机器语言程序的可移植性较差。

在早期，用机器语言编程是经过严格训练的专业技术人员的工作，普通程序员一般难以胜任。现在，几乎没有人用机器语言编写应用程序了。

## 二、汇编语言

虽然用机器语言编程有许多不便且对它有很高的要求，但程序的执行效率高，CPU严格按照程序中的指令序列去执行，没有多余的操作。在保留"程序执行效率高"的前提下，人们开始着手研究一种能大大改善程序可读性的编程工具：选用了一些能反映机器指令功能的单词或词组来代表该机器指令，把CPU内部的各种资源符号化，用符号名来引用相应资源。

这样，令人难懂的二进制机器指令就可以用通俗易懂的符号指令来表示了，这些具有一定含义的符号称为助记符，用指令助记符、符号地址等组成的符号指令称为汇编指令。

用汇编指令编写的程序称为汇编语言程序，其可读性大大提高了，但失去了CPU能直接识别的特性。例如指令"MOV AX，BX"用来表示将BX中的数据赋值到AX中，而CPU却不能直接识别并执行它。为解决这个问题，就需要执行一个翻译程序，它能把汇编语言编写的源程序自动翻译成CPU能识别的机器指令序列，如图1-3所示，该翻译程序被称为汇编程序。

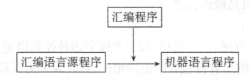

图1-3 用汇编程序处理汇编语言源程序，生成机器语言程序

尽管采用指令符号化和伪地址（用符号表示存储单元地址）的方法，汇编语言程序的可读性和编程难度有所降低了，但是从本质上讲，它还是面向机器的。

### 三、高级语言

在长期遭受低级语言（机器语言、汇编语言）编程低效率的困扰后，人们逐渐意识到应设计一种这样的语言，它接近于数学语言或人的自然语言，但又不依赖于计算机硬件，编出的程序能在所有机器上通用。第一个完全脱离机器硬件的高级语言——FORTRAN语言诞生于1954年，此后又出现了数百种高级语言，其中有重要意义的有几十种。

20世纪60年代中后期，随着计算机应用的普及，所开发的应用程序越来越多、规模也越来越大，由于缺乏科学、规范的系统规划与测试以及评估标准，其恶果是许多耗巨资开发的程序由于含有错误而无法使用，甚至带来巨大损失，给人的感觉是越来越不可靠。这一"软件危机"使人们认识到，大型程序的编制是一项新的技术，应像处理工程一样处理软件研制的全过程，程序的设计应易于保证其正确性、便于验证其正确性。于是，1969年结构化程序设计方法被提出来了，1970年第一个结构化程序设计语言——Pascal语言的诞生标志着结构化程序设计时期的开始。

20世纪80年代初开始，在软件的设计思想上又产生了一次革命，其结果是面向对象的程序设计的开始。正如汇编程序支持用汇编指令编程一样，FORTRAN和C语言的较低版本的系统支持结构化程序设计。在支持面向对象的语言开发工具中，Visual Basic及Visual C++是广为人知的较成功的代表作。

高级语言的下一个发展目标是面向应用，也就是说，在该语言环境中，只要正确表达你需要做什么，就能自动生成算法以及目标程序，这就是非过程化的程序语言。

## 第三节　C语言的发展与特点

C语言是国际上最著名的高级程序设计语言之一，也是使用范围最广的计算机编程语言之一。它不仅可以编写如操作系统、数据库之类的系统软件，而且还可以用来编写各种应用软件。C语言可以运行在各种平台上，从个人电脑到巨型机，从DOS到UNIX系统。

第一个C语言是贝尔实验室的Dennis Ritchie于1972年在B语言的基础上开发的，起初C语言是作为UNIX操作系统的开发语言。在此后的近20年中，C语言得到了广泛的应用，导致了许多不同版本的C语言的产生，对希望所开发的程序能够在不同计算机系统上运行的程序开发者来说，迫切需要制定一种标准的C语言版本。

1990年，一种在发展中确定了的C语言版本被ISO组织批准为国际标准，称为ANSI C或标准C（以下简称C）。由于C集中了高级语言、低级语言的长处，所以它已迅速普及并成为当今最有发展前途的计算机高级语言之一。

C语言有以下的特点：

（1）简洁紧凑、灵活方便。一共只有32个关键字、9种控制语句，程序书写自由。

（2）运算符丰富。C的运算符包含的范围很广，共有34个运算符。C语言把括号、赋值、强制类型转换等都作为运算符处理，从而使C的运算类型极其丰富，表达式类型多样化。灵活使用各种运算符可以实现在其他高级语言中难以实现的运算。

（3）数据结构丰富。C的数据类型有：整型、实型、字符型、数组类型、指针类型、结构体类型、共用体类型等，能用来实现各种复杂数据类型的运算。指针概念的引入，使程序执行效率比以前高。另外，C语言具有强大的图形功能，支持多种显示器和驱动器，且计算功能、逻辑判断功能强大。

（4）C是结构式语言。结构式语言的显著特点是代码及数据的分隔，程序的各个部分除了必要的信息交流外彼此独立。这种结构化方式可使程序层次清晰，便于使用、维护以及调试。C语言是以函数形式提供给用户的，这些函数可方便地调用，并具有多种循环语句、条件语句来控制程序的流向，从而使程序完全结构化。

（5）C语法限制不太严格，程序设计自由度大。一般的高级语言语法检查比较严格，能够检查出几乎所有的语法错误。而C语言允许程序编写者有较大的自由度。

（6）C语言允许程序直接访问物理地址，可以直接对硬件进行操作，因此它兼有高级语言和低级语言的许多功能。C语言能够像汇编语言一样对位、字节和地址进行操作，而这三者是计算机最基本的工作单元，可以用来编写系统软件。

（7）C语言程序生成代码质量高，程序执行效率高，一般只比汇编程序生成的目标代码效率低10%~20%。

（8）C语言适用范围大，可移植性好。其突出的优点就是适合于多种操作系统，如DOS、UNIX，也适用于多种机型。

## 第四节　C语言程序结构

### 一、简单C程序示例

对于C程序设计的初学者来说，没有比自己编制程序、并在计算机上运行得出正确结果更使人愉悦的事了。为使大家有一个感性的认识，我们先看几个简单的C程序。

【例1-5】　一个简单的加法计算程序，求两个整数的和。

```
#include <stdio.h>          /* 编译预处理 */
void main( )
{  int x,y,sum;              /* 声明变量 */
   x=5;                      /* 给变量x赋值 */
   y=100;                    /* 给变量y赋值 */
   sum=x+y;                  /* 计算和 */
   printf("和是:%d\n", sum); /* 输出结果 */
}
```

☞ 运行结果：和是:105

✻ 程序说明：编译预处理命令"#include <stdio.h>"将"stdio.h"文件嵌入到程序中，使输入、输出能正常执行。

main是函数名（后面必须有一对圆括号），用一对花括号括住的部分是函数体，花括号内是声明语句、执行语句。

"int x,y,sum;"是变量声明语句。变量是内存中的存储单元,能够存储供程序使用的数据。"sum=x+y;"是计算两个数的和,并把结果存放到变量sum中。程序中"/*"和"*/"之间的文本是注释文字,在程序执行中不起任何作用,只是增加程序的可读性。

【例1-6】 编程,输入两个变量后,交换他们的值。

```
#include <stdio.h>                    /* 编译预处理 */
void main()
{ int a, b, c;                        /* 声明3个int类型变量 */
  printf("请输入A,B的值:\n");          /* 输出提示信息 */
  scanf("%d%d",&a,&b);                /* 输入a、b的值 */
  c=a; a=b; b=c;                      /* 将a、b互换 */
  printf("A=%d  B=%d\n",a,b);         /* 输出a和b交换后的结果 */
}
```

☞ 运行结果:请输入A,B的值:
    3 5    加下划线表示输入以换行结束的1行字符,下同。
    A=5  B=3

✲ 程序说明:整个程序由一个主函数main组成。语句"int a,b,c;"声明3个变量用于存放3个整数,"scanf("%d%d",&a,&b);"用于从键盘输入两个整数放入变量a、b中。

"c=a; a=b; b=c;"这3条语句用于交换变量a、b的值,首先用临时变量c记下变量a中的值,然后把变量b中的值赋给变量a,最后把c中的值(就是原来a中的值)赋给变量b,这样就交换了两个变量中的值了。

【例1-7】 输入3个数,求其中的最小数。

```
#include<stdio.h>
float min(float x, float y)           /* 定义min函数 */
{ float m;                            /* 定义变量m */
  if(x<y)                             /* 比较两数x和y,将较小者赋值给m */
    m=x;
  else
    m=y;
  return m;                           /* 返回m的值 */
}
void main()
{ float a,b,c,t,mindata;
  printf("请输入三个数:\n");
  scanf("%f%f%f",&a,&b,&c);
  t=min(a,b);                         /* 调用函数min,求a、b两数中的较小者 */
  mindata=min(t,c);                   /* 调用函数min,求t、c两数中的较小者 */
  printf("最小数:%f\n",mindata);      /* 输出mindata */
}
```

☞ **运行结果：** 请输入三个数：
3.2 23.4 10
最小数：3.200000

❋ **程序说明：** 整个程序由主函数main和min两个函数组成。

min函数是计算出两个数x和y中的较小值，x、y是min的参数。

在min函数体中：语句"if(x<y)m=x;else m=y;"是对x、y作比较，选择较小者赋值给m。"return m;"是将m的值返回到调用程序。

在main函数中，语句"t=min(a,b); mindata=min(t,c);"的作用是先调用函数min，求出a、b中的较小者，并把它赋值给变量t。第二次调用函数min时，求出t、c中的较小者，赋值给变量mindata，mindata即为3个数的最小值。

## 二、C程序结构

由以上几个例子可以看出，C程序是由函数、编译预处理命令及注释三部分组成的。

**1. 函数**

C程序由1个main函数与n（n≥0）个自定义函数组成，C程序中必有且仅有一个main函数。程序从main函数开始执行，与main函数在整个程序中的位置无关，在执行过程中完成对其他函数的调用。

函数包括两部分：

（1）函数首行，描述函数类型、函数名、参数等。

（2）函数体，是函数首行下面花括号对中的内容。

函数的结构形式如下：

```
函数类型 函数名(类型标识符 形参,类型标识符 形参,……)    /* 说明部分 */
{                                                      /* 函数体 */
    类型声明语句；
    执行语句；
}
```

函数可以带有参数，也可以不带参数。例1-7的程序由两个函数组成，主函数main是不带参数的，而min函数带有两个参数。函数体由各类语句组成，执行时按语句的先后次序依次执行，各语句间用分号";"分割。

**2. 编译预处理**

程序中每一个以"#"号开头的行，是一条编译预处理命令。

语句"#include <stdio.h>"的作用是，在编译前将文件"stdio.h"嵌入（包含）到该行处作为源程序的一部分，其中，"<stdio.h>"是将文件"stdio.h"存储在C语言环境所指定的某一目录下。

若写作"#include "stdio.h"",则C先在当前目录下查找文件"stdio.h"，然后再到C指定目录下查找文件"stdio.h"。此类扩展名为h的文件称为C程序的"头文件"。

头文件"stdio.h"声明了标准输入、输出函数的原型，将它嵌入到源程序中，就可以直接调用scanf、printf等函数，而无需用户自己编写。

除输入、输出要用到"stdio.h"头文件外，还有其他一些常用头文件，例如头文件"math.h"中包括了对三角函数、对数函数、指数函数等标准库函数原型的声明，若程序需调用这些函数，则必须写入编译预处理命令"#include <math.h>"才可以直接调用这些函数，否则调用就是非法的。

在C程序中，调用某一个系统已定义的函数，一定要用include预编译命令包含相应的头文件，C的常用函数及相应的头文件列表请见附录Ⅲ。

### 3. 注释

注释只是程序中附加的文字，在程序执行时不起任何作用。C在处理源程序生成可执行程序时，将忽略源程序中的注释。编程人员为提高程序的易读性，在源程序中插入适量的注解，有助于对程序的理解，便于以后程序的维护，这是较好的编程风格之一。

本教材中使用ANSI C的注释方法，C++环境中的注释方法是将1行语句中符号"//"后边的文本视为注释。

### 4. C程序的书写格式

C语言本身对书写格式没有严格要求，它的书写格式很自由。但C语言的语句比较简洁，易读性相对差些，这就要求在书写上遵守一定的约定，以便使程序增加可读性。这里简单介绍一些书写格式，便于初学者养成良好的书写习惯。

（1）一般每行写一条语句。虽然一行可写多条语句，但降低了可读性，且给调试程序带来了不便。

（2）在使用语句的花括号"{ }"时，尽可能使"{"与"}"对齐在同一列上，以便于检查花括号的匹配性。

（3）整个程序采用递缩格式书写。即内层语句向右边缩进若干字符位置，同一层语句上、下左对齐。这种写法能够突出程序的功能结构，并使程序易于阅读。

（4）用小写字母书写程序，并为对象如变量、函数等命名，用大写字母为常量命名。

（5）在程序中对关键语句做适当的注释，以提高程序的可读性。

## 第五节　C程序的编译运行

用C语言编写的源程序是不能在计算机上直接运行的。因为计算机只认识0、1这两个字符。只有把C源程序转换成由0和1组成的机器语言后，才能在计算机上运行。这项工作由高级语言处理系统来完成，比如Microsoft Visual C++ 6.0。

### 一、C程序的编译运行步骤

高级语言处理系统主要由编译程序、连接程序和函数库组成。如果要使C程序在一台计算机上执行，必须经过编辑源程序、编译和连接及调试运行，最后才能得到可执行程序。

#### 1. 编辑

所谓编辑，就是在支持C语言编程的软件所提供的编辑器中输入程序代码，创建源程序(扩展名为".c"、".cpp"等，视支持环境的不同而不同)。

## 2. 编译

源程序不能直接在计算机上执行,而是需要调用支持环境所提供的"编译程序",将源程序翻译为二进制形式的代码。

在对C源程序的编译过程中,可以查出其中的语法错误。编译程序将源程序转换为机器代码后可生成机器指令的目标程序(扩展名为".obj")。目标程序还不能运行,因为还没有解决函数调用问题,需要将目标程序与库函数连接,才能形成完整的可执行的程序,这一步骤称为连接。

## 3. 连接

C程序是模块化设计程序,一个C程序可能由多个程序设计者分工合作编写。最后需要将库函数以及其他目标程序链接为一个整体,生成可执行文件(扩展名为".exe")。

## 4. 运行

运行经过编译、连接后生成的可执行文件,可获得运行结果。C语言程序的编辑、编译、连接、运行步骤可用图1-4来表示。

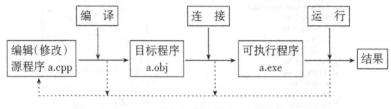

图1-4 C语言程序的调试、运行步骤

图中虚线表示当某一步骤出现错误时的修改。无论是出现编译错误、连接错误,还是运行结果不对,都需要修改源程序并重新编译、连接和运行,直至将程序调试正确为止。

## 二、Visual C++ 6.0环境下调试、运行C程序

若系统安装的C语言处理系统版本不同,则支持环境也会有所不同。本教材中,我们将着重介绍标准C(ANSI C),运行环境为Visual C++(以下简称VC)6.0,主要是出于这样的考虑:VC较为流行;在VC环境下学习标准C,可使初学者在具有C语言编程基础后,在今后进一步学习C++或深入学习汇编语言编程上获得便利。

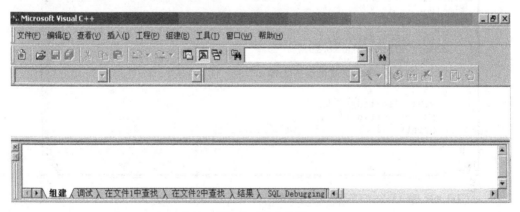

图1-5 VC主界面

### 1. 启动VC

用鼠标依次单击"开始"→"所有程序"→"Microsoft Visual Studio 6.0"→"Microsoft Visual C++ 6.0",启动VC后屏幕上将显示如图1-5所示的窗口。

### 2. 新建或打开C程序

(1)新建C程序,选择图1-5中的"文件"菜单中的"新建"菜单项,系统显示如图1-6所示的对话框,此后:

① 点击"文件"选项卡并选择"C++ Source File"。

② 浏览"目录",选择存放源文件以及要生成的其他文件的文件夹(如e:\test1)。

③ 在"文件"一栏下输入新建源文件的名称(如aaa.cpp)。

④ 单击"确定"后,可在编辑窗口中输入程序,如图1-7所示。由于是Windows界面,可借助鼠标和菜单进行,故十分方便。

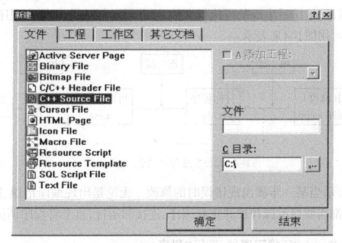

图1-6 新建文件

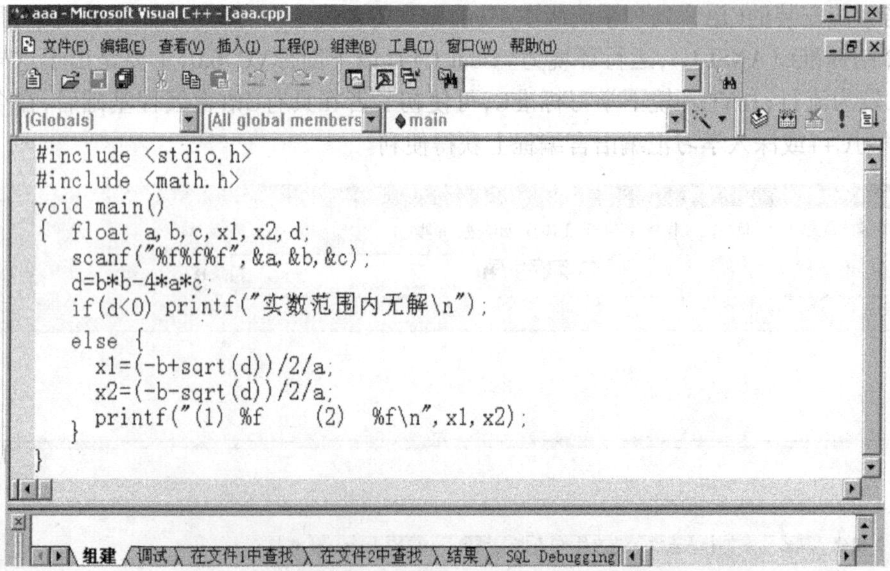

图1-7 打开已有C程序,源文件显示在编辑窗口中

调试、运行过程中将生成许多文件,因此最好先为每个新建的C程序都建立一个文件夹,以便管理。VC的功能非常强大,这里只介绍在VC环境下如何运行、调试按照基本C(各种C语言共有的一个子集)编制的程序,不必关心程序所包含的所有文件的确切含义。

(2)打开C程序。如程序已存在,则选择"文件"菜单的"打开"菜单项,选中要打开的、扩展名为.cpp的源文件,单击"打开"按钮,在如图1-7所示的编辑区内就可以看到被装入的C源程序代码。

选择"文件"菜单的"保存"菜单项,可保存包括源文件在内的所有文件至源文件所在的文件夹。

3. 调试、运行C程序的基本操作步骤

假设我们新建并在编辑窗口中输入了在路径e:\test1下如图1-7所示的源程序aaa.cpp,或者打开了在路径e:\test1下已经存在的源程序aaa.cpp,接下去我们就以此为例来简介调试、运行C程序的基本操作步骤,至于该程序如何实现一元二次方程实根计算的细节,通过后续章节的学习应不难理解。

(1)编译、连接。在VC环境下编译、连接一次完成(不同于TC环境下,具有彼此分明的两个基本步骤),单击"组建"菜单中的"编译"菜单项(也可使用快捷键[Ctrl+F7]),VC将保存编辑窗口的源程序,并生成一个同名的工作区。

①如果编译、连接过程中没有错误,则信息窗口中将显示以下内容,这时可进行下一步操作,即运行编译、连接后生成的执行文件。

0 error(s) 0 warning(s)

②如果编译、连接过程中有错误(假设删除如图1-7所示第4行后的分号),则信息窗口中将显示以下内容:

Compiling...
aaa.cpp
e:\test1\aaa.cpp(5) : error C2146 : syntax error :missing ';'
　　before identifier 'scanf'
Error executing cl.exe.
　　sss.obj - 1 error(s), 0 warning(s)

第1行表示在编译过程中出错;第2行表示错误来自源程序aaa.cpp;第3行表示e:盘test1文件夹中源程序aaa.cpp的第5行有语法错误,错误号是2146。通常可以忽略错误号,而根据其后的说明来帮助纠错,如"missing ';'before identifier 'scanf'"是指在第5行关键字scanf前漏写了分号";";最后1行表示有1个致命性错误和0个警告错误(警告错误一般不影响程序执行)。

可以根据所掌握的对C语言规则的理解来改错,错误信息中的说明有重要的参考价值。

若程序中有致命性错误(error),则双击该行出错信息,光标会自动定位在编辑窗口中对应的行,根据信息提示分别予以纠正后,可再次进行编译、连接。

(2)运行。纠正了所有编译、连接过程中的致命性错误后,可运行所生成的执行文件。

单击"组建"菜单中的"！执行[aaa.exe]"菜单项（快捷键为[Ctrl+F5]）开始运行,VC将自动弹出数据输入、输出窗口,如图1-8所示。

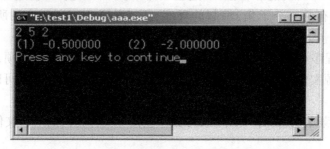

图1-8　数据输入、输出窗口

运行光标闪动表示在执行scanf函数时等待输入,这里我们输入 2 5 2 ;第2行是程序中printf函数的输出结果,为方程$2x^2+5x+2=0$的两个实根。

按任意键后,输入、输出窗口关闭。

运行时产生的错误,大多为程序中的逻辑错误,如除数为零、运算结果错误等。此时,需要检查源程序,再重新编辑、编译连接、运行。

（3）保存。选择"文件"→"保存"菜单项,可以保存当前所调试、运行的程序。

（4）关闭程序工作区。当一个C程序调试、运行结束后,在开始编制下一个程序前,下列两种做法可供选择:

①先退出VC,然后再重新进入,可重复上述编辑、编译连接、运行的过程。

②选择"文件"→"关闭工作区"菜单项,效果和①等同。然后,可以选择"新建"或"打开"选项,处理新的程序。

不退出VC,也不关闭当前工作区,而直接新建或打开另一个C程序的做法是不可以的,此时,所编译、连接的将是前一个程序。

## 第六节　小　结

通过本章的学习,初学者应了解算法及计算机语言的概念,对C源程序的结构、书写格式有一个初步的认识。最主要的是要熟悉Microsoft Visual C++编译环境,并能模仿本章例题,在VC环境中完成规定习题的编程和上机调试。

一种计算机高级语言,实际上是一套描述计算机解题步骤的规则体系。理解这一问题,对我们掌握和运用该语言至关重要。

就像建一座大厦先要做建筑设计一样,开发一种新的计算机高级语言首先是要提出对一种新的计算机高级语言的构想,如有哪些数据类型以及如何描述,可以实现哪些控制,有哪些预定义函数、过程可供直接引用等。

规则体系一旦制定,它就是对语言处理系统开发者和使用者双方的约束:

（1）使用者一定要按照这些规则编写程序,来描述解题步骤,不可逾越。

（2）语言处理系统开发者必须根据这套规则去设计、制作语言处理系统,对于用户严格按照相应语言的规定编写的程序,该系统应能够处理它并最终生成该程序的可执行文件。

因此,学习C语言应包括两方面的内容:

(1) 我们编制的程序只有符合C语言的语法规则才能编译通过,最后才能生成可执行程序。学习C语言就必须熟练掌握C的基本语法规则。对于语法规则,没有懂不懂的问题,只有记得住与记不住的问题。

(2) 编制C程序的目的是为了解决实际的问题,而为了解决实际问题就必须事先有一套解决问题的方法和步骤。所以,我们在学习语法规则的同时,必须掌握程序设计的方法和编程技巧。从一定意义上说,方法和步骤更重要,且不易掌握,它有助于你更快、更好地学习和使用其他的程序设计语言。

程序设计是一门实践性很强的课程,"师傅领进门,修行靠个人",多做编程练习并坚持每一个程序都在计算机上调试、通过,这样既可以提高你的编程能力,也可以加深你对规则的理解和记忆,是学习这门课程的捷径。

# 习 题 一

1. 填空题。

(1) 计算机程序设计语言按其发展可分为三类,即_____、汇编语言和_____。

(2) C程序是由_____构成的,一个C程序中至少包含_____,因此,_____是C程序的基本单位。

(3) C程序注释是由_____和_____所界定的文字信息组成的。

(4) 函数体一般包括_____和_____。

(5) 在任何C程序中都必须有且只能有一个主函数,主函数名必须为_____。

2. 判断下列各条叙述的正确与否。

(1) C程序的执行总是从该程序的main函数开始,在main函数最后结束。( )

(2) C程序的注释部分可以出现在程序中的任何位置,它对程序的编译和运行不起任何作用,但可以增加程序的可读性。( )

(3) C程序的注释只能是一行。( )

(4) 通过了编译、连接的程序就是正确的程序。( )

(5) 有计算结果输出的程序一定是正确的程序。( )

(6) 编译错误是语法错误,运行结果错误是逻辑错误。( )

(7) 编译时在信息窗口出现包含"error"的信息,说明程序存在警告性错误。( )

(8) 源程序每次修改后,都必须重新编译、连接。( )

3. 简答题。

(1) 算法的含义、特点是什么?

(2) 写出一个C程序的基本结构。

(3) 写出在你使用的计算机系统上,进入C环境以及运行、调试程序的简要步骤。

(4) 输入x后计算其正弦值的源程序如下,编译信息是否表示有致命性错误? 应如何修改?(可参考图1-7中的程序)

源程序：

```
#include <stdio.h>
void main( )
{
    float x,y;
    scanf("%f",&x);
    y=sin(x);
    printf("%f\n",y)
}
```

编译信息：

...\b.cpp(6):error C2065:'sin':undeclared identifier
...\b.cpp(6):warning C4244:'=':conversion from'int' to 'float',possible loss of data
执行　cl.exe时出错。

4. 编程题。

(1) 请上机调试、运行本章C语言程序例1-5~例1-7(注释部分可以不必输入)。
(2) 仿照例1-6编程,输入两个变量后,输出其中较大的值。
(3) 仿照例题编程,输入圆柱体的半径和高,计算并输出圆柱体的体积。

# 第二章 基本数据类型与常用库函数

通过上一章的学习,我们对C程序有了一些初步的认识。本章将介绍C语言中最基础的知识,包括基本数据类型、标识符的命名规则、变量和常量的定义等。同时,本章还将介绍C程序的基本输入、输出函数及其他常用库函数。

## 第一节 基本数据类型

### 一、理解数据类型

程序的最终操作对象是数据,因此在C程序设计中,了解C能使用的各种数据类型是非常重要的。如图2-1所示的数据类型都是C能够支持的,本章只介绍基本数据类型。构造类型由基本类型数据构造而成,将在后续的章节中陆续介绍。

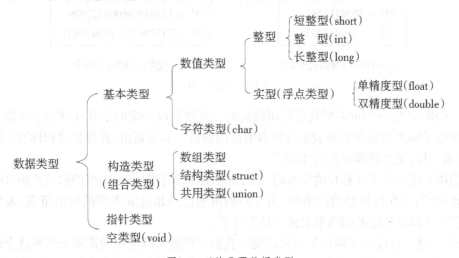

图2-1 C的重要数据类型

在程序设计中,为什么需要不同的数据类型呢?通过下面的例子,我们来解释这个问题,解决初学者对此产生的疑惑。

【例2-1】输入一个非负整数n,求n!。

程序(1)

#include <stdio.h>

```
void main( )
{  int i=1,n,jc=1;              /* 声明jc为int类型变量 */
   scanf("%d",&n);
   while(i<=n) {
       jc=jc*i; i=i+1;
   }
   printf("%d! =%d\n",n,jc);     /* 输出计算结果 */
}
```

☞ **运行结果**：在VC环境中反复运行该程序，每次运行时输入n值依次为12、13、14、…、20，各次运行结果如图2-2(a)所示。

从这个结果中，我们可以发现：从输入n为13的那次运行起，每次输出的结果是错误的（图中加下划线部分）。那么，为什么这个程序在求12的阶乘时可以取得正确结果，而求13以及更大数的阶乘时，却输出错误的结果呢？

```
12! = 479001600              12! = 479001600
13! = 1932053504             13! = 6227020800
14! = 1278945280             14! = 87178289152
15! = 2004310016             15! = 1307674279936
16! = 2004189184             16! = 20922788478976
17! = -288522240             17! = 355687414628352
18! = -898433024             18! = 6402373530419200
19! = 109641728              19! = 121645096004222976
20! = -2102132736            20! = 2432902023163674620
```

(a) 程序(1)的输出结果            (b) 程序(2)的输出结果

图2-2 输出结果

在C语言中，一个int类型数据是用确定的二进制数以一定的格式存储和表示的，因此也就决定了int类型数据只能表示有限取值范围的数。如果超出，就像容量1升的瓶子只能盛1升水一样，超出的部分就会"溢出"。

当用上述程序来计算12的阶乘时，由于最后结果没有超出int类型的取值范围，所以结果是正确的；而在计算13的阶乘时，由于13的阶乘已经超过int类型的取值范围，发生"溢出"现象，所以得到错误的结果也就不足为奇了。

那么，这个程序是正确还是错误的呢？我们要根据实际应用的需要来回答这个问题：如果只要计算12以下的数的阶乘，那么采用int类型来存储结果是合理的，这个程序也是正确的。但是，如果我们要计算大于12的数的阶乘，那么显然不能用int类型来存储结果，这个程序是错误的。

若对程序(1)进行修改，采用float类型来存放运行结果，修改后的程序如下：
程序(2)

```
#include <stdio.h>
```

```
        void main( )
        {   int i=1,n; float jc=1;                /* 声明jc为float类型变量 */
            scanf("%d",&n);
            while(i<=n) {
               jc=jc*i; i=i+1;
            }
            printf("%d! =%.0f\n",n,jc);           /* 格式符%.0f表示小数点与小数位不输出*/
        }
```

☞ **运行结果**：以与运行程序(1)同样的方式运行程序(2)，输出结果如图2-2(b)所示。

可以发现，运行结果和实际结果比较接近，但有一定的误差。这是因为，float类型的数据是以浮点格式来存放的，其数值范围虽然大于int类型，但是只能保证7位数字的精确度。因此，得到的结果和实际值之间有一定的误差。

接着，我们考虑将程序中变量jc声明为实型数据中的double类型，double类型是一个双精度浮点格式，采用8个字节存放数据的浮点编码。

程序（3）
```
        #include <stdio.h>
        void main( )
        {   int i=1,n; double jc=1;               /* 声明jc为double类型变量 */
            scanf("%d",&n);
            while(i<=n) {
               jc=jc*i; i=i+1;
            }
            printf("%d! =%.0f\n",n,jc);
        }
```

☞ **运行结果**：同样，以与运行程序(1)同样的方式运行程序(3)，输出结果如图2-3所示，这些结果与实际运算相符。

✻ **程序说明**：格式符"%.0f"按实际宽度输出整数部分，小数点与小数位不输出。

通过此例可以看出：double类型的数据比float类型数据有更大的数值范围和有效位数，如果需要计算大于12的数的阶乘，那么采用double类型无疑是最适合的。

```
12! = 479001600
13! = 6227020800
14! = 87178291200
15! = 1307674368000
16! = 20922789888000
17! = 355687428096000
18! = 6402373705728000
19! = 121645100408832000
20! = 2432902008176640000
```

图2-3　程序(3)的输出结果

不同类型的数据,有不同的取值范围和存储形式,编程时,需要考虑采用合适类型的数据才能得到正确的结果。

此外,数据类型的选择跟存储开销、运算量是相关的。在程序设计时,需要根据问题本身的要求,同时考虑精度要求、计算量以及运算速度来选择合适的数据类型。

### 二、数据的存储格式、范围与有效位

#### 1. 整型数据

C的整型数据按照长度不同,有short、int、long类型之分;按照它们是否带符号,又分为有符号整数和无符号(unsigned)整数,后者不可以表示负数。在VC环境中,int类型与long类型没有区分。

**表2-1 整型数据的长度、类型标识符与数值范围**

| | 数据长度 | 类型标识符 | 数 值 范 围 |
|---|---|---|---|
| 有符号整数 | 16位 | short | −32768~32767 |
| | 32位 | int、long | −2147483648~2147483647 |
| 无符号整数 | 16位 | unsigned short | 0~65535 |
| | 32位 | unsigned int<br>unsigned long | 0~4294967295 |

因为C用16个二进位表示short类型的数据,为便于描述,下面以short类型为例,展开对表2-1中关于整型数据数值范围的讨论,然后把结论推广到int类型。

(1)无符号short类型(unsigned short)。C以16个二进位存储short类型数据,如13的机内码为"0000000000001101"。该类型数据最小为0,最大不能超过"1111111111111111"。

考虑到十进制两位数最大为$10^2-1$,3位数最大为$10^3-1$,依此类推;类似的,二进制两位数最大为"11",即3($2^2-1$)、3位数最大为"111",即7($2^3-1$),16个二进位所能表示的最大整数则为"1111111111111111",即65535($2^{16}-1$)。

(2)有符号short类型(short)。C以二进制数的补码形式来存储short类型数据,其首位为符号位:"0"表示正数,"1"表示负数。

①负整数的反码为其原码除符号位外按位取反(即0改为1、1改为0),而补码为其反码末位加1,如:

- −13的原码为"1000000000001101"　　首位为1表示负数
- −13的反码为"1111111111110010"　　除符号位外按位取反,由原码得到反码
- −13的补码为"1111111111110011"　　负数反码的末位加1,为其补码

补码为"1000000000000001"的数,可倒推(减1)得其反码为"1000000000000000",则其原码为"1111111111111111",首位1表示负数,后15个1表示32767,机内码为"1000000000000001"的数是−32767。short类型可以表示的最小数是−32768。

②正数的原码、反码、补码相同,机内码为"0111111111111111"的数是32767,是short类型可以表示的最大数。

(3)无符号int类型(unsigned int)。VC以32个二进位存储一个int类型数据。如果

unsigned int类型变量存储了13,则其机内码为"00000000000000000000000000001101"。该类型数据最小为0,最大不能超过(11111111111111111111111111111111)$_2$,即$2^{32}-1$,其数值范围在0~4294967295之间。

(4) 有符号int类型(int)。该类型数据存储格式与short类型类似,首位为符号位,不同的是它用32个二进位来表示。

补码为"01111111111111111111111111111111"的数是int类型的最大正数,转换为十进制数为$2^{31}-1$,即2147483647。类似的,int类型数据的数值范围在–2147483648~2147483647之间。

根据int类型数据的存储格式可知,例2-1中程序(1)在计算阶乘时出现负数结果的原因是:当整数不断增大并进位并扩展到符号位时,首位由0变为1,C将其视为负数,所以输出的是该负数对应的十进制数;由此还可以知道,C的数据检查机制相对较弱,只能依靠程序设计人员正确选择数据类型或正确建立数据模型来避免此类错误的发生。

2. 实型数据

C的实型数据有32位(float类型)和64位(double类型)两种,他们的存储格式大体相似。下面以float类型为主,分别作介绍。

(1) float类型。VC以下列格式用32个二进位来存储float类型的实数0.00567813。

| 0 | 01110111 | 01110100000111010000100 |

① 首位是数符:"0"表示正数,"1"表示负数(以上32位表示正数)

② 2~9位共8位为阶码,对阶码要作"减127"处理(以上32位中段"01110111"对应十进制数119,减127后得–8)。

③ 后23位前置"1."为尾数(以上后23位表示"1.01110100000111010000100")。

各项合并,表示实数 $2^{-8}\times$(1.01110100000111010000100)$_2$=0.00567813。

类似地,我们可以写出float类型实数–23.0在计算机内部的存储形式如下:

| 1 | 10000011 | 01110000000000000000000 |

首位为1,表示负数;阶码为"10000011",即131减127得4;后23位前置"1."表示尾数为1.01110。各项合并计算,得 $-2^4\times$(1.0111)$_2$,结果为–23.0。

阶码最大为(11111111)$_2$–(127)$_{10}$=$2^8-1-127=128$;尾数最大为(1.11111111111111111111111)$_2$,如果将其近似地表示为2,那么C的float类型数据能够表示的最大数约为 $2^{128}\times2$,表2-2给出了float类型数据的数值范围。

float类型数据的有效位数完全取决于其尾数的长度,后23位加上前置的"1.",共有24个二进位,经计算$2^{24}-1$,至少是1个7位十进制数,由此可知该数据类型具有7位有效位数。

有意思的是,十进制数如0.6,只有1位小数,但是转换为二进制数,却是一个无限循环小数(0.1001 1001 1001 …)$_2$。float数据有限的字长,对其数值范围内的很多数,都不能精确表示,这也是计算机作数值计算时产生误差的一个重要来源。

表2-2 实型数据的长度、类型标识符、数值范围与有效位数

| 数据类型 | 数据长度 | 类型标识符 | 取值范围与精度(十进制) |
|---|---|---|---|
| 实型 | 32位 | float | 约$\pm(3.4\times10^{-38}\sim3.4\times10^{38})$,7位 |
| 双精度实型 | 64位 | double | 约$\pm(1.7\times10^{-308}\sim1.7\times10^{308})$,16位 |

（2）double类型。VC用64个二进位存储double类型的实数。

①首位是数符："0"表示正数，"1"表示负数。

②第2~12位共11位为阶码。表示阶码的11个二进位，可以表示的十进制数在-1024~1024范围内，若将尾数表示为Q，则double类型数据的数值范围大约为$\pm(Q\times2^{-1024}\sim Q\times2^{1024})$，较为准确的表示如表2-2所示。

③最后52位表示尾数。经计算$2^{52}$约为1个16位的十进制数，由此可知该数据类型具有16位有效位数。

以上关于实型数据存储格式的讨论，仅仅是让读者了解实型数据在机内是如何表示的（从输入的十进制数到二进制存储格式的转换是由计算机自动完成的），并熟悉表2-2中的结论，以便在编程时正确地选择数据类型，处理可能出现的计算误差。

3. 字符型数据(char)

字符类型的数据（如字符'a'、'A'、'$'、'#'等）在内存中是以相应的ASCII代码的形式存放的，不同字符所对应的ASCII代码详见附录Ⅰ。

计算机用一个字节(8个二进制位)存储一个字符，例如字符'A'的ASCII码为65，它在内存中的机内码为"01000001"。

如果将x声明为字符类型变量，则执行"x='A';"，就将代码"01000001"存以x标识的存储单元中；若以输出字符数据的格式输出x时，C就输出以x标识的单元中的ASCII码值所对应的字符。

除此以外，对字符数据的其他运算均按照整数处理。因此表达式"32+'A'"的结果为97；表达式"'4'>40"的值是1（即表示"大于"关系成立，因为字符'4'的ASCII码是52）。

【例2-2】输入以问号结束的若干个字符，在输出该字符的同时输出其ASCII值。

```
#include <stdio.h>
void main( )
{  char ch;
   do {
      scanf("%c",&ch);
      printf("%c的ASCII值%d\n",ch,ch);
   } while(ch!='?');
}
```

☞ 运行结果：运行该程序，我们可以观察到所输入的每个字符的ASCII值。

✻ 程序说明：程序中，以字符格式读入字符变量ch，再分别用字符格式符、整型格式符输出ch，若输入字符为'?'，则停止运行。

此外，请读者考虑，为什么对同一个变量ch，按不同的格式符输出，会有不同的结果。

例如,格式符是"%c",则按字符输出;格式符是"%d",则按整数输出。

## 第二节  常量与变量

一、C字符集与标识符

1. C的字符集

在C源程序里,除了字符串中(譬如字符串中可以有汉字)的字符外,其他所有字符均取自C的字符集。C字符集包括下列字符:

大写英文字母　　A B C D E F G H I J K L M N O P Q R S T U V W X Y Z
小写英文字母　　a b c d e f g h i j k l m n o p q r s t u v w x y z
10个数字　　　　0 1 2 3 4 5 6 7 8 9
其他符号　　　　+ － * / , . _（下划线）: ; ? \ " &
　　　　　　　　' ~ | ! # % ( ) [ ] { } ^ < > 空格

2. 标识符的命名规则

标识符是系统或程序设计者给程序中的实体——变量、符号常量、函数、数组、结构体以及文件所起的名字。

系统指定的标识符称为保留字或关键字。如类型标识符int、float, 又如库函数名sqrt、scanf,均为保留字。用户指定的标识符是以字母或下划线为首字符的,是由字母、数字、下划线组成的字符序列。

合法的标识符如:Length、_high、NUM1、s1_1、s1_2、x、k。

下列字符序列作为标识符是非法的:

1x（不是字母、下划线为首字母）　　　$2 3（首字符$与其中的空格都是非法的）
main（不可与保留字同名）　　　　　　Aπ（π是非法字符）

在定义标识符时,还应注意以下事项:

（1）定义标识符应尽量做到"见名知义",以增加程序的易读性。譬如:用字符序列root_1、root_2分别标识一元二次方程的两个实根;用a（形似）或用alfa（音似）标识α。

（2）C对标识符的长度无限制,不同系统有不同规定。为提高程序的通用性,建议标识符的字符数不要超过7位。

（3）C对标识符区分大、小写,意即C视Ax与ax为不同。建议将变量名、函数名用小写字母标识,而将符号常量用大写字母标识。

二、常量及其书写格式

常量就是在程序运行时其值不能被改变的量。常量的类型是由其书写格式决定的。

1. 整型常量

C的整型常量有十进制、八进制、十六进制3种形式。

（1）十进制整型常量由正、负号和阿拉伯数字组成,不可以有作前导的0。如3322、7086、−250、+250、0都是十进制整常量,而0123则不是。

（2）八进制整型常量由正、负号和阿拉伯数字0~7组成，首位数字必须是0。-0123是八进制整型常量，在数值上与十进制常量-83等价；0386则是非法的常量，前导的0表示是八进制，但其中有非法数字8。

（3）十六进制整型常量由正、负号和阿拉伯数字0~9、英文字符a~f或A~F组成，首位有效数字前必须前缀"0x"。如0x130、0xf4f、-0x16都是十六进制整型常量；而0x1g3则不是，因为其中字母g是非法字符。

整型常量后缀字符u或U表示无符号整型常量，如 12u、034u、0x2fdu。

整型常量后缀字符l或L表示long类型常量，否则为int类型；整型常量后缀字符还可以是lu，表示无符号长整型(unsigned long)常量。在VC中，int类型与long类型数据字长相同，均为4个字节，但也有些编程环境的int类型为2个字节。若int类型字长为2，则23与23L在数值上是相等的，但存储时所占空间会不同。

在C程序中，整型常量可以用3种不同进位制来表示，这为我们编制程序带来了方便。譬如语句"k=78;"、"k=0116"或"k=0x4e"，都是在整型变量k所标识的4个字节存储空间中，写入二进制代码"00000000 00000000 00000000 01001110"。

2. 实型常量

实型常量又称浮点数，只能用十进制的小数表示法和指数表示法来表示。

（1）double类型实型常量。

小数表示法示例：0.0、12.5、-12.5、+3.14159。

指数表示法示例：3.14159e0、314.159e-2、0.00314159e3，以上均等同于3.14159。

由于double类型数据可以精确到16位有效数字，所以大多数实数都可以比较精确地表示出来。比如，语句"a=3.1415926535;"表示把π的近似值赋值给变量a，如果a是double类型，则实际存储的数值非常接近3.1415926535，但如果a是float类型，则实际存储的数值为3.141593。

（2）float类型实型常量。double类型实型常量加后缀f，即为float类型实常量。如3.1415926535f，此类方法表示的实常量是float类型，相对精度比较低。

3. 字符、字符串常量

字符常量用一对单引号及其所括起的字符来表示。例如：'A'、'a'、'#'、'9'都是字符常量，它们分别表示字母A、a和符号#及数字字符9。

字符串常量是用一对双引号括起来的字符序列，比如："Good"、"Study hard! "、"C语言程序设计"等。

有些不可显示字符，如换行、跳格、退格等，无法直接输入和表示，可以采用特殊的形式——转义字符来表示。转义字符以反斜杠"\"开头，后跟一些特殊字符或数字，作用是将反斜杠"\"后面的字符或数字转换成其他意义。

如：'\n'表示换行符；字符序列本身就包括字符""，此时""则可由转义字符"\""来表示；字符序列本身就包括字符"\"，此时"\"必须由转义字符"\\"来表示。

因此，如果要输出一串字符"e:\a.txt"(包括两端的引号)，然后再换行，输出语句为"printf("\"e:\\a.txt\"\n");"。

常用的转义字符如表2-3所示。

表2-3 转义字符表

| 字符形式 | 所表示字符 |
|---|---|
| \n | 换行 |
| \t | 横向跳格（即输出若干个空格） |
| \b | 退格（显示输出时,刷新左边一个字符） |
| \r | 回车（输出位置重新移到行首） |
| \\ | 反斜杠字符"\" |
| \' | 单引号（撇号） |
| \" | 双引号 |
| \ddd | 八进制数ddd所代表的字符,如"\007"为"嘟"声,"\40"即空格 |
| \xhh | 十六进制数hh所代表的字符,如"\x41"即'A',"\x20"即空格 |

**【例2-3】** 下列程序在运行时使计算机发出20次短促的"嘟"声,然后显示"\欢迎使用Visual C++ 6.0\"。

```
#include <stdio.h>
void main( )
{   int i=1;;
    while(i<=20) {
        printf("\007");             /* 使扬声器发声,输出转义字符"\007" */
        i=i+1;
    }
    printf("\\欢迎使用Visual C++ 6.0\\\n");
}
```

☞ **运行结果**：使扬声器发出20次短促的鸣叫声。

### 三、符号常量的声明

符号常量是用来代替一个常量的标识符。在C语言中可以用编译预处理命令#define定义符号常量（如PI）。

用编译预处理语句声明符号常量,被定义的符号名没有特定的数据类型,只是进行简单的文本替换。例如,如果在程序的开始有这样一句预处理命令：

    #define PI 3.14159   /* 定义了符号常量PI,为3.14159 */

那么,C预处理程序会将程序中的字符串常量以外所有的符号PI都用3.14159来替代。

采用符号常量的主要好处是：可以增加程序的可读性；可以方便程序的修改与维护。通过下面的程序可以说明这些问题。

**【例2-4】** 输入3个圆的半径,求3个圆的面积。

```
#include <stdio.h>
void main( )
```

```
{ double s1,s2,s3;
   float r1,r2,r3;
   printf("Please input r1,r2,r3:");
   scanf("%f%f%f",&r1,&r2,&r3);
   s1=3.14159*r1*r1;
   s2=3.14159*r2*r2;
   s3=3.14159*r3*r3;
   printf("s1=%f  s2=%f  s3=%f ",s1,s2,s3);
}
```

程序中有3处用到圆周率π,在每个需要π的地方我们都直接写成了常量3.14159。现在若我们需要提高π的精确度,如将π的值改为3.141593,那么我们就需要修改3处。若有一个大型的程序,里面多处用到π,那么我们就需要对各个地方进行修改;另外,程序中有些常量3.14159可能并不代表π的值,在阅读、替换的时候必须加以区分。因此,上面的程序在阅读、修改时相对比较麻烦。现将上面的程序修改如下:

```
#include <stdio.h>
#define PI 3.14159          /* 预定义PI,则以后的文本中的PI即3.14159 */
void main( )
{ double s1,s2,s3;
   float r1,r2,r3;
   printf("Please input r1,r2,r3:");
   scanf("%f%f%f ",&r1,&r2,&r3);
   s1=PI*r1*r1;
   s2=PI*r2*r2;
   s3=PI*r3*r3;
   printf("s1=%f  s2=%f  s3=%f ",s1,s2,s3);
}
```

该程序编译预处理时,程序中的所有PI均被3.14159替换。读程序的时候,看到符号常量PI,就明白它所对应的是圆周率,而不会和其他常量相混淆。另外,如果需要提高π的精确度,那么只要修改#define语句就行了,比如,将它修改为"#define PI 3.1415926535",而不需要对程序中的其他地方进行修改。所以,符号常量的引入既增加了程序的可读性,又可以方便程序的修改。

建议在用预处理命令#define为符号常量命名时用大写字母表示,以区分于变量名。

## 四、变量的声明与赋值

在C语言中,所有的变量都必须先声明后使用。也就是说,在使用一个变量之前,程序员必须给每个变量起一个名字(标识符),并声明其数据类型。

变量声明的作用是:

(1)根据变量的数据类型,系统为变量分配相应的存储空间。

(2) 确定相应变量的存储方式,并确定了变量的数值范围和有效位数。

(3) 确定相应变量所允许进行的操作。

例如:语句"float x;"声明x是float类型的变量;编译系统为x分配4个字节存储空间,存储格式为单精度浮点类型;对x不能作某些操作,如取余数,因为表达式7%4的值为3,而如果x是float类型变量,则表达式x%3是错误的,因为取余数运算的操作数不允许是float类型。

1. 变量声明

变量声明语句格式:类型标识符　变量名列表;

变量名列表是用逗号隔开的若干个变量名,同类型的变量定义可放在同一语句中。其中变量名按标识符的命名规则来取名。

例如:"char c;"声明c是char类型的变量;"int a,b,c;"声明a、b、c为int类型变量。

类型标识符可以是基本类型标识符或用户定义的类型标识符,基本类型标识符有char、short、int、long、float、double。此外还可以在类型标识符前再加类型修饰符,如signed、unsigned,进而声明各变量是有符号或是无符号的。

例如:"unsigned int n1,n2,temp;"声明n1、n2、temp为无符号int类型变量。

2. 变量初始化

若在声明语句中将某个变量名写作"变量名=表达式"的形式,则在定义变量的同时为变量赋了初值,称为对变量的初始化。

如语句"float r=3.5,score,g,pi=3.14159; char ch1,ch2='$';"声明r、score、g、pi为float类型变量,声明ch1、ch2为字符类型变量,且为r、pi、ch2赋了初值。

如果几个同类型变量的初值是相同的,要用"int a=1,b=1,c=1;"的形式来表示,而不能写成"int a=b=c=1;"。

特别要强调的是,未初始化的变量其初值是不确定的。不同的C语言处理系统对未初始化的变量作出的处理也不同,如有的是将数值变量的初值赋零或不赋值,而VC的处理是不赋值。

【例2-5】 计算1~100的和。

```
#include <stdio.h>
void main( )
{   int i=1,s;                    /* 正确做法:int s=0; 或 int s; s=0; */
    while(i<=100) {
    s=s+i; i=i+1;
    }
    printf("1+2+3+…+100=%d\n",s);
}
```

☞ 运行结果:在VC环境下运行该程序,计算结果不是预想中的5050,而是1个不确定的数(如果是个很大的负数x,说明对s未初始化,s原有代码为x-5050,累加共5050到其中后s的最后取值为x)。

为提高程序的通用性,我们规定:未初始化的变量,其值不确定。

例2-5中正确的做法是:或者初始化s为0,或者在累加前用赋值语句为s赋值0。

## 第三节 常用标准库函数

在用C语言编程时,可以根据需要将某些常用的、具有独立功能的程序代码编写成函数。为了用户使用方便,C语言处理系统提供了许多已编写好的函数,这些函数被称为库函数(C语言的常用库函数参见附录Ⅲ)。

不同的语言处理系统,所提供的库函数有一些差异。用户使用某个库函数时,一定要用#include命令将相关的头文件包括到程序中。头文件中包含了对应函数的一些相关信息,根据这些信息,语言处理系统才能识别库函数,完成编译等操作。

比如,使用scanf、printf函数,需要在程序中加入 #include <stdio.h>命令。

本章以及附录Ⅲ中列出了一些常用库函数的相关信息,根据这些信息,我们可以在编写程序时正确地调用库函数。下面以正弦函数为例说明标准库函数的使用方法。

sin函数的原型: double sin(double )

所谓函数原型,对用户而言就是如何使用该函数的说明。由sin函数原型及相关说明可知:该函数有一个double类型的形参(形式参数),函数的计算结果为double类型,因此有16位有效位。

C在调用函数时,实参个数与形参个数必须相同。如果实参表达式与形参类型不符,则按数据类型赋值转换的规则转换。例如,调用sin(x+5)、sin('A')在语法上都是正确的。

由此可知,调用sin函数时必须提供一个实参(实际参数,必须是弧度值),其数据类型可以是double类型,也可以是能正确转换为double类型的其他类型;函数的计算结果有16位有效位。

此外,为了正确调用sin,还必须加入命令 #include <math.h>。

【例2-6】 计算58°角的正弦值。

```
#include <stdio.h>
#include <math.h>
void main( )
{  double y;
   y=sin(58*3.1415927/180);
   printf("%.5f\n",y);
}
```

例2-6简单地介绍了一个调用库函数的实例,在接下来将陆续介绍输入、输出函数,以及一些常用的数学函数、字符函数等。需要注意的是,这些函数只是库函数的一小部分。有关其他库函数的使用,请参考相关语言环境的使用手册以及帮助文件。

### 一、常用输入、输出函数

C语言程序中,数据的输入、输出操作是通过调用函数实现的。使用输入、输出函数时,应在源文件中包含头文件 stdio.h。

1. 向标准输出设备输出字符(putchar)

函数原型：int putchar(char x)

返回值：所输出字符的ASCII码。

下列程序段连续输出显示两个'A'：

  char ch; ch=putchar('A'); putchar(ch);

第1个putchar的调用，把返回值复制给ch；第2个putchar的调用则放弃了返回值。其实，在多数调用putchar的应用场合都放弃其返回值。

【例2-7】 putchar函数的使用。

```
#include <stdio.h>
void main( )
{  char c='A';
   putchar(c);          /* 输出字符变量c中存储的字符 'A' */
   putchar('A');        /* 输出字符常量 'A'   */
   putchar('\n');       /* 输出一个换行 */
   putchar('\101');     /* 输出ASCII码为101(八进制)对应的字符常量 'A' */
   putchar(65);         /* 输出ASCII码为65(十进制)对应的字符常量 'A' */
}
```

☞ 运行结果：程序运行时的显示结果如下：

   AA
   AA

2. 从标准输入设备读取字符函数(getchar)

函数原型：int getchar( )

返回值：所读取字符的ASCII码。

键盘是标准输入设备(显示器是标准输出设备)，从键盘输入的文本行首先被存储在内存中的输入缓冲区，该函数从缓冲区中读入一个字符。若读到文件结束标志(^z)或出错时，则返回-1。

【例2-8】 getchar函数的使用。

```
#include <stdio.h>
void main( )
{  char c1,c2,c3;
   c1=getchar( );       /* 输入1个字符赋值给变量c1 */
   c2=getchar( );
   c3=getchar( );
   putchar(c1);
   putchar(c2);
   putchar(c3);
}
```

☞ 运行结果：运行时若输入abc，则显示结果也是"abc"；运行时若输入 ab c，则显示结果是"ab "；

需特别注意的是:在读取字符的时候,空格、换行符都是有效字符。例2-8在运行时若用户从键盘输入abc,则c1、c2、c3依次得到'a'、'b'、'c';若输入a b c,则c1得到'a'、c2得到' '(空格)、c3得到'b'。

3. 格式输出函数(printf)

函数原型:int printf(char *format,表达式列表)

函数功能:按照格式串format所给定的输出格式,输出各表达式的值,函数的返回值为该函数所输出的字符个数。

例如,调用函数 printf("%d, %f\n",i,x)的输出结果是:先用格式符%d输出i,再输出逗号,然后用格式符%f输出x,最后输出一个换行符。

格式串由格式符和其他字符组成,printf函数从格式串的首字符开始输出,至格式串尾部结束输出,基本规则为:

● 遇非格式符,则直接输出(输出"%"应表示为"%%")。
● 遇格式符,则以此格式输出列表中对应表达式的值。

(1)字符、字符串的输出。

①格式符 %c输出单个字符数据。

声明"char a='#'; int b=48;",语句printf("%c %c\n",a,b)的输出结果为:# 0。

当用格式符 %c输出非字符型数据时,先将输出表达式的值转换成字符类型后再输出,类型转换的规则如表2-4所示。

表2-4　数据从x类型转换到e类型的转换规则表

| x类型 | e类型 | 转换规则 | 示　例 |
|---|---|---|---|
| char | int | 截取e机内代码的末字节 | e为97 或609,x为'a'[1] |
|  | float、double | 截取e整数部分机内代码的末字节 | e为97.78,x为'a' |
| int | char | 将字符的ASCII值送X | 执行x='A'后,x为65 |
|  | float、double | 截断小数位取整数部分 | 执行x=1.98后,x为1 |
| float | char、int、double[2] | 取与e等值的float类型 | 执行x='A',x为65.0 |
| double | char、int、float |  取与e等值的double类型 | |

注:

[1]整数的机内代码是用补码表示的,由于正数的原码等于补码,因此e为正数时,实际上是取e被256除所得的余数。

[2]double类型向float类型变量赋值时只保证7位有效数字。

②格式符 %s输出字符串。

语句"printf("%s %d\n","Windows",95);"的输出结果为:"Windows 95"。

③指定宽度输出。%mc、%ms可以按指定宽度输出字符、字符串(格式符中m、n均为正整常量)。m小于实际宽度时不起作用,m大于实际宽度时左边补空格。

语句"printf("string:%15s %d\n","Windows",2000);"的输出结果如下:

string:        Windows 2000

(2) 整型数据的输出。

①格式符 %d、%o、%x分别以十进制、八进制、十六进制输出整型数据。

如：int k=30；printf("%d%o%x\n",k,k,k);

输出结果为：30361e。

可以在格式串中加入一些格式符以外的其他字符，以改进输出效果，提高输出结果的易读性。比如，将以上程序段改写为：

int k=30;

printf("%d(十进制)　　%o(八进制)　　%x(十六进制)\n",k,k,k);

输出结果为：30(十进制)　　36(八进制)　　1e(十六进制)

②格式符 %u输出不带符号的十进制整数。

如：int k1=3,k2=-3;

printf("%u,%u\n",k1,k2);

在VC环境下运行，输出结果为：3,4294967293。

%u表示将数据作为无符号数输出，-3作为无符号数输出时是4294967293。此外还应注意的是，%o和%x也是把数据作为无符号数输出的。

如：int a=1,b=-1;

printf("%d,%d,%u,%u,%o,%o,%x,%x\n"a,b,a,b,a,b,a,b);

在VC环境下运行，以上程序段的输出结果为：

1,-1,1,4294967295,1,37777777777,1,ffffffff

这是因为-1的原码为"10000000 00000000 00000000 00000001"，除符号位外按位取反得反码为 "11111111 11111111 11111111 11111110"，末位加1得补码，亦即机内码为"11111111111111111111111111111111"。如果把它看作一个无符号数，就是4294967295($2^{32}-1$)；如果把它看作一个无符号的八进制数，就是37777777777(根据进制转换的相关知识)；如果把它看作一个无符号的十六进制数，就是ffffffff(根据进制转换的相关知识)。

③指定宽度输出。格式符%md、%mo、%mx、%mu均可指定输出数据的宽度，m小于实际宽度时不起作用，m大于实际宽度时左边补空格。

(3) 实型数据的输出。

①用格式符%f输出实型数据。

如：float x=9.81; double pi=3.1415926535;

printf("x=%f　pi=%f\n",x,pi);

以上程序段的输出结果为：x=9.810000　　pi=3.141593

在VC环境中，float、double类型数据都可以用相同的格式符(即double类型不必用%lf格式输出)。格式符%f使得输出结果保留6位小数(不足6位补0，超过6位末位四舍五入)。此种格式有时会输出多余的零或不能保证全部有效位的输出。

②用格式符 %m.nf、%.nf输出实型数据。

如：float x=53256.81; double pi=3.1415926535;

printf("x=%4.2f　pi=%14.10f\n",x,pi);

以上程序段的输出结果为：x=53256.81　　pi=　　3.1415926535

m、n为正整常量,m(包括小数点)为总宽度,n为输出m位数中小数点后面的位数(当n大于输出数据的有效小数位数时,超出部分的输出结果是不可信的)。

m大于实际宽度时,左边补空格至m位;m小于实际宽度时,以最小宽度输出n位小数、小数点和整数部分以及符号。与之等效的格式符为 %.nf。

③ 用格式符 %e、%m.ne、%.ne以指数形式输出实型数据,可在输出类似于三角函数表的数据时使用,既可以使每列定宽,又可以保证有效位数的输出。下列格式在教材中不实际使用,可供需要时参考。

● 格式符 %e 的输出形式为:x.xxxxxxE±xx。

● 格式符 %m.ne 的输出形式为:x.x……xE±xx,小数点后n位,总宽度为m位。总宽度与实际宽度不符时,所做处理与%m.nf类似。

用于输出实型数据的格式符,不可用于输出字符型数据和整型数据。

(4) 格式修饰符在教材中不实际使用,可供需要时参考。

① 左对齐修饰符"−"。输出数据时缺省为采用右对齐方式,即左边补空格。如果要使输出采用左对齐格式,应在格式符的符号"%"后加字符"−",如%−6c、%−8d、%−8.2f。

如:float x=256.81; double pi=3.1415926535;

printf("x=%−10.2fpi=%−14.10f%−12s\n",x,pi, "_Hello! ");

以上程序段的输出结果为:x=256.81     pi=3.1415926535 _Hello!

② 指定空位填0修饰符"0"。用右对齐方式以数值类型输出时,在格式符的符号"%"后加入字符"0",则指定输出数据前的空格以0填充。

如:float x=−256.81; double pi=3.1415926535;

printf("x=%010.2f pi=%14.10f\n",x,pi);

以上程序段的输出结果为:x=−000256.81 pi= 3.1415926535

4. 格式输入函数scanf

函数原型:int scanf(char *format,地址列表)

scanf语句的功能是:按照格式串format所给定的输入格式,把输入数据按地址列表存入指定的存储单元。返回值为该函数所输入的数据个数。

(1) 求地址运算符"&"。C语言允许用户间接地使用内存地址,这个地址是通过对变量名作"求地址"运算得到的,求地址的运算符为"&"。

调用函数scanf("%i%f",&i,&x),将从缓冲区中读入的两个数分别送到以变量名i、x标识的存储单元中去;而调用函数printf("%x,%x\n",&i,&x)的输出结果,不是变量i、x的值,而是VC为i、x分配的存储单元的地址。

(2) scanf函数与输入缓冲区。当调用scanf函数时,并不是输完1个数据项就被送入1个变量,而是在输入1行字符(按回车键结束1行输入)后才被输入,且数据先被存放在内存缓冲区中,然后按scanf函数格式串format所给定的输入格式从缓冲区读数据。

如果缓冲区中的数据个数少于scanf函数所需的个数,则计算机等待用户继续键入;若缓冲区中的数据个数多于scanf函数所需的个数,多出数据被存放在缓冲区内,为下一个scanf函数所用;程序在首次执行scanf函数前,缓冲区为空。

【例2−9】 输入贷款数量、贷款期(年)、贷款年利率,计算到期日应付款数(计复利)。

```
#include <stdio.h>
#include <math.h>
void main( )
{ int m,y;  double r,s;
    printf("请输入贷款数、年数以及贷款年利率\n");
    scanf("%d%d",&m,&y);   scanf("%lf",&r);
    s=pow(1+r,y)*m;
    printf("本息总和为:%f\n",s);
}
```

☞ 运行结果：

若输入 5000 5  0.15（分两行输入），输出结果表示贷款5000元、贷款期为5年的应付款；

若输入 5000 5  0.15（一行输入），第1个scanf语句执行后，缓冲区内还有1个数据0.15，执行下一条scanf语句时直接从缓冲区内读入0.15赋值给变量r；

若输入 5000 5 0.24 0.15，所有数据被顺序送到缓冲区，变量m、y、r依次被赋值5000、5、0.24，输入缓冲区中尚有数据0.15未被读入。

（3）格式符用于输入。

①格式符用于输入，其使用方法与在printf函数中的用法大体相同：

● 输入单个字符用格式符%c，输入字符串用格式符%s。

● 输入各类整型数据，用格式符%d、%o、%x。

● 输入short类型数据时，格式符中应加入长度修饰符"%hd"。"%ld"与"%d"在VC环境下没有区别。

● 输入float类型数据，用格式符%f；输入double类型数据，用格式符%lf；

②指定输入数据的宽度。

● 用格式符%mc读入m个字符，则将首字符赋值给相应的字符变量。

● 以输入int类型数据为例，格式符%md、%mo、%mx均可指定输入数据的宽度为m位，其他整型数据的指定宽度输入格式与之类似。

● 以输入float类型数据为例，格式符%mf可指定输入数据的宽度，不可以指定小数位数，double类型数据的指定宽度输入格式符为%mlf。

（4）输入数据的分隔符与抑制符。scanf函数从缓冲区中读取数据时，输入串中必须有分隔符确定哪几个字符作为一个数据项。C确定一个数据项的结束，有下列几种方法：

①空格、换行('\n')、跳格('\t')符是数值类型数据分隔符。

②根据格式符的含义读入字符，遇到与规定格式不符的字符时结束一个数据项。

【例2-10】 程序如下：

```
#include <stdio.h>
void main( )
{ int i1,i2;
    float f1,f2; char c1;
```

```
    scanf("%d%d%5f%c%5f",&i1,&i2,&f1,&c1,&f2);
    printf("i1=%d,i2=%d,f1=%.3f,f2=%.3f,c1=%c\n",i1,i2,f1,f2,c1);
}
```

☞ 运行结果：

若输入数据为：123 456 34.5656.789，则输出结果是：i1=123,i2=456,f1=34.560,f2=6.789,c1=5；

若输入数据为：123 456 34.#56.789，则输出结果是：i1=123,i2=456,f1=34.000,f2=56.780,c1=#。

以上输出结果表明：
- 不定宽度输入的各数值数据之间可以用空格、换行、跳格符作为间隔符。
- 定宽度输入的各种类型数据之间可以不需要间隔符。
- 无论定宽度与不定宽度输入，遇到与规定格式不符的字符时结束一个数据项。

③C允许用户自己指定其他字符作为输入数据的分隔符，但在格式串内的相应位置应出现这些字符。

将例2-10的输入语句修改为：scanf("%d,%d,%f,%c,%f",&i1,&i2,&f1,&c1,&f2);

输入数据为：123，456，34.56，r56.789

则各变量的值是：i1=123  i2=456  f1=34.56  f2=56.789  c1=r

输入数据之间的逗号、空格都是不可缺少的，因为在scanf语句的格式串中指定了输入数据项之间应以逗号、空格作为分隔符。

若输入语句为"scanf("i1=%d i2=%d,f1=%f",&i1,&i2,&f1);"，则输入数据中必须有"i1="、" i2="、",f1="作为分隔符。

④"*"是抑制字符，格式符的"%"后加"*"，表示读入的数据不赋值给任何变量。

【例2-11】 程序段如下：
```
#include <stdio.h>
void main()
{ int a,b,c;
   a=b=c=0;
   scanf("%d%*d%d",&a,&c);
   printf("a=%d,b=%d,c=%d\n",a,b,c);
}
```

☞ 运行结果：若输入数据为：12 23 34，则输出结果是：a=12,b=0,c=34。

✻ 程序说明：输出结果表明，格式串中第2个格式符"%*d"中的抑制字符使得读入的第2个整数未向任何变量赋值(空读)，因此变量b的值保持不变。

一般在scanf函数中较少为用键盘输入的数据指定宽度、间隔符，而对于从文本文件输入的数据，则会选择指定宽度或间隔符。

## 二、常用数学函数

使用数学函数时，应在源文件中包含头文件"math.h"。

1. 余弦函数 cos

函数原型：double cos(double)

示例：cos(45*3.14159/180)，返回值为45°余弦值。

2. 正切函数 tan

函数原型：double tan(double)

示例：tan(45*3.14159/180)，返回值为1.0。

3. 反余弦函数 acos

函数原型：double acos(double)

示例：acos(0.176)，返回cos值为0.176所对应的弧度值。

4. 平方根函数 sqrt

函数原型：double sqrt(double)

5. 指数函数 pow

函数原型：double pow(double,double)

示例：pow(1.1,3)，返回值为$1.1^3$。

6. e的指数函数 exp

函数原型：double exp(double)

示例：exp(2.3)，返回值为$e^{2.3}$，其中e为自然对数的底(2.7182…)。

7. 绝对值函数 fabs

函数原型：double fabs(double)

示例：fabs(-3.56)，返回值为3.56。

8. 以e为底的对数函数 log

函数原型：double log(double)

示例：语句"printf("%f\n",log(123.45));"的输出结果为4.815836。

9. 以10为底的对数函数 log10

函数原型：double log10(double)

示例：语句"printf("%f\n",log10(123.45));"的输出结果为2.091491。

## 三、常用字符函数

使用字符函数时，应在源文件中包含头文件"ctype.h"。

1. 检查字母、数字字符函数 isalnum

函数原型：int isalnum(char)　返回值：x是字母或数字，返回非0，否则为0。

示例：isalnum('\x20')为0，因转义字符'\x20'表示空格；isalnum('A')为非0；
　　　isalnum(27)为0，因ESC的ASCII值为27，而ESC是非字母、数字字符。

2. 检查字母函数 isalpha

函数原型：int isalpha(char)　返回值：x是字母，返回非0，否则为0。

3. 检查数字字符函数 isdigit

函数原型：int isdigit(char)　返回值：x是数字字符，返回非0，否则为0。

示例：isdigit('5')为非0；isdigit('\007')为0，因为输出'\007'表示发出"嘟"声。

4. 检查可打印字符函数 isgraph

函数原型:int isgraph(char) 返回值:x是可打印字符,返回非0,否则为0。

5. 检查小写字母函数 islower

函数原型:int islower(char) 返回值:x是小写字母,返回非0,否则为0。

6. 小写字符转换为大写字符函数 toupper

函数原型:char toupper(char)

返回值:x是小写字母,则返回与x对应的大写字母,否则返回x。

示例:toupper('a')为'A',toupper('%')为'%'。

### 四、其他常用函数

使用下列函数时,应在源文件中包含头文件"stdlib.h"。

1. 随机数发生器函数rand

函数原型:int rand(void) 返回值:产生1个0~32767之间的随机整数。

示例:rand()返回产生的随机数。

2. 初始化随机数发生器函数srand

函数原型:void srand(unsigned)

函数功能:以1个无符号整数初始化随机数发生器。

例如:执行"srand(10);rand()"的结果是以10初始化随机数发生器,再产生一个随机数。

用rand()函数生成的随机数,实际上是用1个数作为"种子",代入某个公式计算后的返回值,如接着再次调用该函数,则以上次的返回值作为"种子",再生成新的随机数,依此类推。如此用公式算出的随机数,严格说只能是伪随机数。

调用srand函数初始化随机数发生器,并不能改变rand函数返回值的范围,但是调用srand时使用不同的参数作为"种子",会使此后以"rand()"生成的返回值具有更好的随机性。

3. 终止程序运行函数exit

函数原型:void exit(int a)

函数功能:使程序立即正常地终止,a的值传给调用过程。

例如:执行"exit(0);"立即终止程序的执行。如果经编译、连接后所生成的执行文件还被其他应用程序所调用,则终止后参数a被作为返回值传递到该应用程序。

## 第四节 小 结

本章介绍了C语言标识符的命名规则以及C语言的基本数据类型、常量的书写方式和变量的声明方式。通过本章的学习,应该了解各种基本数据类型数据的存储格式、数值范围和有效位数,熟悉常量的书写方式以及符号常量的使用,掌握变量的声明及初始化形式。只有这样,我们在编程时才能够正确地选定数据类型、书写常量和声明变量。

此外,还要求能够熟悉C的常用标准库函数。函数的功能是什么?函数参数的个数及类型是什么?函数返回值是什么?在用到某个库函数时,预编译命令#include应当包含哪个头文件? 在使用库函数时,这些都是需要考虑的问题。

输入、输出函数是最常用的标准库函数,要求熟悉各种格式符在输入、输出函数中的作用。在scanf函数中,应熟悉将输入数据分隔成不同数据项的几种方法,以保证输入数据能够正确地向各变量赋值。

## 习 题 二

1. 将下列程序上机运行,写出你所使用的 C 语言处理系统中 short、int 以及 long 类型数据的字长和数值范围。

```
#include <stdio.h>
void main( )
{   printf("short类型数据的字长为:%d\n",sizeof(short));
    printf("int类型数据的字长为:%d\n",sizeof(int));
    printf("long类型数据的字长为:%d\n",sizeof(long));
}
```

2. 仿照第一题编程,测试 float、double 类型数据的字长。

3. 判断下列各条叙述的正确与否。
（1）C的long类型数据可以表示任何整数。(    )
（2）任何变量都必须声明其类型。(    )
（3）C的任何类型数据在计算机内都是以二进制形式存储的。(    )
（4）scanf函数中的格式符"%d"不能用于输入实型数据。(    )
（5）格式符中指定宽度时,从缓冲区中读入的字符数完全取决于所指定的宽度。(    )
（6）按格式符"%d"输出float类型变量时,截断小数位取整后输出。(    )
（7）按格式符"%6.3f"输出i(i=123.45)时,输出结果为 23.450。(    )
（8）scanf函数中的格式符"%f"能用于输入double类型数据。(    )

4. 指出下列各项中哪些是 C 的常量,对合法的 C 常量请同时指出其类型。

| 10,150 | 007 | −0x3d | π | 1e0 | e1 | o7o8 |
| 'x' | 'xo' | 1.52e0.5 | sin(3) | 0xf16 | "X" | '\007' |
| 1.414E+2 | 2.54 | '\\' | 'a' | | | |

5. 指出下列各项中哪些是 C 的标识符(可作变量名)。

| x_1 | X_2 | High | printf | β | 3DS | i/j |
| e2 | −e2 | count | Int | number | $23 | next_ |

6. 根据条件,写出下列各题的输出结果。

（1）int i=234,j=567；函数printf("%d%d\n",i,j)的输出结果是_____。

（2）int i=234；float x=-513.624；
函数printf("i=%5d x=%7.4f\n",i,x)的输出结果是_____。

（3）float alfa=60,pi=3.1415926535626；
函数printf("sin(%3.0f*%f/180)\n",alfa,pi)的输出结果是_____。

（4）char ch='$',float x=153.45；
函数printf("%c%-8.2f\n",ch,x)的输出结果是_____。

（5）int d=27；
函数printf("%-5d,%-5o,%-5x\n",d,d,d)的输出结果是_____。

（6）float x1=13.24,x2=-78.32；
函数printf("x(%d)=%.2f x(%d)=%.2f\n",1,x1,2,x2)的输出结果是_____。

7. 根据下列条件写出变量i1(int 类型)、c1(char 类型)、f1(float 类型)、d1(double 类型)的当前值。

（1）执行scanf("%d%c%f%lf",&i1,&c1,&f1,&d1)时输入 52$9.17 3.1415926535 后。

（2）执行scanf("%d$%c%f%lf",&i1,&c1,&f1,&d1)时输入 52$9.17 3.1415926535 后。

8. 下列源程序用于输入 x、y 后，输出 x 的 y 次方。运行时无编译、连接错误，但输入不同格式的两组数据后，输出结果却不同，哪一组是对的？请说明原因。

源程序
```
#include <stdio.h>
#include <math.h>
void main( )
{
  double x, y, z;
  scanf("%1f%,%1f",&x,&y);
  z=pow(x, y);
  printf("%f\n",z);
}
```

第 1 组输入数据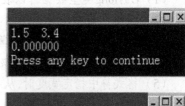

第 2 组输入数据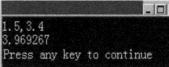

9. 写出下列程序运行时输入 3、4、5 时的输出结果。
```
#include <stdio.h>
#include <math.h>
void main( )
{ float a1,a2,a3,s,d;
  scanf("%f%f%f",&a1,&a2,&a3);
  s=(a1+a2+a3)/2;
  s=sqrt(s*(s-a1)*(s-a2)*(s-a3));
  printf("边长为%.2f,%.2f,%.2f的三角形面积为:%-10.3f\n",a1,a2,a3,s);
}
```

10. 编程题。

（1）编程，用getchar函数接收2个字符，用putchar函数输出这2个字符。

（2）编程，用scanf函数输入1个十进制整数、1个单精度浮点数、1个双精度浮点数，并通过printf函数把输入的3个数分别输出。

（3）编程，输入1个整数，然后分别以八进制、十进制、十六进制的形式输出该数。

# 第三章 运算符和表达式

C语言有着丰富的运算符,这些运算符可以使C的表达式写得更加方便、简捷。但是,对于初学者来说,一下子掌握这么多运算符,可能会有一些压力。在学习的过程中,应通过写表达式或计算表达式的练习来熟悉各种运算符的使用。在以后章节的学习中,可以通过各个程序实例中出现的表达式,进一步熟悉运算符的使用。

## 第一节 表达式的基本概念

C语言中,对数据进行各种不同运算的符号称为运算符,参与运算的数据称为操作数。而表达式是用运算符与圆括号将操作数连接起来所构成的式子。构成表达式的一般规律是:常量、变量、有返回值的函数调用是最简单的表达式;表达式进一步加圆括号,或用运算符作正确的连接后也是表达式。

圆括号的左、右括号个数要相同;多层括号时,内层括号中的运算优先;整个表达式必须写在同一行上。

如 $a \cdot x^3 + b \cdot x^2 + c \cdot x + d$,可以写作 a*x*x*x+b*x*x+c*x+d 或 ((a*x+b)*x+c)*x+d;

又如 $1 + \dfrac{1}{1+\dfrac{1}{1+x}}$,可以写作 1/(1+1/(1+x))等。

C语言运算符包括:算术运算符、关系运算符、逻辑运算符、条件运算符以及赋值、逗号运算符等。

根据参与运算的操作数个数,运算符可分为单目、双目以及三目运算符。有两个操作数的运算符是双目运算符,比如a+5 中的"+"有a和5两个操作数;而单目运算符是指运算符只有一个操作数。三目运算符是C语言所特有的,它有3个操作数。

不同运算符参与运算时,有优先级问题。比如计算3+x*y时,由于"*"(乘)的优先级比"+"高,所以先算乘法,再算加法。

如果操作数的左、右两个运算符的优先级相同,一般是从左向右计算。但是也有特例,如赋值运算符,计算"x=y=3"时,先计算y=3,再计算x=y。在介绍各种运算符时,对于特例将会特别指出。

下面各节中,主要介绍算术运算符(包括自增、自减运算符)、关系与逻辑运算符、赋值运算符、逗号运算符,以及由这些运算符构成的各类表达式。

## 第二节 算术运算符与算术表达式

本节介绍的内容是:C的算术运算符及其功能、算术表达式、算术运算符的优先级、算术运算时的类型转换规则。

### 一、算术运算符

**1. 算术运算符**

C的算术运算符有:+(加)、-(减)、*(乘)、/(除)、%(取余)。

其中"-"还可作单目运算符使用。如-5表示负5,表达式"3*-5"的值为-15。

各运算符的优先级是:先乘除、后加减;取余的优先级和乘除相同。

关于运算优先级的讨论,应限于同一层括号内,同级运算一般从左到右执行。具体规则如下:

(1) 字符类型数据以该字符的ASCII值参加运算,因此参与算术运算的字符可以看作一个特殊的整型数。如"12.5+'A'"的值为77.5,其中'A'以该字符的ASCII值65参加运算。

(2) 各种类型数据作算术运算的有关规则,详见后面介绍的"算术运算中的类型转换"。特别要注意的是,两个整型数据作"/"运算时,结果是整数。比如:5/4的结果是1,而5.0/4的结果却为1.25。

灵活地应用运算符"/"的整除性质,有助于我们对整型量作一些特殊处理。例如,求整型变量k的十位上的数,可以写作"k%100/10"(为了验证其正确性,给定k值如1765代入,"k%100"得65,"65/10"得6,恰为变量k的十位上的数字)。

(3) 取余运算符"%"只能用于整数和字符的运算,不能用于实型数据的运算。比如:"2%3"的结果为2,"34%5"的结果为4,"'A'%6"的结果为5。

用算术运算符和括号将运算对象(也叫操作数)连接起来的,符合C语法规则的式子称为C算术表达式。运算对象包括常量、变量、函数等。

**【例3-1】** C的算术表达式示例。

$[1+x(a+b)^{1/3}]*x$  写作:(1+x*(pow(a+b,1.0/3)))*x

$\cos\dfrac{y}{\sqrt{x^2+y^2}}$  写作:cos(y/sqrt(x*x+y*y))

求整型变量m的个位、十位、百位之和,写作:m%10+m/10%10+m/100%10

**2. 算术运算中的类型转换**

(1) 自动类型转换。程序中有各种数据类型,有可能在同一表达式中,参与运算的变量和常量有着不同的类型。当两个不同类型的操作数参与运算时,C需要自动转换其中一个操作数的类型,使操作数成为同一类型后再作运算。

自动类型转换的一般规则是:char → short → int → float → double。即:参加运算的表达式类型转换至其中字长最长的数据类型;同样字长的情况下,转换应能保证计算结果的精度(VC环境下int与long类型相同)。

如计算表达式"12-'3'",则先将字符常量转换为int类型,表达式的值为-39(因为字符

'3'的ASCII值为51）。又如，声明语句为"float pi=3.14159; int d=180;"，计算表达式为"pi/d"，相除的两操作数字长相同，转换d为float类型后，再作除法运算。

要注意的是：对一个表达式进行计算时，并不是把所有参与运算的操作数做一次性的自动转换，每次转换只涉及参与运算的两个操作数。比如计算"5/3+3.9"的结果是4.9。因为在计算"5/3"时，由于两个操作数是整数，执行的还是整除运算，结果为1；在计算"1+3.9"的时候，才把整数1转换为double类型，和3.9相加。

（2）强制类型转换。除了由C自动实现数据类型转换外，还可以在程序中实现强制类型转换，其格式为：

（类型标识符）表达式

例如int类型变量i、j相除，可以写作"(float)i/j"、"(double)i/j"，运算结果分别为float、double类型。

需要指出的是：对表达式中的变量而言，无论是自动或是强制类型转换，仅仅是为了本次运算的需要，而不改变声明语句中对变量类型的声明。例如，计算"(float)i/j"并未改变声明为int类型的变量i为float类型。

【例3-2】 按照下列要求，写出相应C的算术表达式。

设x是正实数，写出不大于x的最大整数，写作：(int)x

计算float类型变量x的整数部分与y的小数部分之和，写作：(int)x+y-(int)y

求正整数m的位数，写作：(int)log10(m)+1

## 二、自增、自减运算

自增、自减运算是特殊的算术赋值运算，且只能用于整型变量。自增运算符为"++"，自减运算符为"--"。

前缀格式：运算符 变量；后缀格式：变量 运算符

功能：前缀格式先使变量加（减）1，再用其值参加所在表达式的运算；后缀格式先用变量的值参加所在表达式的运算，再使变量加（减）1。

如果单独使用，前缀、后缀格式没有区别。比如"i++;"和"++i;"都表示"i=i+1;"，"i--;"和"--i;"也是同样的。但是，当自增、自减运算作为某个表达式的一个组成部分时，两种不同格式会产生不同的效果，请注意下列不同程序段输出结果的区别。

```
       ①                              ②
int x=3,y;                      int x=3,y;
y=--x+3;                        y=x--+3;
printf("%d %d\n",x,y);          printf("%d %d\n",x,y);
```

程序段①：先执行"x=x-1;"，x当前值为2，再执行"y=x+3;"，x为2，y为5。

程序段②：先执行"y=x+3;"，x当前值为3，再执行"x=x-1;"，x为2，y为6。

【例3-3】 分析下面程序的运行结果。

```
#include <stdio.h>
void main()
{ int a,b,c;
```

42

```
    a=2; b=2; c=++a+b--;    printf("a=%d,b=%d,c=%d\n",a,b,c);
    a=2; b=2; c=-a---b;     printf("a=%d,b=%d,c=%d\n",a,b,c);
    a=2; b=2; printf("a=%d\t",a++);
    printf("b=%d\t",++b);
    c=a+b; printf("c=%d\n",c);
}
```

☞ 运行结果：a=3,b=1,c=5
　　　　　　a=1,b=2,c=-4
　　　　　　a=2,b=3,c=6

❋ 程序说明：语句"c=++a+b--;"中对变量a进行的自增是前缀运算，对变量b的自减是后缀运算，所以执行步骤是：先做a++，接着做c=a+b，最后做b--。语句"c= -a---b;"可以理解为"c= -a--(-b);"，因为C语言处理时从左到右取最多个数的符号作为一个合法运算符，所以执行步骤是：先做c=-a-b，再做a--。

通过以上例题，可以得出关于自增、自减运算优先级的结论：表达式中前缀格式自增、自减运算符的优先级高于表达式中其他运算符；表达式中后缀格式自增、自减运算符的优先级低于表达式中其他运算符。

【例3-4】 运行下列程序，分析结果。

```
#include <stdio.h>
void  main()
{  int i=6,j=6,k,m;
    k=++i+i+++i++;
    m=j+++j+++j++;
    printf("i=%d   j=%d\n k=%d   m=%d\n",i,j,k,m);
}
```

☞ 运行结果：i=9　　　j=9
　　　　　　k=21　　m=18

❋ 程序说明：以上结果是在VC++6.0环境中运行得到的，但是在BC++或其他运行环境下可能会得出不同的结果。

同一个程序在不同的运行环境中居然得到不一样的结果，可见，如果对同一个变量有多处自增、自减运算，不同的编译系统可能会有不同的处理方式，这时程序会产生歧义，并且表达式会很难理解。所以，在保证程序正确性的前提下，应将程序的易读性放在首位。建议不要用自增、自减运算构造颇具复杂性的表达式，以免损害程序的易读性而导致错误。

## 第三节 赋值运算符与赋值表达式

在程序设计中，赋值的概念很重要。通过赋值运算，可以把一个表达式的值赋给一个变量。注意：赋值的对象只能是变量(包括下标变量)。

## 一、赋值运算符

符号"="是赋值运算符,它的作用是将右边表达式的值赋给左边的变量。

赋值表达式格式:变量名=表达式

赋值表达式功能:先计算表达式的值,再将计算结果送给变量。

赋值表达式后加分号即为赋值语句,即:变量名=表达式;

例如:赋值语句"a=1+2*3.14159;"的执行步骤是:计算"1+2*3.14159"的值,赋给左边变量a。

关于赋值运算,有两个需要注意的地方:

(1) 运算符"="左边只能是变量,"3=x;"和"3+x=y;"都不是合法的赋值语句。

(2) 赋值运算是自右向左运算的。

语句"a=b=c=5;"的执行步骤是:先执行"c=5",再执行"b=c",最后执行"a=b"。

建议不要写出类似"i=(k=j+1)+(j=5);"的赋值语句,因为不同系统对此类运算的处理可能是不同的,先执行k=j+1与先执行j=5会导致不同的计算结果。

## 二、赋值运算时的数据类型转换

### 1. 数据类型的赋值转换

在语句"x=e"中,x是变量,e是表达式。若x与e类型不同,C会自动完成类型转换:将表达式的值转换为与左边变量相同类型的数据后再赋值,具体规则如表2-4所示。

若x是值为3的int类型变量,则表达式"x=x+1.8"的值是4。

若c是字符变量,执行"c=1345;putchar(c);"后输出结果为字符A。因为整数1345的补码可表示为"00000000 00000000 00000101 01000001",赋值给单字节的c,只能取其低字节内容"01000001",即为65。

### 2. 有符号数和无符号数的转换问题

因为有符号数和无符号数在编码上有差异,所以当1个有符号整数赋值给无符号整型变量时,值可能会产生一些变化,例如声明"short a=-1;unsigned short b",执行语句"b=a;"后,b的值为65535。

这是因为值为-1的短整型数的补码表示为"11111111 11111111",如果把这个数赋值给b,那么b的编码也是"11111111 11111111"。可是,由于b是一个无符号数,其最高位的1代表一个正的值$2^{15}$,所以b的值为65535。

反之,当无符号整数赋值给有符号整型变量时,值也可能会发生一些变化。如声明"unsigned short int a=65534;short int b;",执行"b=a;"后,b的值为-2。因为值为65534的无符号短整型数的补码表示为"11111111 11111110",如果把这个数赋值给短整型数b,那么b(补码)也是"11111111 11111110"。由于b是一个有符号数,根据第二章的知识,其最高位的1表示该数为负,则其反码为"11111111 11111101"(补码末位减1)、原码为"10000000 00000010"(反码除符号位外按位取反),所以b的值为-2。

当然,对于一些值来说,有符号数和无符号数之间的相互赋值,并不会引起值的变化。比如:short a=1;unsigned short b;执行语句"b=a;"后,b的值也是1。

### 三、复合算术赋值运算

程序中有一类形如"i=i+2"、"s=s*(x-9.81)"的算术赋值语句,C提供了一种缩写方式的运算符,可以把它们表示为"i+=2"、"s*=x-9.81",使程序看起来更加精练。

这类运算符实际上是算术、位运算等运算符与赋值运算符的合成、简化,称为复合赋值运算符。比如把算术和赋值运算符放在一起,可以构成5个复合赋值运算符:

  +=(复合加赋值)  -=(复合减赋值)  *=(复合乘赋值)
  /=(复合除赋值)  %=(复合取余赋值)

复合赋值运算构成的表达式在计算时,先把左边变量的当前值与右边整个表达式的值进行相应的算术运算,然后把运算的结果赋给左边的变量。

例如:"a+=3"等价于"a=a+3";"x*=y+8"等价于"x=x*(y+8)";"y/=4"等价于"y=y/4";"m%=3"等价于"m=m%3"。

要注意的是,在这类运算符的运算中,表达式是作为运算的一个整体的。如"s*=x-9.81"等同于"s=s*(x-9.81)",不能理解为"s=s*x-9.81"。

这些运算符并不是非使用不可,在不熟悉的情况下,初学者可以少用甚至不用复合赋值运算符。但是,作为C程序员,应充分利用C语言的特点,理解这些运算符。在一些C程序(包括本书的例题)中,都会碰到这些运算符。

## 第四节 关系运算符、逻辑运算符与逻辑表达式

程序中,往往需要根据某些条件作出判断,由条件的成立(真)与否(假)来决定流程。在C语言中,是用逻辑表达式来实现条件判断的。

用关系运算符可以构成关系表达式。关系表达式的值是逻辑值,因此关系表达式也是逻辑表达式。逻辑表达式用逻辑运算符做正确连接后还是逻辑表达式。

C程序中的逻辑表达式使用非常广泛。比如,if语句要根据其中逻辑表达式的值决定执行两个分支中的哪一个,循环语句for、while中要根据其中逻辑表达式的值来决定循环过程是否结束。如何根据条件写出C的逻辑表达式,是我们通过本节的学习应该掌握的内容。

### 一、关系运算符

关系运算是双目运算,用于比较两个运算量间的大小关系。
关系表达式格式:表达式 关系运算符 表达式
关系表达式成立,其值为1;关系表达式不成立,其值为0。

1. 关系运算符

关系运算符有如下6个:

  >(大于)  >=(大于或等于)  <(小于)  <=(小于或等于)
  ==(等于)  !=(不等于)

关系运算的结果只有0或1:成立为1,不成立为0。
关系表达式也是逻辑表达式,用在if和while的条件判断中。例如,下列C语句的作用是:

输出i、i+1、i+2、… 的值,当i为21时终止。
```
while(i<=20) {
    printf("%d\n",i); i++;
}
```

关系运算符用来比较两个操作数的数量关系。如"i<=20",若i不大于20,那么表达式的值为1(真);否则为0(假)。

在关系运算中,编程时易犯的一个错误是误将关系运算符"=="写作"="。"x==3"和"x=3"是完全不同的两个表达式。前者用于判断x的值和3是不是相等,是关系运算,对x的值并没有影响;而后者是赋值运算,经过赋值后,x的值为3。

此外,一般不要对实型数据作相等或不等的判断。因为计算机中用浮点编码来存储实型数据,由于浮点编码的特殊性,某些实数(如0.3、0.6等)在用浮点格式存储的时候并不能精确表示,造成在运算时有一定的误差积累。

【例3-5】 从0°~60°,每间隔0.6°输出正弦函数值。
```
#include <stdio.h>
#include <math.h>
void main( )
{   float deg=0;
    while(deg!=60) {
        printf("sin(%.6f)=%.6f\n",deg,sin(deg*3.141593/180));
        deg=deg+0.6;
    }
}
```

☞ 运行结果:从0°起每间隔0.6°输出正弦函数值,没完没了。

✲ 程序说明:程序运行不能正常结束,而是执行死循环。原因在于实型数据不能精确表示小数0.6,在循环过程中变量deg的值不可能精确到60,而是有微小的误差。

将第5行中"while(deg!=60)"改写成"while(deg<=60)",程序的运行就可以正常结束了,最后一行输出结果为:sin(59.999943)=0.866025。

2. 运算优先级

(1)在关系运算符中,">、>=、<、<="的运算优先级高于"==、!="。

请看对下列表达式计算结果的分析:

x>5!=1       若x大于5,表达式"x>5"值为1,再计算"1!=1",结果为0。

k-2==y-4<5   若k、y值分别为3、6,左式相当于"1==2<5"。根据关系运算符优先级的规则,运算符==的优先级低于运算符<,因此先计算"2<5"得1,再计算"1==1",关系表达式的计算结果为1。

(2)在算术运算符和关系运算符中讨论,在同一层括号内各运算符的优先级依次为:

① *、/、%     ② (双目运算)+、-     ③ >、>=、<、<=     ④ ==、!=

## 二、逻辑运算符和表达式

**1. C的逻辑运算符和表达式**

逻辑运算用来判断运算对象的逻辑关系,运算对象为关系表达式或逻辑量。逻辑运算符有以下3个:

!（逻辑非）　&&（逻辑与）　||（逻辑或）

(1) 逻辑非。

格式:! 表达式

功能:若表达式值为0,则"! 表达式"值为1;否则"! 表达式"值为0。

将条件"x不大于3"写作C的逻辑表达式,可以表示为"!（x>3）"。

(2) 逻辑与。

格式:表达式 && 表达式

功能:若运算符两边表达式值均为非0,则结果为1;否则结果为0。

将条件"n是一个两位正整数"写作C的逻辑表达式,可以表示为"n>9 && n<100"。逻辑与运算用以判断两个条件是否同时成立。

又如,下列语句的作用是:当条件"-3<x<3"成立时输出x的值。

  if(x>-3 && x<3) printf("%f\n",x);

该语句中,逻辑表达式"x>-3 && x<3"判断逻辑运算符"&&"所连接的两个关系表达式是否同时为真。如果"x>-3"和"x<3"同时为真,那么表达式"x>-3 && x<3"为真(值为1),否则为假(值为0)。

常有初学者将逻辑表达式"-3<x && x<3"错误地写作"-3<x<3",后者无论x取何值均为1,因为从左向右计算,"-3<x"无论成立与否,非0即1,而0、1均小于3,因此,表达式"-3<x<3"的值恒为1。

(3) 逻辑或。

格式:表达式 || 表达式

功能:若运算符两边表达式值全为0,则结果为0;否则结果为1。

逻辑或运算用以判断两个条件是否"有1个成立"。将条件"x的绝对值大于6.25"写作C的逻辑表达式,可以表示为"x>6.25||x<-6.25"。

**2. 逻辑表达式**

用逻辑运算符将关系表达式或其他逻辑量连接起来的式子是逻辑表达式。逻辑运算的结果是逻辑意义上的"真"或"假";关系运算的结果是"成立"或"不成立",等价于逻辑意义上的"真"或"假",关系表达式也是逻辑表达式的一种特殊形式。

(1) 逻辑表达式的结果只有1(真)或1(假)。在C语言中没有设置表示逻辑值的数据类型,而规定用数值1代表"真",用数值0代表"假"。

(2) C在判断参加运算对象的真、假时,将非零的数值当作"真",将0当作"假"。

请注意区分(1)、(2)所讲述的问题:前者是说C计算逻辑表达式的结果(很规范,"真"为1、"假"为0);后者是说在应出现逻辑表达式处出现了0、1以外的数据,C是如何处理的(很宽容,非零当作1,0仍作为0)。

例如：语句"if(x) y=1.0/x;"中的x作逻辑表达式使用，如果x为非0值，代表逻辑值"真"，即条件成立。该语句的含义是：如果x不等于0，则计算y=1.0/x；其实，该语句等价于"if(x!=0) y=1.0/x;"。

再如：语句"if(n%2) printf("odd numbers.\n");"中，n%2也同样起逻辑表达式作用。若n是奇数，n%2的值为1，代表逻辑值"真"；若n是偶数，n%2的值为0，代表逻辑值"假"。因此，该语句的作用是：判断n是奇数还是偶数，然后决定是否输出"odd numbers"。

程序段"n=10;s=0;while(n>0)s=s+n--;"与"n=10;s=0;while(n)s=s+n--;"是完全等价的，后者中的"while(n)"也可以理解为"while(n!=0)"。

（3）各逻辑运算符的运算优先级不同，从高到低依次为：!、&&、||。

将条件"x大于5且|y|>6"写作C的逻辑表达式，若写作"y>6||y<-6 && x>5"，是错误的，因为逻辑与优先于逻辑或，只要y大于6，则表达式值为1，而与x是否大于5无关。

加括号可以改变表达式中各运算符的运算顺序。

条件"x大于5且|y|>6"可以改写作：(y>6||y<-6) && x>5。

在算术、关系和逻辑运算符中讨论，在同一层括号内各运算符的优先级依次为：

①!（逻辑非）     ②*、/、%     ③（双目运算）+、-
④>、>=、<、<=    ⑤==、!=      ⑥&&（逻辑与）
⑦||（逻辑或）

【例3-6】根据下列条件，写出C的逻辑表达式。
- 条件"x不等于0"，写作：x!=0或 !(x==0)
- 条件"m、n都能被k整除"，写作：m%k==0 && n%k==0
- 条件"长度分别为a、b、c的3条线段能够组成三角形"，写作：
  a+b>c && a+c>b && b+c>a
- 条件"x、y 落在圆心在(0,0)、半径为 r1 的圆外和半径为 r2 的圆内"，写作：
  x*x+y*y>=r1*r1 && x*x+y*y<=r2*r2

（4）C未必会执行逻辑表达式中的所有逻辑运算。要特别注意的是：在由&&和||运算符组成的逻辑表达式中，为提高程序的执行效率，C语言规定，只对能够确定整个表达式值的最少数目的子表达式进行计算，即当计算出某个子表达式值后就可以确定整个逻辑表达式的值时，后面的子表达式就不再计算了。

例：int x=y=z=0; ++x&&++y||++z;由于"++x&&++y"为1，不管"||"后面是什么值，表达式"++x&&++y||++z"的值肯定都是1。因此，表达式中的"++z"被忽略。计算结果是：逻辑表达式值为1，x为1，y为1，z保持初值0不变。

又如：int x=y=z=-1; ++x&&++y&&++z;由于"++x"为0，不管"&&"后面的"++y"是什么值，表达式 "++x&&++y"的值肯定是0，因此"++y"被忽略；同时由于"++x&&++y"的值是0，不管下一个&&后面的"++z"是什么值，表达式 "++x&&++y&&++z"的值肯定是0，因此，"++z"也被忽略。计算结果是：逻辑表达式值为0、x为0，y、z保持初值-1不变。

## 第五节 条件表达式与逗号表达式

### 一、条件表达式

条件运算是根据给定逻辑表达式,在两个表达式中取其中一个表达式值的运算。

条件表达式格式:逻辑表达式?表达式1:表达式2

条件表达式值:若逻辑表达式值非0,则以表达式1的值为条件表达式值;否则以表达式2的值为条件表达式值。

例如,为变量z赋值x、y中的较大值,可写作"z=x>y?x:y",表达式的计算过程是:若x>y成立,则x赋值到z,否则y赋值到z。

又如,取变量t的符号(-1或1),可以写作"t>=0?1:-1"。

再如,为变量s赋值x、y、z中的较大值,可以写作"s=(s=x>y?x:y)>z?s:z"。

若字符变量ch为小写字母,则改为大写字母,可以写作:
$$ch=(ch>='a' \&\& ch<='z' ? ch+'A'-'a':ch)$$

▲ 注意:条件表达式是由3个表达式构造的,各表达式中后缀格式的自增、自减运算,在各表达式的其他运算完成之后进行。

如语句"i=3;j=7;i=(i++>j)?i:j;"运算结束后i为7、j为7。

计算表达式"i++>j"时,先用i当前值作比较,然后执行i的自增运算,再判断为i赋何值,而不是在语句中所有运算的最后一步,再执行i的自增运算。

条件表达式由多个表达式组成,讨论其中自增、自减运算的优先级问题时,应就各个表达式进行讨论。

**【例3-7】** 下列程序输入变量a、b、c后,按值从大到小的顺序输出。

```
#include <stdio.h>
void main( )
{  float a,b,c,max,mid,min;
   scanf("%f%f%f",&a,&b,&c);
   max=(max=a>b?a:b)>c?max:c;
   min=(min=a<b?a:b)<c?min:c;
   mid=a+b+c-max-min;
   printf("%f  %f  %f\n",max,mid,min);
}
```

### 二、逗号表达式

逗号表达式格式:表达式1,表达式2

逗号表达式的计算过程是:先计算表达式1,再计算表达式2,逗号表达式的值为表达式2的值。

例如:若a的值为2,语句"c=(b=a++,b=a+2);"的执行步骤是:赋值2到b,然后a自增为3

（就各个表达式讨论自增、自减运算的优先级）；赋值5到b；逗号表达式的值取后一个（赋值）表达式的值即5，故5赋值到c。

按此格式，可知若干个表达式用逗号间隔，也是逗号表达式。

例如，执行语句"x=(a=3,b=5,b+=a,c=b*5);"后，变量x、a、b、c的值依次为40、3、8、40，整个表达式的值也是40（x最后的值）。

不提倡过多地使用逗号表达式。比如，语句"c=(a=1,b=++a);"应写作"a=1;b=++a;c=b;"为宜，使程序便于理解。

## 第六节 小 结

本章主要介绍了C语言的运算符和表达式。

C语言的运算符包括了算术运算符、关系运算符、逻辑运算符、赋值运算符和条件运算符等。表达式是用运算符和圆括号将操作数连接在一起的式子。

运算符有着不同的运算优先级（见附录II），不同类型的数据运算时需要按一定的规则进行类型转换，在书写或计算C的表达式时要加以注意。

在C语言中，逻辑表达式的值只能是0或1。关系表达式可以直接作为逻辑表达式，算术表达式也可以作为特殊的逻辑表达式。比如语句"if(k-5) x=y;"，这里的k-5作逻辑表达式用，如果k-5为0，则意味着为"假"，否则为"真"。因此，同一个表达式，出现在C程序的一条语句中（如算术赋值语句 v=k-5;）可能被视为算术表达式，而出现在另一条语句中可能又会被视为逻辑表达式。表达式的含义，需要结合程序的上下文来进行考虑。

## 习 题 三

1. 根据下列数学式，写出C的算术表达式。

$$-(a^2+b^3)\times xy^4 \qquad \frac{\sqrt{2}+10^2}{\tan^{-1}x+\pi} \qquad \frac{5+b}{\frac{a+6}{b+5}-c\times d}$$

2. 按照要求写出下列C的表达式。

（1）数学式 $(x+1)e^{2x}$ 所对应的C算术表达式。

（2）将double类型变量x的整数部分与y的小数部分相加的算术表达式。

（3）将非零实型变量x四舍五入到小数点后2位的算术表达式。

（4）为变量s赋值：取变量x的符号，取变量y的绝对值。

（5）条件"$-5\leq x\leq 3$"所对应的C逻辑表达式。

（6）a、b是字符变量，已知a的值为大写字母，b的值为小写字母，写出判断a、b是否为同一字母的逻辑表达式。

（7）int类型变量a、b均为两位正整数，写出判断a的个位数等于b的十位数、且b的个位数等于a的十位数的逻辑表达式。

(8) 计算变量a、b中较小值的条件表达式。
(9) 判断变量ch 是英文字母的表达式。
(10) 若字符变量ch的值为大写字母,则重新赋值为对应的小写字母。

3. 声明"int k=12;float x=9.5;double d=2.7;char zf='B';",写出下列表达式的值。
(1)（int)x%k*d　　　(2) k+5.6<x<d　　　(3) 10==9+1
(4)！k&&x>d　　　(5) zf='B'　　　　(6) zf=='B'

4. 填空题。
(1) 声明"float x=2.5,y=4.7; int a=7;",表达式"x+a%3*(int)(x+y)%2/4"的值为_____。
(2) 设有整型变量a、b、c,其中a、b的值分别为10与20,计算"c=(a%2==0)?a:b;"后,c的值为_____。
(3) 设有整型变量d的值为7,表达式"3<d<5"的值为_____。
(4) 已知ch是字符变量。如果ch是小写英文字母,则把它改成大写英文字母,写作:
if(_____)ch=ch−32;
(5) 下列程序的输出结果是_____。
#include <stdio.h>
void main( )
{ int y;
　double d=3.4, x;
　x=(y=d/2.0)/2;
　printf("(%0.2f, %d)", x, y);
}
(6) 判断a、b是否绝对值相等而符号相反的逻辑表达式为_____。
(7) 判断变量a、b中必有且只有一个为0的逻辑表达式为_____。
(8) c初值为3,计算赋值表达式"a=5+(c+=6)"后,表达式值和a、c的值依次为_____。
(9) 求解赋值表达式"a=(b=10)%(c=6)"后,表达式值、a、b、c的值依次为_____。
(10) 求解逗号表达式"x=a=3,6*a"后,表达式值和x、a的值依次为_____。
(11) 若a=13、b=25、c=−17,表达式"((y=(a<b)?a:b)<c)?y:c"的值为_____。
(12) 若s='d',执行语句"s=(s>='a'&&s<='z')?s−32:s;"后,字符变量s的值为_____。

5. 写出下列程序的输出结果。
程序(1)
#include <stdio.h>
void main( )
{ unsigned k,n;
　scanf("%u",&n);
　k=n%10*10+n/10;

```
        printf("n=%d    k=%d\n",n,k);
    }
```
运行时输入数据为:<u>69 72</u>    输出结果为:_____

程序(2)
```
    #include <stdio.h>
    void main( )
    { int x=40,y=4,z=4;
      x=y==z;
      printf("%d   %d   %d\n",x,y,z);
      x=x==(y=z);
      printf("%d   %d   %d\n",x,y,z);
    }
```
输出结果为:_____
_____

程序(3)
```
    #include <stdio.h>
    void main( )
    { int x,y,z;
      x=y=2; z=3;
      y=x++-1; printf("%d\t%d\t%d\t",x,y,z);
      y=--z+1; printf("%d\t%d\t%d\n",x,y,z);
      x=y=z=0; ++x&&++y||++z;
      printf("%d\t%d\t%d\t",x,y,z);
      --x&&++y&&++z; printf("%d\t%d\t%d\n",x,y,z);
    }
```
输出结果为:_____
_____

6. 编程,输入长方形的长和宽,求长方形的面积和周长并输出。

7. 编程,输入3个字符后,按各字符ASCII码从小到大的顺序输出这些字符。

8. 编程,输入3个整数,要求按绝对值从小到大排序。

9. 编程,输入3个数,计算这3个数的平均值,并求出与平均值最接近的值。

10. 编程,输入1个3位正整数,输出与其个位、十位、百位反序的数(如123的反序数为321)。

# 第四章　流程控制

在前面的几章学习中，我们已经接触到了if、while等流程控制语句。本章中，我们将系统学习C语言中用于流程控制的语句，包括用于选择结构的if语句和switch语句，以及用于循环结构的for、while和do-while语句。

## 第一节　结构化程序设计

### 一、结构化程序设计的基本思想

一个程序的最起码要求是能够在计算机上运行并得到正确的结果。在程序设计过程中，仅仅满足此要求是远远不够的。一份高质量的程序应当具有占用内存少、运算速度快等特点，尤其是要具有较好的可读性和可维护性。

程序的设计过程需多次地阅读和修改，如果程序的可读性差、书写紊乱、过多地使用goto语句（尤其是大跨度的控制转移），则难以阅读和理解。这样的程序，可以预见其维护工作（如以后对程序作一些修改）是相当复杂和困难的。

为了提高程序的可读性，20世纪60年代，一些计算机科学家提出了结构化程序设计的相关理论。结构化程序设计的基本思想是：任何程序都可以用3种基本结构来表示，即顺序结构、选择结构和循环结构。一个结构化程序以及它的每一个结构，应具有的特点是：

- 只有一个入口；
- 只有一个出口；
- 没有死循环；
- 没有死语句，即每一条语句都有被执行的可能。

结构化程序设计的思想，为我们编写出易读性好、结构清晰的程序提供了理论基础。在20世纪70年代初，计算机科学家进一步提出了"结构化程序设计"的方法。

所谓结构化程序设计的方法，其重点思想就是"自顶向下，逐步求精"。将一个复杂问题分解为若干个简单问题，编程的每一步骤，程序员的注意力只集中在一个相对独立的局部。本章后面的一些例题中，将采用这种方法。

### 二、结构化程序的3种基本结构

结构化程序设计思想要求程序只能用3种基本结构来描述，这3种基本结构就是：顺序结构、选择结构和循环结构。使用这3种基本结构的组合或其复合嵌套构成的程序,具有结构清晰、易于理解、易于修改的优点。

(1)顺序结构是最基本、最简单的结构,它由一组逐条执行的语句组成。按照书写顺序,依次执行各语句,如图4-1(a)所示。

(2)选择结构又称分支结构,是根据给定的条件,从两条或者多条路径中选择下一步要执行的操作路径,如图4-1(b)所示。

(3)循环结构是根据一定的条件,重复执行给定的一组操作,如图4-1(c)所示。在C语言中,使用if、switch语句来实现选择,使用while、do-while、for语句来实现循环。在接下来的第二节和第三节中,我们将分别介绍选择结构和循环结构。

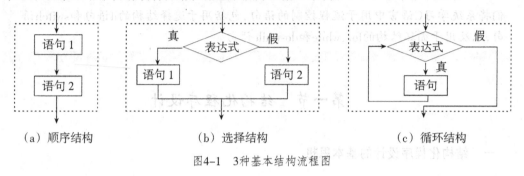

(a)顺序结构　　　　　　(b)选择结构　　　　　　(c)循环结构

图4-1　3种基本结构流程图

## 第二节　选择结构

选择结构又称分支结构。在解决实际问题时,往往需要计算机根据不同的情况采取不同的操作。选择结构在程序中体现为,根据某些条件作出判断,决定执行哪些语句。C语言中的if、switch语句,可以帮助我们编写带有选择结构的程序。

一、if语句

1. if语句的基本形式

格式:if(表达式)语句1 else 语句2

功能:如图4-2所示。即表达式为"真",则执行语句1,否则执行语句2。

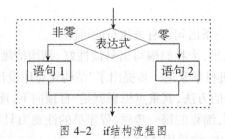

图4-2　if结构流程图

【例4-1】 编程,输入x,求下列分段函数$f(x)$的值。

$$f(x)=\begin{cases}1-x^2 & x\leq 5\\(x-5)^{1/4} & x>5\end{cases}$$

程序如下：
```
#include <stdio.h>
#include <math.h>
void main( )
{   double y,x;
    scanf("%lf",&x);
    if(x<=5)
        y=1-x*x;
    else
        y=pow(x-5,0.25);
    printf("f(%.5f)=%.8f\n",x,y);
}
```

2. if语句使用说明

（1）在if语句格式中，"语句1"、"语句2"还可以是复合语句。所谓复合语句，是指用一对花括号括起来的一组语句。如果要选择执行的语句超过一条，就必须使用复合语句。

【例4-2】 输入3条线段的长度，如果它们不能构成三角形，则输出相应提示信息，否则按下式计算并输出三角形面积。

$$s=\frac{x+y+z}{2} \qquad area=\sqrt{s\times(s-x)\times(s-y)\times(s-z)}$$

```
#include <stdio.h>
#include <math.h>
void main( )
{   double x,y,z,s,area;
    printf("The sides of a triangle:\n");
    scanf("%lf%lf%lf",&x,&y,&z);
    if(x+y>z && x+z>y && y+z>x) {        /* 判断是否构成三角形的3条边 */
        s=(x+y+z)/2;
        area=sqrt(s*(s-x)*(s-y)*(s-z));
        printf("the area of triangle %.2f\n",area);
    }
    else
        printf("It's not a triangle\n");       /* 输出不是三角形的提示信息 */
}
```

✻ **程序说明**：程序中，如果x+y>z && x+z>y && y+z>x为真，则执行的是复合语句：
```
{ s=(x+y+z)/2; area=sqrt(s*(s-x)*(s-y)*(s-z));
  printf("the area of triangle %.2f\n",area); }
```
以上程序段两端的花括号不能省略，否则"x+y>z && x+z>y && y+z>x"为真时，执行的只是一条语句"s=(x+y+z)/2;"，其后的语句将无条件执行，造成后面的else和if不能匹配，出现语法错误。

（2）在if语句中可以省略"else 语句2"部分，语句格式变为：if(表达式)语句1。

该语句的功能是：如果表达式的值为"真"，则执行语句1；否则什么都不做。下面的例题中，有一个省略else的if语句。

【例4-3】 编程，输入x、y，仅当x<y时交换x、y的值，然后输出x、y。

```c
#include <stdio.h>
void main()
{ float x,y,temp;
  scanf("%f%f",&x,&y);
  if(x<y) {            /* x<y为真时,下列3条赋值语句均被执行 */
    temp=x; x=y; y=temp;
  }
  printf("x=%f  y=%f\n",x,y);
}
```

3. if语句的嵌套

当if语句的内嵌语句仍然是一个if结构时，就形成了if结构的嵌套。

【例4-4】 输入x，按下列公式求分段函数$g(x)$的值。

$$g(x)=\begin{cases} 0.75 \cdot x & x<-4 \\ 0.466 \cdot x+3.7 & -40\leq x\leq 20 \\ 1.5 \cdot x-6 & x>20 \end{cases}$$

程序如下：

```c
#include <stdio.h>
void main()
{ float x,y;
  scanf("%f",&x);
  if(x<-40)                    /* 采用递缩格式书写的多层if结构开始 */
    y=0.75*x;
  else
    if(x<=20)
      y=0.466*x+3.7;
    else
      y=1.5*x-6;               /* 采用递缩格式书写的多层if结构结束 */
  printf("g(%f)=%f\n",x,y);
}
```

（1）if语句多层嵌套时，为分清结构的层次、提高程序的易读性，建议在编辑源程序时采用递缩格式，即每个内层结构首句其书写位置向右缩进若干列。

（2）多层if语句嵌套时，由后向前使每一个else与前面与之相距最近的if匹配。

【例4-5】 求解方程$a \cdot x^2+b \cdot x+c=0$的根。

程序中输入的方程系数不能是整型，一般应为实型，如double类型；考虑到系数的不同取值将导致无解、多解、实根、虚根等多种情况的发生,故求解由多重if语句的嵌套来实现。

程序如下:

```
#include <stdio.h>
#include <math.h>
void main( )
{   double a,b,c,x1,x2,d;
    scanf("%lf%lf%lf",&a,&b,&c);  d=b*b-4*a*c;
    if(a==0) {                    /* 第6行 */
      if(b==0) {                  /* 第7行 */
        if(c==0)
          printf("方程有任意解\n");
        else
          printf("方程无解\n");
      }                           /* 与第7行的左括号匹配 */
      else
        printf("x=%f\n",-c/b);
    }                             /* 与第6行的左括号匹配 */
    else                          /* 与第6行的if匹配 */
      if(d>=0) {
        printf("x1=%f\n",(-b+sqrt(d))/2/a);
        printf("x2=%f\n",(-b-sqrt(d))/2/a);
      }
      else {                      /* 输出"实部系数±虚部系数"形式,如1+2i */
        printf("x1=%f+%fi\n",-b/2/a,sqrt(-d)/2/a);
        printf("x2=%f+%fi\n",-b/2/a,-sqrt(-d)/2/a);
      }
}
```

在涉及多层if嵌套时,要注意if和else的匹配问题。特别是内层if为不平衡结构(省略else)时,判断与else匹配的if尤为重要。请看下列求最大值的程序段:

```
max=x;
if(z>y)
   if(z>x) max=z;
else
   if(y>x) max=y;
```

该程序段中else看起来似乎是与第一个if匹配,若果真如此,则结果是正确的。但是按照匹配的规则,else应该与第二个if匹配(书写格式并不会影响匹配规则)。如果x=4、y=5、z=2,上述程序段的输出结果都是4,显然与题意不符。

读者可以从逻辑上对上述程序段进行分析,找出错误的原因。此外,也可以反复代入不同数据作验证。不过,用代入数据的方法验证一个程序的正确性是非常不可靠的,除非所代入的数据覆盖了它们所有可能的取值。

对于这种多层if语句的嵌套,为避免程序中的错误,一个简单的处理方法就是加括号限制与else相匹配的if语句。将本例中的if语句作如下修改,则是正确的:

```
max=x;
if(z>y){
   if(z>x) max=z;
}
else
   if(y>x) max=y;
```

**【例4-6】** 输入一个学生的百分制成绩,输出对应的五级评分等级。
程序如下:

```
#include<stdio.h>
void main( )
{ int score;
  printf("Please input score:\n");
  scanf("%d",&score);
  if(score>100||score<0) printf("成绩出错\n");
  else if(score<60) printf("不及格\n");
      else if(score<70) printf("及格\n");
          else if(score<80) printf("中等\n");
              else if(score<90) printf("良好\n");
                  else printf("优秀\n");
}
```

❋ **程序说明**:if语句的关键字else后面是1条语句,当然也可以是1条if语句。

### 二、switch语句

**1. switch语句格式、功能**

if语句可以实现二选一,两个if语句的嵌套可以实现三选一。一般地,n-1个if结构的嵌套可以实现n选一。但是,过多的嵌套使程序显得繁琐且容易引起混淆。一个较好的解决方案是使用更为简洁的switch语句。switch语句可以根据给定条件的结果判断,然后决定从多个分支中的哪一个分支开始执行。

格式:switch(表达式)
```
{ case 值1: 语句组1
  case 值2: 语句组2
  ……
  case 值n: 语句组n
  default: 语句组n+1
}
```

语句执行流程如图4-3所示。

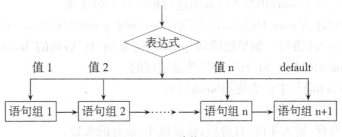

图4-3 switch结构流程图

首先计算表达式的值,若表达式值与某个case后面的常量值相等,就从该case进入,从"语句组i"开始执行;若表达式的值不属于值1~值n,则从default进入,执行语句组n+1;如果表达式的值不属于值1~值n,又没有default语句,则switch语句不起任何作用,直接执行swtich的后续语句。

在使用switch语句时,还必须注意以下两点:

(1) 表达式的计算结果必须为整型或字符型,值1~值n必须是整型或字符型常量。

(2) 执行"语句组i"中的语句"break;"时,将跳转出switch语句;若语句组中不存在"break;"语句,执行"语句组i"后还要顺序执行"语句组i"后的语句组。

【例4-7】 用switch结构改写例4-6。

程序如下:

```
#include<stdio.h>
#include<stdlib.h>
void main( )
{ int score;
  printf("Please input score:\n");
  scanf("%d",&score);
  if(score>100||score<0) {
    printf("成绩出错\n"); exit(0);
  }
  switch (score/10) {
    case 10:
    case  9: printf("优秀 \n"); break;
    case  8: printf("良好 \n"); break;
    case  7: printf("中等 \n"); break;
    case  6: printf("及格 \n"); break;
    default: printf("不及格 \n");
  }
}
```

❋ **程序说明**：表达式 score/10的计算结果是0~10之间的整数，并且每个值正好对应一个分数段，所以可以按score/10的不同取值进行相应分支的处理。

当score为100时，从case 10进入，继续执行case 9的"printf("优秀 \n");"语句后，碰到了break语句，跳出switch语句。如果把语句"printf("优秀 \n");"后面的"break;"删除，则还会继续往下执行"printf("良好 \n");"，这显然是错误的。

请注意在switch语句中正确使用break语句。

2. switch语句应用示例

【例4-8】 编程，输入年份、月份后，输出该年、该月的天数。

程序如下：

```
#include <stdio.h>
#include <stdlib.h>
void main()
{ int year,month,day;
   printf("请输入年份,月份:\n");
   scanf("%d%d",&year,&month);
   switch（month）{
     case 1:     /* month取值1时,语句组为空,顺序执行下一语句组 */
     case 3:     /* 此后各语句组均为空,将执行"day=31; break;" */
     case 5:
     case 7:
     case 8:
     case 10:
     case 12: day=31;  /* month值为1、3、5、7、8、10时,执行该语句组 */
             break;   /* break使控制转到该结构后,执行printf函数 */
     case 4:
     case 6:
     case 9:
     case 11: day=30; break;
     case 2: if((year%4==0&&year%100!=0)||year%400==0)
                day=29;
             else
                day=28;
             break;
     default: printf("月份超出范围,应当是1≤month≤12");
              exit(0);         /* 退出,终止程序执行 */
   }
   printf("%d\n",day);
}
```

【例4-9】 设计一个简易的计算器程序,可进行两个实数的+、-、*、/运算。输入时的计算式如:2+3;1.5*4;2.35/0。

程序如下:

```c
#include<stdlib.h>
#include<stdio.h>
void main( )
{ double a,b,d;                    /* a、b分别存放操作数 */
  char p;                          /* p存放运算符 */
  printf("Input epression\n");
  scanf("%lf%c%lf",&a,&p,&b);      /* 输入计算式 */
  switch(p) {
    case '+': d=a+b; break;
    case '-': d=a-b; break;
    case '*': d=a*b; break;
    case '/': if(b!=0) { d=a/b; break; }
    default: printf("the operator or the data is error\n");
             exit(0);              /* 终止程序执行 */
  }
  printf("%.2f\n",d);
}
```

☞ 运行结果:

输入 2+3 ,输出 5.00

输入 1.5*4 ,输出 6.00

输入 2.35/0 ,输出 the operator or the data is error

※ 程序说明:在p为'/'时:当除数b!=0时执行除法操作,然后执行break语句,跳出switch语句;当除数b为0时,因为没有执行到break语句,所以会继续执行default语句组。

## 第三节 循环结构

在求解实际问题中,常常有需要多次重复处理的过程。循环结构能使一个或一组语句被重复执行,直到不满足循环条件为止。用C的goto语句也可以编写循环结构程序,下列程序段可以用来描述计算10个输入数的和的过程。

```c
#include <stdio.h>
void main( )
{ float s=0,x; int i=1;
  kk: scanf("%f",&x);         /* kk是标号,可以标记goto语句的转移入口 */
  s=s+x; i++;
  if(i<=10) goto kk;          /* 条件成立,控制转移到标号为kk的语句执行 */
```

61

```
        printf("%f\n",s);
    }
```

但是,使用goto语句不符合结构化程序的原则。C语言提供了for语句、while语句和do-while语句,他们都是结构化的,可以编写带循环结构的程序。

一、for语句

1. for语句格式、功能

格式:for(表达式1;表达式2;表达式3)语句s

语句的功能如图4-4所示。

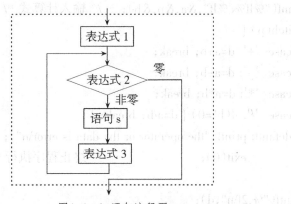

图4-4 for语句流程图

(1)进入for语句后首先执行"表达式1",且只执行一次。"表达式1"一般用于为for结构中的有关变量赋初值,因此也被称为for循环的"初值表达式"。

(2)"表达式2"是执行"语句s"的条件,也称为for循环的"条件表达式"。

(3)"语句s"被称为循环体,可以是复合语句。

(4)"表达式3"仅当"语句s"执行后才执行,一般用于每次循环后修正for结构中有关变量的值,又称为"增量表达式"。

【例4-10】 求1~100的累计和。

☞ 编程分析:设置累计器sum(初值为0),利用sum += n来计算(n依次取1、2、…、100)。用for语句实现循环。

程序如下:
```
#include <stdio.h>
void main( )
{ int i,sum=0;                  /* 将sum初始化为0 */
  for(i=1;i<=100;i++) sum+= i;  /* 实现累加 */
  printf("sum=%d\n",sum);
}
```

✲ 程序说明:在该程序中,for语句的执行次序为:

(1) i 赋值 1。

（2）判断i≤100是否成立,若成立,则执行语句sum=sum+i;否则退出循环。
（3）执行"i++",执行(2)。

2. for语句使用说明

（1）格式中的"表达式1"、"表达式2"、"表达式3"都可以缺省。

例如,下列for语句均可以实现求1~100的和：

   int s=0,i=1; for(;i<=100;i++) s+=i;  缺省"表达式1"

   int s=0,i=1; for(;i<=100;) {s+=i; i++;}  缺省"表达式3"

要特别注意的是,尽管for语句的"表达式1"、"表达式2"、"表达式3"可以省略,但两个分号都不能省略。

程序段"int s=0,i=1; for(;;) { s=s+i;i++;if(s>12345) break; }"可求和至s>12345为止,循环体内用语句break跳出循环(将在第四章第三节中介绍)。对于循环次数未知的循环,一般不采用如此怪异的写法。

【例4-11】 编程,输入 10个数,求它们的和并输出。

程序如下：

```
#include <stdio.h>
void main( )
{ float a,s; int i;
  for(s=0,i=1;i<=10;i++) {   /* "表达式1"可以是逗号表达式 */
    scanf("%f",&a);
    s+=a;
  }
  printf("%f\n",s);
}
```

（2）循环体"语句s"可以是复合语句或空语句。

下列for语句也可以计算1~100的和：

   int s=0;for(i=1;i<=100; s+=i,i++);

此时,表示条件"i<=100"成立时,执行空语句(什么也不做),然后再执行"s+=i,i++"。

从前面的一些例子可以看出,for语句的写法非常灵活。尽管这样,我们在编写程序的时候,为了提高代码的可读性,尽量用比较规范、通用的写法。比如编写"求1~100的和"的程序段,一般写作：

   int s=0,i; for(i=1;i<=100;i++) s+=i;

由于对C的语法规则不熟,初学者有时会误用空语句,比如把"if(x>y) x=3;"误写成"if(x>y);x=3;",其中";"为空语句,无论条件成立与否,语句"x=3;"无条件执行。

又如：将"for(i=1;i<=100;i++) sum+=i;"误写成"for(i=1;i<=100;i++);sum+=i;",此时for语句循环体为空语句,"sum+= i;"与循环无关,无条件执行一次。

（3）for循环结束后,循环控制变量当前值为其最后一次取值加步长。

所谓for循环的正常结束,是指"表达式2"不成立时循环终止,请特别注意下列循环结束后控制变量的当前值。

执行"s=0；for(i=1;i<=100;i=i+2) s+=i;printf("%d\n",i);"，控制变量i最后1次取值为99，再执行i=i+2，输出i的当前值为101。

执行"s=0，for(i=99;i>0;i=i-2) s+=i;printf("%d\n",i);"，控制变量i最后1次取值为1，再执行i=i-2；输出i的当前值为-1。

【例4-12】 输入n个数，输出其中的最大值。

☞ 编程分析：应首先输入参与比较大小关系的数据个数n，然后利用n控制循环次数。先假设输入的第一个数是最大值，接下去每次输入的数都与"最大值"比较，如果大于"最大值"，那么就用它来替代。

程序如下：

```
#include <stdio.h>
void main()
{ float x,max; int i,n;
  printf("请输入需比较最大值的数据个数:\n");
  scanf("%d",&n);
  printf("请输入%d个数:\n",n);
  for(i=1;i<=n;i++) {
    scanf("%f",&x);
    if(i==1) max=x;          /* 如果是第1个数,直接作为最大值的初值 */
    else if(x>max) max=x;    /* 不是第1个数,则需要与max比较大小     */
  }
  printf("最大值是:%f\n",max);
}
```

☞ 运行结果：输入6，再输入6个实数，输出结果是这6个数中的最大值。

相比之下，下面这个程序就有问题了。如果输入的所有数都小于0（数据个数除外），将得出最大值为0！这显然是错误的。

```
#include <stdio.h>
void main()
{ float x,max=0;
  int i,n;
  printf("请输入需比较最大值的数据个数:\n");
  scanf("%d",&n);
  printf("请输入%d个数:\n",n);
  for(i=1;i<=n;i++) {
    scanf("%f",&x);
    if(x>max) max=x;
  }
  printf("最大值是:%f\n",max);
}
```

在若干个数中比较最大值时,存放比较结果的变量其初值应为一个不可能的最小值(比较身高时,初值为0;比较成绩时,初值为负);比最小值的时候,存放比较结果的变量其初值应为一个不可能的最大值(比较工资时,初值为百万)。如不能事先确定被比较数据的数值范围,一个简单的处理办法是将这些数据中的第一个数据作为初值,再处理其他n-1个数据。

## 二、break和continue语句

已介绍的for循环结构,以及将要介绍的while、do-while循环结构,它们都是以某个表达式的结果作为循环条件,当表达式的值为零时,就结束循环。此外,在循环体(即循环格式中的"语句s")中,还可以使用break语句和continue语句对循环加以控制。

1. break语句

格式:break;

功能:终止循环的执行,控制将转到循环结构后一条语句。

break语句适用于for循环,以及后面要介绍的while、do-while循环。在switch结构中使用break语句,也具有同样的控制作用。

**【例4-13】** 编程,输入若干个正数,求它们的和并输出。

程序如下:

```c
#include <stdio.h>
void main( )
{   float s=0,x;
    for( ; ; ) {              /* 无条件执行循环体 */
        scanf("%f",&x);
        if(x<0) break;        /* 如果输入了负数,则强行退出循环、输出结果 */
        s=s+x;
    }
    printf("%f\n",s);
}
```

2. continue语句

格式:continue;

功能:循环结构中的循环体一般会执行多次,continue语句停止执行本次循环,进入下一次循环。

该语句适用于for循环,以及后面要介绍的while、do-while循环。

**【例4-14】** 输入10个数,计算其中正数的和与平均值。

☞ **编程分析**:因为循环次数确定,故适于写作for循环结构。如果输入负数,则执行continue语句,跳过循环体中后续的语句,再执行"i++",并判断是否继续循环。

程序如下:

```c
#include <stdio.h>
void main( )
```

```
    { int i,n=0; float x,s=0;
      for(i=1;i<=10;i++) {
         scanf("%f",&x);
         if(x<=0) continue;        /* 若x<=0,则跳过下面2条语句不执行 */
           s+=x; n++;
      }
      printf("总和=%f 平均值=%f\n",s,s/n);
    }
```

### 三、while 语句

和for语句一样,while语句也用于循环结构。While语句的适用范围很广。一般来说,如果循环的次数不能确定,只是当某一条件满足就继续循环,那么用while语句比较合适。

**1. while语句格式、功能**

格式:while(表达式) 语句s;

功能:语句功能如图4-4所示。首先计算表达式的值,表达式值为非零(真)时执行语句s;执行完语句s后再次计算表达式的值,直到表达式的值为零(假)时退出循环,执行while语句的后续语句。

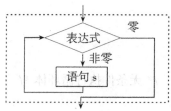

图4-5 while语句结构流程图

**2. while语句编程实例**

while语句和for语句的执行过程比较相像,都是先判断再执行。while语句的构成比for语句简单,多数情况下,循环的实现既可以采用for语句,也可以采用while语句。

例4-13程序(求若干个正数的和)中的相应程序段还可以用while语句改写如下:

```
    while(1) {              /* 无条件执行循环体 */
       scanf("%f",&x);
       if(x<0) break;        /* 如果输入了负数,则强行退出循环、输出结果 */
       s=s+x;
    }
    printf("%f\n",s);
```

一般地,在循环次数确定的情况下,可以写作for循环,否则可以考虑写作while或do-while循环。

【例4-15】 编程,输入x,求下列级数和直至末项小于$10^{-5}$为止。

$$1+x+\frac{x^2}{2!}+\frac{x^3}{3!}+\frac{x^4}{4!}+\cdots+\frac{x^n}{n!}+\cdots$$

☞ **编程分析**：这是一个累加求级数和的问题，注意到级数前项与后项之间有如下关系：

$t_0=1$                         由此导出级数各项的关系如下：
$t_1=x/1=x \cdot t_0/1$
$t_2=x^2/2! \ = x \cdot t_1/2$
$t_3=x^3/3! \ = x \cdot t_2/3$            $t_i = \begin{cases} 1 & i=0 \\ x \cdot t_{i-1}/i & i>0 \end{cases}$
$t_4=x^4/4! \ = x \cdot t_3/4$
$t_5=x^5/5! \ = x \cdot t_4/5$
……
$t_n=x^n/n! \ = x \cdot t_{n-1}/n$

因此，在循环体中可以利用上述规律来得到级数的各项，并进行累加。

题中没有显式地给出循环次数，而是提出了精度要求，即要求最后一项的值小于$10^{-5}$。这实际上是给出了循环结束的条件，一旦计算出某项$t<10^{-5}$，并把这一项累加到总和y后，就可以终止循环。

用while语句实现的程序如下：

```c
#include <stdio.h>
#include <math.h>
void main( )
{ float x,t,y; int i;
  scanf("%f",&x);
  y=1; t=1; i=1;           /* y=1+x; t=x; i=1; */
  while(fabs(t)>=1e-5) {
    t=t*x/i;               /* i++; t=t*x/i; */
    y=y+t; i++;            /* y=y+t; */
  }
  printf("%f\n",y);
}
```

☞ **运行结果**：语句"y=1;t=1;i=1;"在循环前为相关变量赋初值，这里的表示方法并不唯一，注释部分是可以参考的同样正确的做法。要学习并逐渐掌握的是：正确地为与循环有关的变量设置初值，使初值、循环条件、循环体"和谐"，能够得出正确的计算结果。

【例4-16】 输入自然数n，判断该数是否为素数。

☞ **编程分析**：素数是指除1以外只能被1和其自身整除的自然数，如2、3、5、7、11、13都是素数。判断n是否为素数，可以考虑用2、3、…、n/2除n，若n能够被其中任何一个数整除，则n不是素数，否则n是素数。

程序如下：

```c
#include <stdio.h>
void main( )
{ int n,i;
  scanf("%d",&n);
```

67

```
   for(i=2;i<=n/2;i++)        /* 以2、3、…、n/2做除数 */
      if(n%i==0) break;        /* 若i能整除n,则n不是素数,终止循环 */
   if(i>n/2)
      printf("%d是素数\n",n);
   else
      printf("%d不是素数\n",n);
}
```

☞ **运行结果**：能够判断输入数是否为素数。

✻ **程序说明**：如果n不能被控制变量i的任何一个取值整除(则n是素数),则不可能执行break语句,循环结束后i的当前值就必定大于n/2。因此,这里用i当前值大于n/2作为判断n是素数的条件。

如果n存在某个因子(不包括1和自身),那么n肯定能分解为两个整数的乘积。而其中相对较小的因子肯定不会大于n的平方根,所以除数i的取值可以限定在sqrt(n)以内。上述代码中的循环可修改为：

```
for(i=2;i<=sqrt(n);i++) if (n%i==0) break;
if(i>sqrt(n)) printf("%d是素数\n",n); else printf("%d不是素数\n",n);
```

修改以后,程序的循环次数减少了,运行效率得到了提高。

### 四、do-while 语句

**1. do-while语句格式、功能**

格式：do 语句s
      while(表达式);

功能：如图4-6所示。进入循环时,首先执行循环体语句s,然后再检查表达式的值,若表达式值为真,则继续循环,直到表达式值为假时循环结束,执行do-while后的语句。

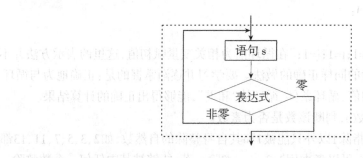

图4-6 do-while结构流程图

**2. do-while语句使用说明**

（1）其使用方法和while语句相似。用while语句描述的循环,一般也可以用do-while语句描述。

例4-11中的程序,可以用do-while语句改写如下：

```
#include <stdio.h>
void main( )
{ float a,s; int n,i;
    scanf("%d",&n); s=i=0;
    do {
        scanf("%f",&a);
        s+=a;i++;
    } while(i<n);
    printf("%f\n",s);
}
```

（2）与while语句不同的是，do-while是先执行、后判断的循环结构，在有些情况下，采用while和do-while语句实现循环，在程序逻辑上可能会有一些差异。

**【例4-17】** 输入一串以回车键结束的字符，累加这些字符的ASCII值。

☞ **编程分析**：当变量ch值为换行符('\n')时结束循环，输入字符个数不定，此类循环次数未知，故考虑写作while或do-while循环。

程序（1）while

```
#include <stdio.h>
void main( )
{ int sum=0; char ch;
    while((ch=getchar( ))!="\n")
        sum+=ch;
    printf("%d\n",sum);
}
```

程序（2）do-while

```
#include <stdio.h>
void main( )
{ int sum=0; char ch;
    do {
        ch=getchar( );sum+=ch;
    } while(ch!='\n');
    printf("%d\n",sum);
}
```

☞ **运行结果**：细心的读者可能会看出程序（2）的计算结果与程序（1）不同：输入 a1b2 ，'a'、'b'、'1'、'2'、换行的ASCII值分别为97、98、49、50、10，程序（1）输出294，累加数中不含换行符的ASCII值10；程序（2）输出304，含换行符的ASCII值。区别在于do-while结构是先执行循环体、后判断循环条件的循环结构。

（3）do-while能保证循环至少被执行一次。在某些应用场合，do-while的这个特点是非常有用的。

**【例4-18】** 输入一个整数，统计它有几位数。

☞ **编程分析**：如果输入的整数m是0，则该数是1位数，如果m不是0，统计过程可以从数m的最右边开始数，每数一位数字后将m用10整除，重复此过程，直到m为0。

```
#include<stdio.h>
void main( )
{ int num, n=0;                /* n存放位数 */
    scanf("%d",&num);
    num=num>0? num:-num;        /* 把负数转化成正数 */
```

69

```
    do{
        n++;                    /* 位数加1 */
        num/=10;                /* 去除num的个位数 */
    }while(num!=0);
    printf("n=%d \n",n);
}
```

☞ 运行结果：输入 45678392 ,输出 n=8
          输入 0 ,输出 n=1

✱ 程序说明：若将do-while改为while语句，其他不变，则输入0时输出会不正确。该题采用do-while语句比较合适，它能保证特例情况(输入m值为0时)时的输出也是正确的。

### 五、循环结构编程实例

以上各小节着重从语法规则上介绍了3种循环语句的格式和控制方式。

编程时到底选用哪种语句实现循环，主要取决于程序员的习惯以及循环的特点。一般来说，如果事先给定了循环次数，选择for语句比较方便；如果循环次数不确定，需要通过其他条件控制循环，那么可以考虑用while语句或do-while语句。

编制具有循环结构的程序，首先要明确题意，然后应对要解决的问题进行分析，找出问题内在的规律性，并归纳出可重复执行的、正确的解题步骤。

【例4-19】 编程，输入一个正整数，输出该数的所有素数因子。

☞ 编程分析：如果对题意还是不甚明确，那么先举例、分析。

输入2应输出2，输入3应输出3，输入4应输出2、2，输入5应输出5，输入6应输出2、3，输入7应输出7，输入8应输出2、2、2，…，输入30应输出2、3、5，…，输入60应输出2、2、3、5。

理解题意的过程中，算法思路也就有了：若n能被2整除，则输出2并将n除2，循环往复到n不能被2除；若n能被3整除，则输出3并将n除3，循环往复到n不能被3除；若n能被5整除，则输出5并将n除5，循环往复到n不能被5除；若n能被7整除，则输出7并将n除7，循环往复到n不能被7除；……当n等于1时终止循环。

实际运算过程中，可以考虑n依次被2、3、4、5、6等连续数字除，以便归纳出循环步骤。

程序如下：
```
#include <stdio.h>
void main( )
{   int n,k=2;
    scanf("%d",&n); printf("%d=",n);
    while(n>1)
       if(n%k==0) { printf("%d*",k);n/=k;}
       else k++;
    printf("\b \n");    /* 回退1个字符,用空格覆盖最后多显示的星号 */
}
```

☞ **运行结果:** 输入 30 ,输出 30=2*2*3*5
输入 60 ,输出 60=2*2*2*3*5

对下列计算题,比较易于归纳出算法:

- 求算式 $\dfrac{2\times 2}{1\times 3}+\dfrac{4\times 4}{3\times 5}+\dfrac{6\times 6}{5\times 7}+\cdots+\dfrac{20\times 20}{19\times 21}+\dfrac{22\times 22}{21\times 23}$

该算式共11项,其通项是: $a_n=(2\cdot n)(2\cdot n)/(2\cdot n-1)/(2\cdot n+1)$ 。

计算该式的程序段为:for(n=1,s=0;n<=11;n++) s+=4*n*n/(2*n-1)/(2*n+1);

- 求算式 $1-\dfrac{1}{2}+\dfrac{1}{3}-\dfrac{1}{4}+\dfrac{1}{5}-\dfrac{1}{6}+\cdots$ 直到第40项的和。

该算式共40项,其通项是: $a_n=(-1)^{n+1}/n$ 。

计算该式的程序段可以写作:

  float s=0,f=1; int i;
  for(i=1;i<=40;i++) { s+=f/i; f=-f;}

变量f的值依次取1、-1,作为每一项的符号,取消了-1的指数运算。

并不是所有可以用循环结构解算的问题都具有明显的规律性或"通项"的。对于初学者来说,面对一些需要用循环结构实现的问题,通常感到无从下手。为了让读者进一步理解循环程序设计的思路与技巧。接下来,我们从应用的角度,通过实例来介绍几种与循环相关的控制方法和实用算法。

**1. 伪数据法控制**

【例4-20】 统计若干个学生一门考试的平均分与通过率。

☞ **编程分析:** 由于人数未知,循环次数不能确定。但可以确定的是,每个人的成绩都不小于0。因此,在输入、处理完最后一名学生的成绩后,将一个负数作为"成绩"(伪数据)输入。循环结构中,根据成绩是否为负数,决定是否退出循环。

程序如下:

```
#include <stdio.h>
void main( )
{   int n=0,p=0; float s=0,x;
    while(1) {
      scanf("%f",&x);
      if(x<0) break;      /* 当输入x为负数时退出循环 */
      s+=x; n++;
      if(x>=60) p++;
    }
    printf("平均分:%f 通过率为:%f\n",s/n,(float)p/n);
}
```

**2. 输入文件结束标志控制**

用输入文件结束标志的方法也可以控制循环的结束。键盘输入数据为^z(即组合键[Ctrl+Z])时,键盘输入函数(scanf、getchar)的返回值为EOF(-1)。

与伪数据法相比,该方法不需要事先确定数据的取值范围。

**【例4-21】** 输入一批实数,求它们的和。

☞ **编程分析**:由于事先不知道这批数的个数(或不愿去数),也不知道它们的最大、最小值(或不愿去查),所以,当输入数据结束时,可以用键盘输入数据^z来控制结束。

程序如下:

```
#include <stdio.h>
void main( )
{  float s=0,x;
   while(1) {
      if(scanf("%f",&x)==EOF) break;  /* 输入^z时退出循环 */
      s+=x;
   }
   printf("\n%f\n",s);
}
```

3. 迭代法控制

数值计算中,有许多迭代方法,如解n元一次方程组的高斯迭代法、求数值积分的自适应法等。这些迭代算法的计算过程都有一些共同的特点,主要是:与初值无关;随着迭代次数的增加,计算结果趋近于一个(组)定值;以相邻两次迭代结果的差值是否足够小,来决定是否继续迭代。

例如,求a的平方根的迭代公式如下,求16的平方根,要求精确到小数点后5位。

$$x_{n+1}=(x_n+\frac{a}{x_n})/2$$

按迭代公式计算,过程如下:

设 $x_0$=12(任意给出)　　$x_1$=6.666667　　$|x_0-x_1|\geq 10^{-5}$,再次迭代,计算$x_2$
　　$x_1$=6.666667　　　　 $x_2$=4.533333　　$|x_1-x_2|\geq 10^{-5}$,再次迭代,计算$x_3$
　　$x_2$=4.533333　　　　 $x_3$=4.031373　　$|x_2-x_3|\geq 10^{-5}$,再次迭代,计算$x_4$
　　$x_3$=4.031373　　　　 $x_4$=4.000122　　$|x_3-x_4|\geq 10^{-5}$,再次迭代,计算$x_5$
　　$x_4$=4.000122　　　　 $x_5$=4.000000　　$|x_4-x_5|\geq 10^{-5}$,再次迭代,计算$x_6$
　　$x_5$=4.000000　　　　 $x_6$=4.000000　　$|x_5-x_6|< 10^{-5}$,结束迭代

求解结果是$x_6$=4,此为计算器计算的结果。此类迭代算法,最适合采用循环结构。

**【例4-22】** 输入a,按迭代公式求a的平方根,要求精确到小数点后10位。

☞ **编程分析**:在while结构内,循环使用迭代公式,比较相邻两次计算结果,符合精度要求则退出,否则用x1更新x0,继续迭代。

程序如下:

```
#include <stdio.h>
#include <math.h>
void main( )
{  double x0,x1,a;      /* 声明x0、x1、a 为double类型,有效位数16*/
```

```
        scanf("%lf",&a);          /* double类型用格式符"%lf"输入*/
        x0=6.5;                    /* 任给a的平方根的初值*/
        while(1){
            x1=(x0+a/x0)/2;
            if(fabs(x1-x0)<1e-10) break;
            x0=x1;
        }
        printf("%.10f\n",x1);   /*必须规定输出宽度,否则只输出小数点后6位*/
    }
```

【例4-23】 用牛顿迭代法求$f(x)=e^{-x}-x$ 在-0.7附近的1个根,直到$|x_{n+1}-x_n| < 10^{-8}$为止。
从图4-7可知,在几何意义上,$f'(x_n)$是函数曲线$f(x)$在$x_n$处的切线斜率:

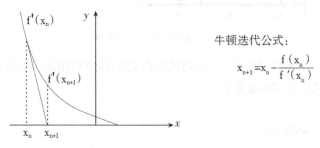

牛顿迭代公式:
$$x_{n+1}=x_n - \frac{f(x_n)}{f'(x_n)}$$

图4-7 牛顿迭代法几何解释与迭代公式

由$f'(x_n)=f(x_n)/(x_n-x_{n+1})$,得:$x_{n+1}=x_n - f(x_n)/f'(x_n)$
程序如下:

```
    #include <stdio.h>
    #include <math.h>
    void main()
    { double x0=-0.7,x1; int n=0;
        while(1){
            n++;
            x1=x0-(exp(-x0)-x0)/(-exp(-x0)-1);
            if(fabs(x1-x0)<1e-8) break;
            x0=x1;
        }
        printf("迭代次数为:%d     解为:%.8f\n",n,x1);
    }
```

☞ 运行结果:迭代次数为: 5    解为: 0.56714329
❋ 程序说明:程序中不可使用f(x0),应完整写出(exp(-x0)-x0),因未定义该函数。

【例4-24】 编程,求$\int_1^2 (x^2+x+1)dx$
定积分的被积函数如果为某些特殊函数,如$(1+x^3)^{0.5}$、six(x)/x等,由于它们的原函数不能用初等函数的闭合形式来表示,也就无法按照积分学的基本原理,求取它们在给定区间上的积分值,而应当采用数值算法。

在本例中,介绍几种求定积分的数值解法。再采用迭代法,使问题较为圆满地被解决。

(1)用矩形公式求函数f(x)在[a,b]区间上的定积分。在高等数学中,求f(x)在[a,b]上定积分的问题,实际上是求函数曲线y=f(x)与直线x=a、x=b所围成的面积问题(见图4-8)。

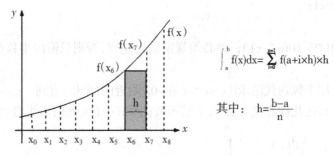

图4-8 矩形求积公式与示意图

$$\int_a^b f(x)dx = \sum_{i=0}^{n-1} f(a+i\times h)\times h$$

其中:$h = \dfrac{b-a}{n}$

若将[a,b]分为n等份,将每一个曲边梯形内的矩形面积相加,就可以得到所求定积分的近似值。计算结果采用float类型。

程序(1)

```
#include <stdio.h>
void main( )
{ float a,b,h,x,s=0; int n,i;
  scanf("%f%f%d",&a,&b,&n);
  h=(b-a)/n;
  for(i=0;i<n;i++) {
     x=a+i*h; s+=x*x+x+1;
  }
  printf("%.10f\n",s*h);
}
```

☞ 运行结果:输入 1 2 1000 ,输出结果为 4.8313332373

输入 1 2 10000 ,输出结果为 4.8331365967

输入 1 2 100000 ,输出结果为 4.8333401904

✲ 程序说明:该定积分准确值应为4.83333333333…,误差是明显存在的。

(2)用梯形公式求函数$f(x)=x^2+x+1$在[a,b]区间的定积分。

参考图4-8,每个小区间面积不是用矩形面积而是用梯形面积(上底加下底,乘高除2)近似,应有更好的精确度。

程序(2)

```
#include <stdio.h>
void main( )
{ float a,b,h,x1,x2,s=0; int n,i;
```

```
    scanf("%f%f%d",&a,&b,&n);
    h=(b-a)/n;
    for(i=0;i<n;i++) {
       x1=a+i*h;
       x2=x1+h;
       s+=(x1*x1+x1+1+x2*x2+x2+1)*h/2;
    }
    printf("%.10f\n",s);
}
```

☞ **运行结果**：输入 <u>1 2 1000</u>，输出 4.8333349228

输入 <u>1 2 10000</u>，输出 4.8333334923

输入 <u>1 2 100000</u>，输出 4.8333244324（不如10000等份的结果）

✽ **程序说明**：在积分区间划分相同的情况下，梯形公式的精度明显优于矩形公式。

（3）求数值积分的自适应方法。上述两种方法求定积分的精度一般取决于对[a,b]的细分程度，但有时却适得其反。如程序（2）运行时，输入 <u>1 2 100000000</u>，则输出结果为 2.0000000000，而精确解为4.83333…，显然输出结果与精确解相距甚远。原因在于计算机不能精确表示所有的实数，误差的多次积累影响了解的精度。

那么积分区间到底多少等份才能够使计算结果达到预期的精度呢？可以采用自适应方法（一种迭代方法），其基本操作步骤如下：

①先m等份[a,b]区间，求得积分近似值s1。

②使m=2*m后，再m等份[a,b]区间，求得积分近似值s2。

③如果|s1-s2|≥ε，则执行①；否则输出s2，运行终止。

程序（3）

```
/** 用自适应方法以梯形公式求f(x)=x*x+x+1在[a,b]区间上的定积分 **/
#include <stdio.h>
void main( )
{ float h,x,s1,s2,a,b,eps; int i,m;
    scanf("%f%f%f",&a,&b,&eps);
    m=4;
    do {                                          /* 外层循环 */
       s1=0; h=(b-a)/m; x=a;
       for(i=1;i<=m;i++) {                        /* 内层循环 */
          s1+=(x*x+x+(x+h)*(x+h)+(x+h)+2)*h/2;
          x+=h;
       }
       s2=0; m*=2; h=(b-a)/m; x=a;
       for(i=1;i<=m;i++) {
          s2+=(x*x+x+(x+h)*(x+h)+(x+h)+2)*h/2;
```

```
            x+=h;
        }
    } while(fabs(s1-s2)>=eps);
    printf("%f  %d\n",s2,m);
}
```

☞ 运行结果：输入 1 2 1e-5　　输出　4.833337　256

✻ 程序说明：256等份后的计算结果,有小数点后5位的精确度。程序中出现了循环结构的嵌套,是多重循环,将在下一节介绍。

以上程序中,重复的计算很多:s2就是下一次循环所求得的s1。

简化后的程序如下,供读者阅读、理解。

```
#include <stdio.h>
void main( )
{ float h,x,s1,s2,a,b,eps; int i,m;
    scanf("%f%f%f",&a,&b,&eps);  m=4; s2=0;
    do {
        s1=s2; s2=0; m*=2; h=(b-a)/m; x=a;
        for(i=1;i<=m;i++) {
            s2+=(x*x+x+(x+h)*(x+h)+(x+h)+2)*h/2;
            x+=h;
        }
    } while(fabs(s1-s2)>=eps);
    printf("%f  %d\n",s2,m);
}
```

## 第四节　多重循环

在一个循环结构的循环体内,可以包括另一个(内层)循环结构,构成多层循环的嵌套。很多问题需要多重循环才能解决。内嵌的循环语句称内层循环,包含循环的循环称为外循环。

循环结构的嵌套不限于两层。也就是说,内层循环仍然可以再包含下一层循环。

用多重循环实现的问题,复杂性相对高一些,分析过程和编程思路就显得格外重要。在分析问题、总结编程思路的过程中,可以采用以下的分析方法：

1. 分析、展开

"展开"是针对计算机运算特点的展开。应当在分析的基础上,将复杂问题分解成若干个简单问题,把解题过程展开为多个基本的求解步骤。

2. 归纳、提炼

从各求解步骤中归纳、提炼出循环的要点：循环体和循环控制条件。

3. 编程、检验

编制程序,或上机验算,或手工模拟计算机运算,特别要注意进入循环和退出循环时,计算的结果正确与否。

**【例4-25】** 输出九九乘法表。

(1) 分析、展开。

第1行:输出　1　2　3　4　5　6　7　8　9
第2行:输出　2　4　6　8　10　12　14　16　18
第3行:输出　3　6　9　12　15　18　21　24　27
　　　　　……　……
第9行:输出　9　18　27　36　45　54　63　72　81

(2) 归纳、提炼。for(i=1;i<=9;i++)输出第i行。

第i行的输出为 i*1、i*2、i*3、…、i*9,可细化为 for(j=1;j<=9;j++)输出i*j。

(3) 编程、检验。

```
#include <stdio.h>
void main()
{ int i,j;
    for(i=1;i<10;i++) {
        for(j=1;j<10;j++) printf("%4d",i*j);
        putchar( '\n' );
    }
}
```

✹ **程序说明:** 运行时,分九行输出九九乘法表。其中,语句'putchar( '\n' );'的作用请读者思考。

**【例4-26】** 编程,输出如图4-9所示的n(n<10)层数字金字塔。

$$
\begin{array}{c}
1\\
121\\
12321\\
1234321\\
123454321
\end{array}
$$

图4-9　5层数字金字塔

(1) 分析、展开(以输入n=5为例)。

第1行:输出4个空格、1~1;
第2行:输出3个空格、1~2、1~1;
第3行:输出2个空格、1~3、2~1;
第4行:输出1个空格、1~4、3~1;
第5行:输出0个空格、1~5、4~1;

(2) 归纳、提炼。for(i=1;i<=5;i++) 输出第i行。

第i行的输出可细化为:先输出5-i个空格,再输出1~i、i-1~1、换行。这个规律可以推广到n(n<10)。

(3) 编程、检验。

```
#include <stdio.h>
void main( )
{ int n,i,j;
  scanf("%d",&n);
  for(i=1;i<=n;i++) {                              /* 输出n行 */
    for(j=1;j<=n-i;j++) putchar(   );              /* 第i行先输出n-i个空格 */
    for(j=1;j<=i;j++) printf("%d",j);              /* 输出数字1~i */
    for(j=i-1;j>=1;j--) printf("%d",j);            /* 输出数字i-1~1 */
    putchar( \n );                                 /* 每行结束输出换行符 */
  }
}
```

【例4-27】 编程,验证64不是任意两个或两个以上连续自然数的和。

(1) 分析、展开。

第1步:1+2=3,3+3=6,6+4=10,…,45+10=55,55+11=66 大于64时做第2步;

第2步:2+3=5,5+4=9,9+5=14,…,44+10=54,54+11=65 大于64时做第3步;

第3步:3+4=7,7+5=12,12+6=18,…,52+11=63,63+12=75 大于64时做第4步;

…… …… ……

第30步:30+31=61,61+32=93 大于64时做第31步;

第31步:31+32=63,63+33=96 大于64时做第32步;

第32步:32+33=65,大于64,运行结束。

(2) 归纳、提炼。for(i=1;i<=32;i++) 执行第i步的操作。

其中,第i步的操作又可以细化为:将i、i+1、i+2、i+3、…进行累加,在累加过程中作判断:若累加和小于64,则继续累加;累加和大于64时,做第i+1步;累加和等于64,则输出信息,表明原命题不成立,并终止程序运行。

(3) 编程、检验。

```
#include <stdio.h>
#include <stdlib.h>
void main( )
{ int i,j,s;
  for(i=1;i<=32;i++) {
    s=0; j=i;
    while(s<64) {
      s+=j; if(s==64) { printf("原命题不成立!\n"); exit(0); }
      j++;
    }
  }
  printf("64不是两个或两个以上连续自然数的和。\n");
}
```

☞ **运行结果：** 显示"64不是两个或两个以上连续自然数的和。"

**【例4-28】** 编程，每行10个，输出1~500中所有的素数。

（1）分析、展开。考虑到2是素数中唯一的偶数，因此可以首先输出2，此后的问题就转换为从3~500的奇数中查找素数。既然是奇数，因而只要考虑能否提取奇数因子即可。

判断3：是素数（与下列判断过程无共同规律，也可考虑直接输出）。
判断5：不能被3除，是素数，输出。
判断7：不能被3除，不能被5除，是素数，输出。
判断9：能被3除，不是素数。
判断11：不能被3除，不能被5除，不能被7除，不能被9除，是素数，输出。
判断13：不能被3除，不能被5除，……，不能被11除，是素数，输出。
…… ……

（2）归纳、提炼。
for(i=5;i<=500;i=i+2)执行第i步操作。
第i步操作可细化为：将i被3、5、7、…、i-2除且都不能整除，则i是素数。
可以根据以上归纳、提炼的算法编程。为提高程序的执行效率，还可以参考例4-16所介绍的判断素数的编程逻辑，第i步的操作又可以归纳为：
for(j=3;j<=sqrt(i);j=j+2) if(i%j==0) break;
if(j>sqrt(i)) 显示i；

（3）编程、检验。

```
#include <stdio.h>
#include <math.h>
void main()
{   int i,j,k=2;                     /* k统计所找出的素数的个数 */
    printf("%6d%6d",2,3);
    for(i=5;i<500;i=i+2) {
        for(j=3;j<=sqrt(i);j=j+2)if(i%j==0) break;
        if(j>sqrt(i)) {
            printf("%6d",i); k++;
            if(k%10==0) printf("\n");     /* 每输出10个素数换行 */
        }
    }
    putchar('\n');
}
```

☞ **运行结果：**

| 2 | 3 | 5 | 7 | 11 | 13 | 17 | 19 | 23 | 29 |
|---|---|---|---|---|---|---|---|---|---|
| 31 | 37 | 41 | 43 | 47 | 53 | 59 | 61 | 67 | 71 |
| | | …… | …… | …… | | | | | |
| 419 | 421 | 431 | 433 | 439 | 443 | 449 | 457 | 461 | 463 |

467    479    487    491    499

**【例4-29】** 某商人不慎将一块重40磅的砝码跌落,砝码裂为4块,每块重量均为整数磅且各不相同。用这4块砝码,可以称重量为40磅以内的所有整数磅物体。请试着编程,计算这4块砝码的重量。

本例题是一道趣味题,编者在1980年把此题布置给大一学习程序设计的学生,例中源程序是学生独立完成的,供读者参考。

☞ **编程分析**：设这4块砝码的重量分别为k1、k2、k3、k4,且k1<k2<k3<k4,则：

1≤k1≤8, k1<k2≤12, k2<k3≤18, k4=40-k1-k2-k3 且 k3<k4。

程序中包括一个八重循环。

(1) 外三重循环枚举砝码k1、k2、k3的重量,确定k4的重量。

(2) 第四层循环枚举1~40磅值,由其循环体内的语句判断,每一个磅值能否用四块砝码称出(判断条件为"f1*k1+f2*k2+f3*k3+f4*k4==i",f1为-1表示砝码k1在称重时与物体放在一边,f1为0表示砝码k1不用于称i磅重的物体,f1为1表示砝码k1在称重时与物体不放在同一边等)。

程序如下：

```
#include <stdio.h>
void main( )
{ int i,k1,k2,k3,k4,f1,f2,f3,f4,flag;
  for(k1=1;k1<=8;k1++)                    /* 枚举k1的重量 */
    for(k2=k1+1;k2<=12;k2++)              /* 枚举k2的重量 */
      for(k3=k2+1;k3<=18;k3++) {          /* 枚举k3的重量 */
        k4=40-k1-k2-k3;                   /* 确定k4的重量 */
        if((k4<=k3) break;                /* k4不能小于k3 */
        for(i=1;i<=40;i++) {              /* 测试k1~k4能否称1~40磅重的物体 */
          flag=0;                         /* flag置0,假定不能称i磅重的物体 */
          for(f1=-1;f1<=1;f1++)
            for(f2=-1;f2<=1;f2++)
              for(f3=-1;f3<=1;f3++)
                for(f4=-1;f4<=1;f4++)
                  if(f1*k1+f2*k2+f3*k3+f4*k4==i) flag=1;
          /* 能称i磅重的物体,则flag赋值1;否则该组磅值无效 */
          if(! flag) break;
        }
        if(i==41){ printf("%d  %d  %d  %d\n",k1,k2,k3,k4);}
      } /* 能够称1~40磅重的物体,输出该组磅值k1、k2、k3、k4 */
}
```

☞ **运行结果**：1    3    9    27

## 第五节 小 结

本章介绍了实现选择结构的if语句和switch语句。if语句可以提供两路选择,if语句的嵌套可以实现多路选择。switch语句是对if语句的补充,根据表达式的不同取值而执行不同分支的多路选择可以采用switch结构。switch结构语句组中的break语句使流程控制转到该switch语句的后续语句。

本章还介绍了while、do-while、for这3种循环语句。这3种语句可以用于各种循环结构的设计。在多数场合,3种循环语句可以互相转化。此外,循环语句可以嵌套另一个循环语句构成多重循环。很多问题需要多重循环才能解决。循环结构中的break、continue语句提供了更多的循环控制手段。现代程序设计反对用goto语句编程,因为它会破坏程序过程中的结构,使程序难以阅读、不易维护。

编写循环结构的程序,除了要熟悉各种结构的语法规则外,更重要的是要考虑如何根据问题归纳出循环算法以及为与循环有关的变量赋什么初值等,这些都与我们用计算机解决实际问题的能力直接相关。本章介绍了一些循环设计的实例,通过对这些实例的理解,希望读者可以更进一步地提高程序设计的技巧。

## 习 题 四

1. 填空题。
（1）求1~100的和,写作:for(s=0,i=1;＿＿＿＿＿＿＿;++i) s+=i;
（2）执行程序段"y=1;x=5;while(x--); y++;"后,y的值为＿＿＿＿＿＿＿。
（3）顺序输出26个大写英文字母的循环结构,写作:
　　　for(＿＿＿＿＿＿＿＿＿＿＿) putchar(ch);
（4）输入若干个以问号结束的字符,同时输出这串字符(不包括问号),写作:
　　　while(＿＿＿＿＿＿＿＿＿!='?') putchar(ch);
（5）循环程序段"k=5; for(;k<0;k--);"执行后,k的值为＿＿＿＿＿＿＿。

2. 改写下列程序段,去掉continue语句,使结构更为合理。
（1）while(A) {
　　　　if(B) continue;
　　　　C;
　　　}
（2）do {
　　　　if(!A) continue; else B;
　　　　C;
　　　} while(A);

3. 写出下列程序的输出结果。

程序(1)
```
#include <stdio.h>
void main( )
{ char x; int n=0,k=0;
    while((x=getchar( ))!='.') {
        switch(x) {
            case 't': k++; break;
            case 'h': if(k==1) k++; break;
            case 'e': if(k==2) k++; break;
            default: k=0;
        }
        if(k==3) n++;
    }
    printf("%d\n",n);
}
```
运行时输入：a the asdftheth e there.　输出结果为：_____

程序(2)
```
#include <stdio.h>
#include <ctype.h>
void main( )
{ char a,b,x; int i;
    while(! isupper(x=getchar( )));
    for(a='A';a<=x;a++) {
        for(b='A';b<'A'+x-a;b++) putchar(' ');
        for(i=1;i<=2*(a-'A')+1;i++) putchar(a);
        putchar('\n');
    }
}
```
运行时输入：35dffE　输出结果为：_____

_____

_____

_____

_____

4. 程序填空题，根据下列各题题意，将程序补充完整。
(1) 下列程序在输入m后求n，使 n! ≤m≤(n+1)!。（例如输入726，应输出n=6）

```
void main( )
{  int_____;
   scanf(_____);
   for(n=2;jc<=m;n++) jc=jc*n;
   printf("n=%d\n",_____);
}
```

(2) 下列程序输出6~10000之间的亲密数对。

【说明】 若a、b是亲密数对,则a的因子和等于b,b的因子和等于a,且a不等于b。

```
#include <stdio.h>
void main( )
{  int a,b,c,i;
   for(a=6;a<=10000;a++) {
     b=1;
     for(i=2;i<=a/2;i++) if(_____) b+=i;
     _____; for(i=2;i<=b/2;i++) if(b%i==0) c+=i;
     if(_____&&a!=b) printf("%d  %d\n",a,b);
   }
}
```

5. 根据下列各小题题意编程。

(1) 编程,输入x后,按下式计算y值并输出。

$$y = \begin{cases} x+\cos x & 0 \leq x \leq 1 \\ x+\sin x & x<0 \text{ 或 } x>1 \end{cases}$$

(2) 输入一个百分制的成绩t后,按下式输出它的等级,要求分别写作if结构和switch结构。等级为:90~100为A,80~89为B,70~79为C,60~69为D,0~59为E。

【提示】 swith语句判断表达式为(int)t/10。

(3) 输入10个学生的成绩,输出最低分数和最高分数。

(4) 按公式 1+1/1! +1/2! +1/3! +…+1/n! +… 计算e的值,要求误差小于给定的ε。

(5) 统计输入的若干个数中负数、零及正数的个数(输入^z时控制循环结束)。

(6) 输入k,利用下面的迭代公式计算$k^{1/3}$的近似值,要求计算结果具有14位有效位数。

$$x_{n+1}=x_n+(k/x_n^2-x_n)/3$$

(7) 编程,输入n后,计算下列表达式的值。

$$\sqrt{1+\sqrt{2+\sqrt{3+\sqrt{4+\cdots\sqrt{n-1+\sqrt{n}}}}}}$$

(8) 编程,输入x、n后,计算下列表达式的值。

$$a_0+a_1x+a_2x^2+a_3x^3+\cdots+a_nx^n$$

【提示】 先输入x、n,在循环内输入a(n+1次输入,存入同一个变量,如a)。

(9) 当x为-2、-1.5、…、1.5、2时,求$f(x)=x^2-3.14\cdot x-6$所取得的最大值和最小值。

【提示】 for循环控制变量x取实型,自动生成x的各个取值。

（10）编程,输入两个正整数x和y,求它们的最大公约数和最小公倍数。

（11）编程,输出1~5000之间的同构数（就是出现在其平方数右边的那些数,如5、6、25均为同构数）。

【提示】 从这些同构数中,可以归纳出一个共同的特征:若i是1位同构数,则i*i-i应是10的倍数,若i是2位同构数,则i*i-i应是100的倍数,依此类推。一般地,若i是k位同构数,则i*i-i应是$10^k$的倍数。程序中,可用函数log10来判断i的位数。

（12）参照例4-25编程,输出下列形式的九九乘法表。

|     | (1) | (2) | (3) | (4) | (5) | (6) | (7) | (8) | (9) |
| --- | --- | --- | --- | --- | --- | --- | --- | --- | --- |
| (1) | 1 | 2 | 3 | 4 | 5 | 6 | 7 | 8 | 9 |
| (2) | 2 | 4 | 6 | 8 | 10 | 12 | 14 | 16 | 18 |
| (3) | 3 | 6 | 9 | 12 | 15 | 18 | 21 | 24 | 27 |
| (4) | 4 | 8 | 12 | 16 | 20 | 24 | 28 | 32 | 36 |
| (5) | 5 | 10 | 15 | 20 | 25 | 30 | 35 | 40 | 45 |
| (6) | 6 | 12 | 18 | 24 | 30 | 36 | 42 | 48 | 54 |
| (7) | 7 | 14 | 21 | 28 | 35 | 42 | 49 | 56 | 63 |
| (8) | 8 | 16 | 24 | 32 | 40 | 48 | 56 | 64 | 72 |
| (9) | 9 | 18 | 27 | 36 | 45 | 54 | 63 | 72 | 81 |

（13）当n取值在-39~40范围内时,判断表达式$n^2+n+41$的值是否都是素数。

（14）参照例4-24编程,用梯形公式求下列定积分:

$$\int_1^3 \sqrt{1+x^3}\,dx$$

（15）用区间对分法求$x^2+x \cdot \sin x - 5 = 0$在区间[0,5]内的一个实根（设$\varepsilon=10^{-5}$）。

【说明】 在[a,b]区间上连续的函数f(x),若满足条件$f(a) \cdot f(b) < 0$,则必有$a<\xi<b$,使得$f(\xi)=0$。求f(x)=0在[a,b]内一个实根的区间对分法基本步骤如下:

① c←(a+b)/2。

② 如果条件|f(c)|<ε或|b-a|<ε成立,则输出c作为近似解并终止程序执行。

③ 如果$f(a) \cdot f(c) < 0$,则b←c;否则a←c,再次执行第(1)步。

# 第五章 函数

在第一章的学习中,我们就已经知道,函数是C程序的基本特征。前面的例子中,我们看到的大多数程序只有一个main函数,这是因为这些程序都相对简单。其实,当实际编程任务具有一定的复杂性时,往往需要把整个编程任务划分为若干功能相对单一的程序模块,分别予以实现,然后再把所有的程序模块像搭积木一样装配起来,这种在程序设计中分而治之的策略被称为模块化程序设计的思想。在C语言中,模块化程序设计是依靠函数实现的。本章主要讲述函数的基本概念、定义以及调用方式。

## 第一节 函数概述

C程序中的函数,就是用以实现某个特定功能的一段独立程序。

采用结构化程序设计思想来求解一个复杂问题时,往往采用"逐步求精"的方法,把大问题分解成若干个小问题,小问题再进一步分解成若干个更小的问题。在C语言中,每个问题都可以通过一个函数得以解决。

### 一、标准库函数与自定义函数

1. 标准库函数

每个C语言处理系统都提供了相应的库函数,程序中可以直接调用这些函数实现相应的功能,而无须由用户自己编制相关的程序段。

例如,可以调用库函数exp(x)计算$e^x$的值,而不必按下式编写程序实现计算。

$$e^x=1+x+\frac{x^2}{2!}+\frac{x^3}{3!}+\frac{x^4}{4!}+\cdots$$

在第二章第三节中,已对常用标准库函数作了介绍。在附录Ⅲ中也列出了一些标准库函数,不同的C语言处理系统提供的库函数可能有些差异,在使用的时候最好参照使用手册。

2. 自定义函数引例

【例5-1】 输出数列 1、1、1、1、2、1、1、3、3、1、1、4、6、4、1、1、5、10、10、5、1、…的前55项。

☞ 编程分析:如果将数列适当分组,可以对题意有更清楚的认识。

1  1、1  1、2、1  1、3、3、1  1、4、6、4、1  1、5、10、10、5、1 …,该数列前55项,实际上是从0阶到9阶的二项式系数的排列。

由公式 $(a+b)^n = \sum_{i=0}^{n} c_n^i a^{n-i} b^i$ 可知,要输出的数据是:

$c_0^0, c_1^0, c_1^1, c_2^0, c_2^1, c_2^2, c_3^0, c_3^1, c_3^2, c_3^3, c_4^0, c_4^1, c_4^2, c_4^3, c_4^4, \ldots$     $c_i^j = \dfrac{i!}{j!(i-j)!}$

该程序中的运算过程可以简单描述如下:

for(i=0;i<10;i++) for(j=0;j<=i;j++) 计算、输出i! /j! /(i-j)!

其中,求阶乘的运算在每一步循环中出现3次。如果有求阶乘的函数可以调用,将大大简化程序的编写。可是标准库函数中并没有求阶乘的函数。在这种情况下,可以自定义一个求阶乘函数进行求解,程序代码如下:

```
#include <stdio.h>
int fact(int k)              /* 开始定义函数fact */
{  int i,y=1;
   for(i=2;i<=k;i++) y*=i;
   return y;
}                            /* 结束定义函数fact */
void main()
{  int i,j;
   for(i=0;i<10;i++) {
      for(j=0;j<=i;j++) printf("%d\t",fact(i)/fact(j)/fact(i-j));
      printf("\n");
   }
}
```

☞ **运行结果**:分10行输出了该数列的前55项。

✱ **程序说明**:在函数main中,每计算数列的1项,就要调用3次fact。各次调用分别将实参i、j、i−j赋值给形参变量k,并转到fact执行,调用结束后将计算结果返回到main函数。

通过本例可以看出,利用函数不仅可使程序设计简单、直观,还可以提高程序的易读性和可维护性。将某些常用计算或操作编成函数以供调用,可大大减轻程序员的编程工作量。

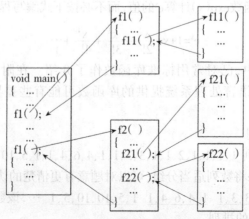

图5-1  函数之间的调用关系

## 二、C程序结构

函数是C程序的基本组成单位,C程序结构是由一个main函数和n(n≥0)个其他函数组成的,函数间的调用关系如图5-1所示。

C程序是由函数驱动的:程序总是从main函数开始执行,到其最后一行结束。在main函数中可对其他函数进行调用。一个函数可以调用其他函数或(除main外)被其他函数或自身所调用;被调用的函数执行结束后,控制总是从被调用函数返回到主调函数的调用处。

## 三、定义函数和函数声明

定义函数即编写描述该函数的一段程序,定义函数的格式如下:

函数类型标识符 函数名(类型标识符 形参,类型标识符 形参,……)
{
　　函数体
}

(1) 函数类型标识符。函数类型标识符确定函数返回值的类型,应根据函数的功能确定函数的类型。缺省类型标识符时,函数返回值为int类型。

如例1中函数fact求k的阶乘,计算结果为int类型,因此定义该函数时首行可以写作"int fact(int k)",也可以写作"fact(int k)"。

又如:定义一个求两点间距离的函数,一般将函数返回值声明为float或double类型,首行可以写作"float length(float x1,float y1,float x2,float y2)"。

C的函数概念不同于数学中函数的概念,调用函数不一定需要返回值。有时候,函数可以完成一些其他的操作,而不需要返回值。此时结果类型应当为空类型,采用关键字void。

**【例5-2】** 编写函数,输出m个空格、n个指定字符(由主调函数指定),然后换行。

```
#include <stdio.h>
void prnLine (int m,int n,char c)     /* 函数无返回值,故返回值类型为空类型 */
{ int i;
  for(i=1;i<=m;i++) putchar(' ');     /* 先输出m个空格 */
  for(i=1;i<=n;i++) putchar(c);       /* 再输出n个由实参指定的字符 */
  putchar('\n');
}    /* 以上是按题意要求编制的函数,和下列main函数合并后上机测试*/
void main( )
{ int i;
  for(i=1;i<=4;i++) prnLine(6-i,2*i-1,'*');
  for(i=1;i<=3;i++) prnLine(3,5,'#');
}
```

☛ **运行结果：**

```
      *
     ***
    *****
   *******
   #####
   #####
   #####
```

如果函数没有返回值，则一定要把结果类型声明为void而不能省略。在标准C编译系统中，函数如果没有指明返回类型，则系统认为返回值为int类型。在编写程序时，应养成良好习惯，最好显式指明结果类型。

（2）函数名。函数名是用户自定义的标识符，必须符合C语言的合法标识符规范。在定义函数的函数体中，该函数的函数名不得被引用（如赋值、输出等）。

（3）形参及其类型声明。在C程序的不同函数内部所声明的标号、变量，其作用域限于各函数内部。换句话说，在不同函数内部所声明的变量，即使它们同名，也不是同一个变量。

譬如，在例5-2的main中的i与函数prnLine中的i，它们是不同变量。在不同函数之间，数据联系的方式之一是由参数传递（实参表达式值复制到形参）。

在编写函数时，参数设置的原则是：将不同函数之间需要相互传递的数据列为形参。

如例5-1中，确定函数fact的形参是一个int类型变量，因为只需要由主调函数传递一个int类型值到该函数，就可以据此求出相应的阶乘值并返回结果到主调函数。

又如在例5-2中，必须由主调函数向函数prnLine送入两个int类型和一个char类型的实参值：一个参数指示函数prnLine应先输出的空格符个数，另一个参数指定输出的字符数，而char类型的实参则指定输出的是哪一个字符，少任何一个都不能实现该函数的功能。

此外，C允许编制无参函数。下列函数为无参函数：

```
double pi( )
{   return 3.1415926535; }
```

主调函数中，表达式"r*r*pi( )"的计算结果是以r为半径的圆面积。

（4）函数体中的return语句。语句格式：

①return；仅当函数为空类型时使用

②return 表达式；或return（表达式）；函数为非空类型时必须使用。函数为空类型时，执行return语句可以使控制返回到主调函数，在函数体右花括号前的return语句可以缺省。

函数为非空类型时，函数体中必须有return语句才能返回表达式的值并将控制转移到主调函数。return语句中表达式的类型与函数类型不符时，将表达式值按照赋值转换规则转换为与函数同一类型的值返回。

2. 声明函数

在程序中使用函数，需要首先声明函数，就像使用变量之前要先进行变量声明一样。C语言中，有关函数声明的规则如下：

（1）在主调函数前定义被调用函数，被调用函数的原型不用进行声明。在前面所介绍的具有函数调用的程序中，在主调函数里并没有声明所调用函数的名字、返回类型和参数。但是这些程序有一个共同的特征，都是前向调用，即在源程序中，定义函数在前，调用函数在后。

如果程序中对某函数的调用都是前向调用，那么对该函数不用另外声明，譬如：

```
int f2 (int n)
{ …… }
void f1( … )
{ ……
  y=f2(x);
  ……
}
void  main( )
{ ……
  f1(…);
}
```

采用前向调用方式的主要缺点是程序组织不方便。试想一下，如果程序里有几十个甚至几百个函数，要确定这些函数的说明顺序是一项多么麻烦的任务。而且，当需求改变时，程序的维护也会非常困难。

另外，有些情况下，函数调用不能完全依靠前向调用的方式实现，比如：在函数A需要调用函数B、而函数B又需要调用函数A的情况下（如间接递归或一些比较复杂的情况，在此不举例介绍），两个函数的次序不管怎么设置，总有一个函数的调用不能靠前向调用来实现。

（2）在调用函数前声明函数原型。如果函数A调用函数B，而函数B又在函数A之后定义，则应在函数A中对函数B作出函数原型的声明，或者在函数外（也就是全局变量声明的地方）对函数原型作出声明。

声明原型的目的是告诉编译器函数的名字、返回类型和参数的个数及类型，以便编译时可以作相关处理。函数原型和函数定义在返回类型、函数名和参数表上必须完全一致。如果它们不一致，就会发生编译错误。

【例5-3】 编程，输出6~10000之间的亲密数对（见习题四第4题(2)中的说明）。要求：将求一个整数的因子和的运算写作函数。

```
#include <stdio.h>
void main( )
{ int a,b,c,f(int);            /* 调用函数前，先声明函数f的原型*/
  for(a=6;a<=10000;a++) {
      b=f(a); c=f(b);
      if(a==c&&a!=b) printf("%d    %d\n",a,b);
   }
```

```
    int f(int x)              /* 定义函数f,求一个整数的因子和*/
    { int y=1,i;
      for(i=2;i<=x/2;i++) if(x%i==0) y+=i;
      return (y);
    }
```

❋ **程序说明**：由于函数f定义在主调函数main后，因此必须在调用f之前声明函数f的原型。函数原型中不必包含参数的名字,而只要包含参数的类型。因此,函数main中的类型声明语句写作"int a,b,c,f(int);"。

函数声明语句也可以放在函数外面,如：

```
#include <stdio.h>
int f(int);  /* 调用函数前,先声明函数f的原型*/
void main( )
{ int a,b,c;
  for(a=6;a<=10000;a++) {
    b=f(a); c=f(b);
    if(a==c&&a!=b) printf("%d  %d\n",a,b);
  }
}
int f(int x)
{ int y=1,i;
  for(i=2;i<=x/2;i++) if(x%i==0) y+=i;
  return (y);
}
```

函数f1的引用性声明位于所有函数之前,则所有函数都可以调用f1。

C对标准库函数的声明就是采用这种方式:把函数原型写到一个文件中,再用#include命令把该文件包含到源程序里,这样则无须再声明这些函数,用户就可以在程序中直接使用。

### 四、函数调用

**1. 函数调用的格式及基本规则**

函数调用的一般格式为:函数名(实参,实参,…)

当函数被调用时,数据通过参数的形式从主调函数传递到被调用函数,控制也从主调函数转移到被调用函数,当遇到return语句或函数体结束时,控制又转回到主调函数的调用点,继续执行主调函数的未执行部分。

函数调用时,实参与形参的个数必须相等,类型应一致(若形参与实参类型不一致,系统将按照类型转换原则,自动将实参值的类型转换为形参类型)。

如果被调用的是无参函数,函数名后面的圆括号也不能省略。

【例5-4】 编程,输出1~500中所有的素数。

要求:定义判断整数是否为素数的函数。利用判断素数的函数,求1~500之间所有的素数,并按每行10个将其输出。

☞ **编程分析**:要求编写一个判断素数的函数,该函数的返回值应该体现判断结果:是素数还是非素数。两种状态的结果可用0、1来区分,因此对函数的返回值作如下约定:返回1表示n是素数,返回0表示n不是素数。

```
#include<stdio.h>
#include<math.h>
int isprime(int n)   /* 判断n是否为素数,返回1则是素数,返回0则不是*/
{  int i;
   if(n<2) return 0;
   for(i=2;i<=sqrt(n);i++) if(n%i==0) return 0;    /* n非素数 */
   return 1;                                        /* n是素数 */
}
void main()
{  int k,n=0;
   for(k=2;k<=100;k++)
     if(isprime(k)) {
       printf("%5d",k);
       n++; if (n%10==0) printf("\n");
     }
}
```

✱ **程序说明**:主函数main在调用isprime时,将实参k值传给形参变量n,转入函数isprime中执行,当执行return语句时返回主调函数。主函数根据返回值是1还是0,判断n是不是素数,如果是素数,则显示输出。

2. 函数调用的语法地位,相当于一个表达式

函数调用可以有多种表现形式,但是实质上其语法地位相当于一个表达式。也就是说,按照前述各项语法规则,表达式可以出现的地方也可以出现函数调用。

假定函数原型为 int fsum(int) 的函数,其功能是计算累加和(如fsum(5)的返回值是1~5的和15),则下列调用都是合法的:

- m=fsum(6);
- printf("%d\n",fsum(6));
- m=fsum(fsum(6)-2);

这个解释同样适用于返回值为void类型的函数。

按照C语言规则,语句是由表达式加后缀";"组成的,如表达式"x=5"加分号为语句"x=5;",scanf函数调用加分号为语句"scanf("%d",&n);",等等。

调用返回值为void类型的函数,其一般格式为:函数名(实参,实参,…);

### 五、函数间的参数传递

**1. C语言的传值调用**

在模块化程序设计中,参数传递是一个很重要的概念,不理解这一概念就很难正确定义函数和调用函数。在介绍参数传递规则之前,再强调一下形参和实参的概念。

- 在定义函数时,函数名后面括号中的变量名称为"形式参数"(简称"形参")。
- 在调用函数时,函数名后面括弧中的表达式称为"实际参数"(简称"实参")。

(1) 在标准C语言中,采用传值调用方式,基本步骤如下:
①当函数被调用时,形参变量被创建。
②创建形参变量后,实参的值被复制给形参变量。
③当控制从被调函数返回到主调函数时,形参变量被释放。

参数传递的过程说明:形参在函数被调用之前不占内存单元,只有在调用时才被分配内存单元。在调用结束后、返回主调函数前,形参所占内存单元被释放。

【例5-5】 编程,输入若干个正整数,将每一个数从低位到高位输出。

```
#include <stdio.h>
void main( )
{ int m,htol(int);
  while(scanf("%d",&m)! =EOF)      /* 循环输入m,直到按[Ctrl+z键]终止运行 */
     printf("%d\n",htol(m));       /* 输出调用函数htol的返回值*/
}
int htol(int n)
{ int k=0;
  while(n) {
     k=k*10+n%10; n/=10;
  }
  return k;
}
```

☞ 运行结果:  输入 1564    输出   4651
　　　　　　 输入 75432   输出   23457
　　　　　　 输入 Ctrl+z  终止运行

✷ 程序说明:运行时当m为1564,函数调用htol(m)的参数传递情况如图5-2所示。

采用值传递方式,当函数被调用时,形参被分配存储单元,并被赋值;在函数内部对形参的访问或更新,都是对形参本身进行的;当函数调用结束后,程序运行环境被取消,相应的形参所占用的存储单元被释放。

(2) 值传递方式的特点。实参的值不会因为被调用函数对形参的更新而改变。

从例5-5可知,在函数htol中的形参n,是main中变量m的"替身",函数中因计算的需要改变了n的值(最终为零),但是main中的m丝毫没有改变。

因此我们说,传值调用方式可以确保实参变量的值不因调用函数而被破坏;或者说,

| 函数 main | 调用 htol(m)前<br>m \| 1564 | 调用 htol(m)时<br>m \| 1564 | 返回 main 时<br>m \| 1564 |
|---|---|---|---|
| 函数 htol | 调用 htol 函数前,形参无定义 | ①调用 htol 函数时创建形参 n(分配单元)<br>n \| ?<br>②实参 n 复制到形参 n<br>n \| 1564<br>③执行 htol 中语句后,n 为0,main 中 m 不变<br>n \| 0 | 返回 main 前 htol 中的形参 n 被释放 |

图5-2 函数调用时的参数传递情况

传值调用对实参变量的值没有产生影响。

但是,任何问题都有其两面性,传值调用不能将计算结果通过参数传送到调用函数;或者说,因传值调用而引起的数据传递是单向的——只能接受主调函数中的数据传入,而不能改变与形参对应的实参变量值向主调函数传出值。

【例5-6】 如果在一个程序中频繁出现交换两个float类型数据的操作,考虑将交换两变量值的操作编写为函数swap。

函数swap以及为检验函数正确与否编写的main函数如下:

```
#include <stdio.h>
void swap(float x,float y)            /* 形参x、y均被声明为传值调用 */
{ float temp;                         /* 下列语句交换x、y的值 */
  temp=x; x=y; y=temp;
  printf("x=%.2f  y=%.2f\n",x,y);
}
void main( )
{ float a=10,b=5;
  swap(a,b);                          /* 调用swap 能够交换a、b的值吗*/
  printf("a=%.2f   b=%.2f\n",a,b);
}
```

☞ **运行结果**: x=5.00   y=10.00
　　　　　　　a=10.00  b=5.00   此行结果表明调用swap(a,b)并不能交换a、b的值。

✱ **程序说明**: 第一行输出结果表明,当控制从swap函数返回到main之前,形参x、y的值的确被改变了,但形参的改变并不会导致实参变量的变化,main中a、b的值保持不变。

从上面的例子中可以看出,采用传值调用,被调函数无法改变主调函数中的变量值。为此,C++引进了引用方式。而在标准C语言中,只能依靠指针作函数参数来解决这个问题。有关指针参数的内容将在第八章讨论。

2. 参数求值顺序

当一个函数带有多个参数时,C语言没有规定在调用时对实参的求值顺序,不同的语言处理系统对此可能做不同的处理。常见的实参求值顺序为从右至左进行。

【例5-7】 试运行下列程序。

```
#include <stdio.h>
void f3(char ch,int n)
{  for(int i=1;i<=n;i++) putchar(ch);
   putchar('\n');
}
void main( )
{  char x='A';
   f3('*',10);       /* 输出10个星号 */
   f3('\007',6);     /* 计算机扬声器发出6声"嘟" */
   f3(++x,x);
}
```

☞ 运行结果:输出10个星号后,计算机扬声器发出6声"嘟",但是"f3(++x,x);"的输出结果是不确定的。

实参表达式为++x时,复制到形参变量中的是自增后的x值。

由于计算实参顺序的不确定性和带有自增、自减运算符的表达式作实参这两个因素的综合影响,最后一次调用"f3(++x,x);"的输出结果也是不确定的:可能是66个字母B(从左向右计算两个实参,x先自增,'B'复制到形参ch、66复制到形参n);也可能是65个字母B(从右至左计算两个实参,65复制到n,x自增后为'B'复制给形参变量ch),这取决于编译器所确定的对参数的求值顺序。

建议在程序中尽量避免出现由于参数求值顺序等因素所导致的结果不确定的情况,调用函数时实参中也要尽量避免使用自增、自减运算符,因为带有这些运算符的实参表达式,它们的求值有着不同的规则。

## 第二节 函数嵌套调用

C不允许在定义一个函数的函数体中定义另一个函数,但允许函数的嵌套调用,即函数甲调用函数乙,而函数乙又调用函数丙,等等。

嵌套调用的各函数应当是独立定义的函数,互不从属。从图5-1可以看出,嵌套调用的各函数间的调用关系,而例5-8则是嵌套调用的一个实例。

【例5-8】 用梯形公式求函数$f(x)=\sin^3 x+1$在$[1,5]$上的定积分。

```
#include <stdio.h>
#include <math.h>
double sum(double,double,double),f(double);   /* 函数原型声明 */
void main( )
{  /* 调用函数sum求f(x)在[1,5]上的定积分,要求精度为10的-8次方 */
```

```
        printf("%.10lf\n",sum(1,5,1e-8));
    }
    double sum(double a,double b,double eps)     /* 用自适应法求f(x)在[a,b]*/
    {   int i,n=4;                                /* 上的定积分,精度限差为eps */
        double h,x,s1=0,s2;
        while(1) {
            h=(b-a)/n; x=a; s2=0;
            for(i=1;i<=n;i++) {
                s2+=(f(x)+f(x+h))*h/2;            /* 函数sum调用f */
                x+=h;
            }
            if(fabs(s1-s2)>eps) {
                s1=s2; n*=2;
            }
            else  break;
        }
        return s2;
    }
    double f(double x)
    { return pow(sin(x),3)+1; }
```

☞ 运行结果：4.2116721371

sum是求f(x)在区间[a,b]内定积分的函数,但该函数不具通用性,因为它所调用的被积函数的名已确定为f,其他函数名的被积函数则不能被它调用。第八章中我们将介绍"指向函数的指针作为函数参数",可以较好地解决这一问题。

## 第三节 递归函数

递归函数又称自调用函数,其特点是:在定义函数时,函数体内出现直接或间接调用该函数自身的语句。当求解的问题具有递归关系时,采用递归调用方式,可使程序更简洁。

### 一、递归函数编写与递归过程分析

递归函数的典型示例是实现求n阶乘的运算,围绕这个例子的编程以及递归过程分析,将有助于我们理解C之所以能够实现函数递归调用的机理以及如何编制递归函数。

1. 引例

有个例子可以帮助你理解什么是递归：大人缠不过孩子再讲一个故事的要求，就说"从前有座山,山上有座庙,庙里有个老和尚和一个小和尚。小和尚要老和尚给他讲故事,老和尚就说'从前有座山,山上有座庙,……'"。这是一个永远讲不完的故事。

由于递归函数中存在着自调用的过程,控制将反复进入它自己的函数体,因此在函数内必须设置某种条件,当条件成立时终止自调用过程,并使控制逐步返回到主调函数。

C的递归函数就是指这样的设置了终止条件的函数,因此C语言可以使用递归函数。

【例5-9】 输入m、n(m≥n≥0)后,计算m! /n! /(m-n)! 的值,要求将求阶乘的运算编写为(求n阶乘的递归定义如下)递归函数。

$$n! = \begin{cases} 1 & n=0,1 \\ n*(n-1)! & n>1 \end{cases}$$

程序如下:

```
#include <stdio.h>
int f1(int n)              /* 定义递归函数f1开始 */
{ if(n<2)                  /* 递归过程终止的条件 */
    return 1;
  else
    return n*f1(n-1);      /* 在f1函数体内,调用函数f1自身 */
}                          /* 定义递归函数f1结束 */
void main( )
{ int m,n;
  while(scanf("%d%d",&m,&n),!(m>=n&&n>=0));
  printf("%d\n",f1(m)/f1(n)/f1(m-n));
}
```

☞ 运行结果:输入 9 5    输出:126

✸ 程序说明:函数f1的定义方法与本章前面所有函数定义的方法不同的是:在函数f1的函数体中调用函数f1。

递归函数的基本特点是:定义函数时,函数体内出现直接或间接调用该函数自身的语句。

2. 递归过程分析

以例5-9中主函数内表达式f1(4)的求值为例,递归过程如图5-3所示。

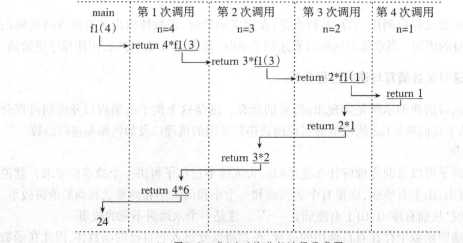

图5-3 求f1(4)的递归过程示意图

函数的递归过程分为调用和回归两部分。调用过程从首次调用开始,直到调用终止为止。当递归调用终止时,回归过程开始。每一次均返回到上一次调用处,直至返回主调函数的调用处为止。

在递归调用时,被调用函数中所声明的每个变量不是只分配一次存储单元,而是每调用一次就分配一次。执行当前函数代码时,使用的所有数据(包括形参、局部变量和中间工作单元等)都是本次递归调用所分配的栈区中的值。不断递归调用,不断执行函数代码,直到调用过程终止,然后逐次回归(返回),返回时释放本次调用所分配的栈区中的量,不断返回,最后结束递归调用。

## 二、递归函数实例

大体上可以将递归函数分为两类:返回空类型的函数与返回非空类型的函数。相对而言,后者更易于编写,根据函数定义的递归公式可以轻松完成。

【例5-10】 将计算以下数列第n项写成递归函数。

$$f_i = \begin{cases} 1 & i=1,2 \\ f_{i-1}+f_{i-2} & i>2 \end{cases}$$

程序如下:

```
#include <stdio.h>
int f10(int n)
{
    return (n==1||n==2)? 1:f10(n-1)+f10(n-2);
}
void main( )              /* 测试用例,检验计算结果是否正确*/
{ int m;
    scanf("%d",&m);
    printf("%d\n",f10(m));
}
```

☞ 运行结果:输入 8    输出:21
         输入 20   输出:6765

【例5-11】 将计算float类型数据x的n次方的运算写作递归函数。

$$x^n = \begin{cases} 1 & n=0 \\ x \cdot x^{n-1} & n>2 \end{cases}$$

程序如下:

```
#include <stdio.h>
float f11(float x,int n)
{
    return (n==0)? 1:x*f11(x,n-1);
}
void main( )              /* 测试用例,检验计算结果是否正确*/
```

```
    {
        printf("%f,%f\n",f11(1.1,3),f11(-3.45,4));
    }
```
☞ 运行结果：1.331000,58.027829

返回空类型的递归函数,可能不是为实现某个数值计算,大都不能用一个递归公式表示,编写较为不易,下列程序仅供参考。

【例5-12】 输入若干个以回车键结束的字符,然后将它们按照相反顺序输出。
```
#include <stdio.h>
void pri( )              /* 定义无参、递归函数pri */
{   char ch;
    if((ch=getchar( ))!='\n') pri( );
    putchar(ch);
}
void main( )
{
    pri( );
}
```
☞ 运行结果：输入 abcd   输出：dcba

图5-4以运行时输入 abcd为例,详细地描述了递归函数pri( )的执行过程,包括调用过程(图中上层从左向右)和回归过程(图中下层自右向左)。

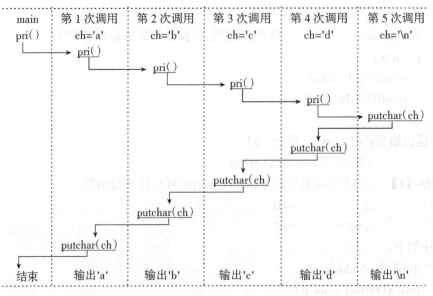

图5-4 递归调用pri( )过程示意图

【例5-13】 调用递归函数,输出正整数n的质数因子(若n=960,则输出2*2*3*4*4*5)。
```
#include <stdio.h>
void fun1(int n,int i)
```

```
    { if(n==1)                /* 若n为1,则递归过程结束,回退一个空格 */
        printf("\b \n");      /* 清除上一次递归调用时输出的字符'*' */
      else {
        if(n%i==0){ printf("%d*",i); n/=i; }
        else i++;
        fun1(n,i);
      }
    }
    void main( )
    { fun1(64280,2); }         /* 实参2作为第1个质数因子,作除数*/
```
☞ 运行结果: 2*2*2*5*1607

编写递归函数在解决某些特殊问题时,是十分有用的方法,它可以使某些看起来不容易解决的问题变得简单而容易解决。而且用递归写出的程序简洁易读,结构紧凑。

但是,这并不意味着就能节省存储空间,甚至提高程序执行效率。相反的,递归函数的使用,会带来额外的开销。这是因为在递归调用过程中,需占用内存中的"栈"空间,递归调用次数越多,占用的"栈"空间越大。如果递归调用次数过多,导致"栈"空间不足时,程序运行就会出错。因此,在编程时,应尽量少使用递归函数。

## 第四节  小  结

C程序由一个或多个函数组成。其中主函数main是必不可少的。程序从主函数main开始执行,在执行的过程中可以对其他函数进行调用。在C语言中,每一个函数都可以再调用其他函数,或被其他函数调用(main除外)。

函数定义就是对函数所要完成的功能作如何操作的描述,即编写一段程序使该段程序执行后能够完成函数所指定的功能。定义函数,必须熟悉相关格式,并要注意参数、返回值的设置。

定义函数时参数设置的原则是:将不同函数之间需要相互传递的数据列为形参。在定义函数时,一定要熟悉主调函数与被调函数之间参数的传递方式。

在C语言中,参数传递的基本步骤是:
(1) 当函数被调用时,形参变量被创建。
(2) 创建形参变量后,实参的值被复制到形参变量。
(3) 当控制从被调函数返回到主调函数时,形参变量被释放。

调用已定义的函数,需要首先声明函数。函数调用的基本规则是:
(1) 实参的个数必须与函数定义处(或函数原型中)的形参个数相等。
(2) 若实参与形参类型不符,则形参被复制的是实参按赋值转换规则转换后的值。

C不允许在定义一个函数的函数体中定义另一个函数,但允许函数的嵌套调用,即:函数甲调用函数乙,而函数乙又调用函数丙,等等。

编制递归函数,必须要归纳出求解问题的递归算法。设计一个递归函数要注意两个关键点:递归过程,即简化问题、解决问题的规律;递归出口,即递归的结束条件。函数的递归过程分为调用和回归两部分,了解每一次递归调用时单元的分配情况以及回归的过程,将有助于我们正确地理解和编制递归函数。

## 习 题 五

1. 判断下列各个叙述的正确与否。
（1）函数的类型标识符缺省类型为void。（    ）
（2）函数中不可以没有return语句。（    ）
（3）传值调用的形参只有在被调用时才被创建(分配存储单元)。（    ）
（4）传值调用时,实参不限于变量名,而可以是表达式。（    ）
（5）被定义为前向调用的函数,不必再声明其函数原型。（    ）
（6）函数f可以用f(f(x))形式调用,则称f是递归函数。（    ）

2. 写出下列程序的输出结果。
程序(1)
```
#include <stdio.h>
void prn(int a,int b,int c,int max,int min)
{   max=(max=a>b?a:b)>c?max:c;
    min=(min=a<b?a:b)<c?min:c;
    printf("max=%d    min=%d\n",max,min);
}
void main()
{   int x,y;
    x=y=0; prn(19,23,-4,x,y);
    printf("max=%d    min=%d\n",x,y);
}
```
输出结果为_____
_____

程序(2)
```
#include <stdio.h>
int f(int m,int n)
{   if(m%n==0) return n;
    else return f(n,m%n);
}
void main()
{
    printf("%d\n",f(840,48));
```

}
　　输出结果为 _____

程序(3)
```
#include <stdio.h>
int f1(int,int),f11(int);
void f2(int);
void main( )
{ int i,j;
    for(i=0;i<5;i++) {
        f2((5-i)*3); for(j=0;j<=i;j++) printf("%3d",f1(i,j));
        putchar('\n');
    }
}
int f1(int m,int n)
{ return f11(m)/f11(n)/f11(m-n); }
int f11(int k)
{ if(k<=1) return 1; return k*f11(k-1); }
void f2(int n)
{ for(int i=1;i<=n;i++) putchar(' '); }
```
　　输出结果为 _____
　　　　　　　_____
　　　　　　　_____
　　　　　　　_____
　　　　　　　_____

3. 根据下列各题题意填空,将程序补充完整。
(1) 输入若干个正整数,判断每个数从高位到低位各位数字是否按从小到大排列。
```
#include <stdio.h>
_____
void main( )
{ int n;
    while(scanf("%d",&n),n>0)
        if(fun1(n)) printf("%d中各位数字按从小到大排列\n",n);
}
int fun1(_____)
{ int k;
    _____
    while(m)
```

101

```
        if( m/10%10>k ) return 0;
        else {_____ ; k=m%10; }
    return 1;
}
```

（2）函数f10_2可以显示形参变量所对应的二进制形式。下列程序的两行显示结果分别为"1011"、"100011"。

```
#include <stdio.h>
void f10_2(int n)
{
    if(_____) return;
    else {
        f10_2(_____);
        printf("%d",n%2);
    }
}
void main( )
{
    f10_2(11);putchar('\n');
    f10_2(35);putchar('\n');
}
```

4. 根据下列各小题题意编程。

（1）编制函数,返回3个变量中的最大值。

（2）编制函数,判断一个整数a是否是区间[1,b]之间的素数。

（3）编写函数,其返回值为整数n从右边开始的第k位数字的值。如digit(231456,3),返回4,digit(1456,5)返回0。

（4）输出1~1000之间的所有完数（一个数的所有因子之和等于该数本身,该数就是完数。如6、28都是完数,因为6=1+2+3;28=1+2+4+7+14）。要求自定义一个函数,功能是判断某个正整数是否为完数,如果是完数,函数返回值为1,否则为0。

（5）定义函数,形参为两个int类型变量数,其功能是显示这两个数的最大公约数和最小公倍数。

【提示】函数原型为 void f(int,int)。

（6）多项式p(n,x)定义如下,编写递归函数求该多项式的值。

$$p_n(x) = \begin{cases} 1 & n=0 \\ x & n=1 \\ \frac{(2n-1) \cdot x \cdot p_{n-1}(x) - (n-1) \cdot p_{n-2}(x)}{n} & n>1 \end{cases}$$

【提示】函数原型为float p(int,float)。

# 第六章  编译预处理与变量的作用域

编译预处理是指C在编译源程序之前,对源程序进行的预处理。编译预处理包括宏定义和宏包含。这两者在前面的内容中都出现过,本章将作一个比较完整的介绍。此外,本章还将着重介绍变量的作用域和存储类型。

## 第一节  编译预处理

C源程序中,除了完成程序功能的声明语句、执行语句外,还可以使用编译预处理命令。编译预处理是指C在将源程序经编译生成目标文件前对源程序的预加工。

常用的编译预处理命令有:文件包含编译预处理命令,宏定义编译预处理命令。

编译预处理命令必须以"#"号为首字符,尾部不必加分号,一行不得书写一条以上的编译预处理命令。编译预处理命令可以出现在源程序中的任何位置,其作用范围是从其出现位置直到所在源程序的末尾。

C的编译预处理功能为程序调试、移植提供了便利,正确使用编译预处理功能可以有效地提高程序的开发效率。

### 一、文件包含

1. 命令格式和功能

文件包含预处理命令的一般格式为:

  #include <包含文件名>   或   #include "包含文件名"

两种不同格式的区别是:用尖括号包围文件名时,编译系统将按照系统设定的标准目录搜索该文件;用双引号包围文件名时,编译系统将首先在当前目录中查找该文件,再按标准目录查找该文件。

文件包含预处理命令的功能是:在编译源程序前,用包含文件的内容置换该预处理命令,意即:按包含文件名查找并读取文件,然后把文件内容写入到源程序中该预处理命令处(置换),使它成为源程序的一部分。

本章所有程序,首部都有编译预处理命令"#include <stdio.h>",其目的就是提供信息给C编译预处理程序,要它在编译前作预处理时,将包含文件"stdio.h"中的文本插入到源程序中该预处理命令处。

读者可以选择一个编辑器打开文本文件"stdio.h",就可观察到该文件中的内容包括:

使用标准函数时所需要的函数原型声明,符号常量NULL、EOF的定义等。

2. 常用包含文件

由C语言处理系统所提供的包含文件一般都以".h"为文件后缀。

如表6-1所示,每个标准库函数都与某个包含文件相对应,包含文件中有对该函数的声明以及各种有用数据结构的声明和宏定义。

表6-1 常用包含文件与相应的标准库函数

| 包含文件名 | 源程序所调用的标准库函数 |
| --- | --- |
| ctype.h | 字符处理函数 |
| math.h | 数学函数 |
| stdio.h | 标准输入/输出函数 |
| stdlib.h | 常用函数库 |
| string.h | 字符串处理函数 |

程序中调用了某个库函数,就一定要用文件包含预处理命令,将相应包含文件的文本插入到源程序中。

在编制由多个源程序文件组成的较大程序时,也可以用文件包含预处理命令,将一个源文件中的文本插入到另一个源程序文件的文本中,如例6-1所示。

【例6-1】 一个程序写在多个源文件中,用#include进行连接的应用示例。

源文件 examl.cpp
```
#include<stdio.h>
#include "examl_1.cpp"
#include "examl_2.cpp"
void main(
{ printf("%d\n",f1(5));
  printf("%d\n",f2(5));
}
```

源文件 examl_1.cpp
```
int f1(int k)
{ int s=0,i=1;
  for(;i=k;i++)
    s+=i;
  return s;
}
```

源文件 examl_2.cpp
```
void f2(int m)
{ int s=0,i=1;
  for(;i<=m;i++)
    s+=i*i;
  return s;
}
```

图6-1 用#include连接多个文件

图6-1中的文件exam1.cpp使用了文件包含命令"#include "exam1_1.cpp""和"#include "exam1_2.cpp"",这两条命令表示在编译前将文件"exam1_1.cpp"、"exam1_2.cpp"中的文本内容插入到命令所在的位置。因此,在编译、运行exam1.cpp的过程中,C所处理的是一个完整的程序,不会出现诸如"函数f1未定义"之类的错误信息。该程序的运行结果是分别输出1~5的和以及1~5的平方和。

include所包含的文件,可以是普通C程序(如例6-1),也可以是头文件(扩展名为.h),头文件一般包括定义符号常量的宏、函数声明、数据结构的定义等。在多人合作开发程序的时候,一些函数声明、符号常量定义等信息都会相互用到,如果把它们写在头文件中,便能通过文件包含方便地引用。

## 二、宏定义

1. 命令格式和功能

宏定义编译预处理命令(宏定义)的一般格式为:

  #define 宏名 宏体

其中:宏名为标识符,宏体为一段文本。

宏定义编译预处理命令的功能是:在预处理时,将程序中、该命令后所有与宏名相同的文本用宏体置换(宏替换)。

第二章中关于符号常量的定义,就是宏定义编译预处理命令的主要应用之一。

在C语言系统的头文件中,有许多符号常量的定义。比如,在文件stdio.h中,就定义了我们常用的两个符号常量EOE和NULL:

  #define EOF  -1

  #define NULL 0

于是,在包含stdio.h的程序中,标识符EOF均被数字"-1"置换;标识符NULL均被数字"0"置换。

(1) 关于宏定义和宏替换的基本规则如下:

①宏体文本太长,换行时,需要在行尾加字符"\"。

②宏定义的宏体中,可以出现已定义(在该命令前)的宏名。

③对出现在字符串常量中的宏名不作宏替换。

④为与程序中的关键字相区别,一般应在作宏名的标识符中使用大写字母。

(2) 下面的例题可以帮助我们理解以上规则。

【例6-2】 分别输出$a_1$、$a_2$、$a_3$、$a_4$、$a_5$ 和$b_1$、$b_2$、$b_3$、$b_4$ 中的最大值以及它们的乘积。

```
#include <stdio.h>
#define CR printf("\n")
#define CR2 CR;CR
#define find_max   scanf("%f",&max); \
    for(i=2; i<=n; i++) {           \
      scanf("%f",&x);               \
      if(x>max) max=x;              \
    }
void main( )
{ float y1,y2,max,x; int i,n;
  n=5; find_max; y1=max;
  n=4; find_max; y2=max;
  printf("%f",y1); CR;
  printf("%f",y2); CR2;
  printf("CR%f",y1*y2); CR;
}
```

☞ **运行结果**：

输入 3.1 4.5 6.3 1.2 –5 1.1 3.2 2.13 –1.2
输出 6.300000
　　 3.200000
　　（空一行）
　　 CR20.160001

✻ **程序说明**：定义宏名find_max为"将n个数中最大值赋值到max"这样一段文本，按照规则①，每行尾部的符号"\"说明下一行也是宏体的一部分。

定义宏名CR为字符序列"printf("\n")"，编译预处理时将对此后所有的"CR"作替换，但按照规则③，字符串常量"CR%f"中的CR不被替换。

定义宏名CR2为字符序列"CR;CR"，因为在命令出现前已定义宏名CR，根据规则②，用已定义的宏体展开，相当于宏名CR2被定义为"printf("\n"); printf("\n")"，即输出一个空行。

以上程序经编译预处理作宏替换后，与下列程序等价：

```
#include <stdio.h>
void main( )
{ float y1,y2,max,x; int i,n;
  n=5; scanf("%f",&max);
  for(i=2; i<=n; i++) {
    scanf("%f",&x);
    if(x>max) max=x;
  };
  y1=max;
  n=4; scanf("%f",&max);
  for(i=2; i<=n; i++) {
    scanf("%f",&x);
    if(x>max) max=x;
  };
  y2=max;
  printf("%f",y1); printf("\n");
  printf("%f",y2); printf("\n"); printf("\n");
  printf("CR%f",y1*y2); printf("\n");
}
```

2. 带参数的宏

带参数的宏定义，其命令格式为：#define 宏名(形参列表) 宏体

在编译预处理时，将程序中、该命令后所有与宏名相同的文本用宏体置换，但置换时宏体中的形参要用相应的实参置换。

【例6–3】 输入3个值，判断以这3个值作边长能否构成三角形。

```
#include <stdio.h>
```

```
#define f(a,b,c) a+b>=c
void main( )
{ float x,y,z;
  scanf("%f%f%f",&x,&y,&z);
  if(f(x,y,z)&&f(x,z,y)&&f(y,z,x)) printf("yes\n");
  else printf("no\n");
}
```

❋ **程序说明**：第二行定义带参数的宏，宏名为f，形参为a、b、c，宏体为a+b>=c；
第六行编译预处理后，等价于：if(x+y>=z&&x+z>=y&&y+z>=x) printf("yes\n");
由此可知，带参数宏定义的展开，也同样是作文本的置换。

带参数宏定义的格式中，借用了函数定义中"形参"的说法，是为便于我们理解宏展开处置换文本的规则。

实际上，带参数宏定义中所谓的"形参列表"，准确表述应为"标识符列表"。带参数的宏定义完全不同于函数的定义，其"形参"仅仅是一个标识符，并没有变量的含义；在作宏替换时，"实参"文本替换"形参"，根本不存在实参与形参之间值的传递。

【例6-4】 写出下列程序的输出结果。

```
#include <stdio.h>
#define f(a,b) a*b
void main( )
{ float x=2,y=3,z;
  z=f(x,y);              /* 宏展开为：z=x*y; */
  printf("%f\t",z);
  z=f(x*x+2*x-5,y+3);    /* 宏展开为：z=x*x+2*x-5*y+3; */
  printf("%f\n",z);
}
```

☞ **运行结果**：6.000000　 -4.000000

❋ **程序说明**：若编程意图是要定义宏可以用于计算两个表达式（不仅仅是单个变量或常数）的乘积，则宏定义是错误的。譬如按"f(x*x+2*x-5,y+3)"展开为"x*x+2*x-5*y+3"，而不是所期望的"(x*x+2*x-5)*(y+3)"。

按照以上编程意图，应修改宏定义命令为：#define f(a,b) (a)*(b)

同理，若要求宏替换 f(x*x+1,x*2)*f(y-1.5,y*y*y+3) 展开后为：
((x*x+1)-(x*2))*((y-1.5)-(y*y*y+3))

则宏定义应为：
　　#define f(a,b) ((a)-(b))

宏与函数（不带参数的宏可以与不带参数的函数作比较）都可以作为程序模块应用于模块化程序设计中，但它们各具特色：宏替换时，要用宏体替换宏名，往往使源程序体积膨胀，增加了系统的存储开销。一般来说，宏只能用来实现简单的函数功能。

但是，它也有优点。比如，它不像函数调用那样，需要进行参数传递、保存现场、返回等操作，所以比函数调用节省时间。通常，对简短的表达式以及在调用频繁、要求快速响应的场合，采用宏比采用函数合适。

宏虽然可以带参数，但宏替换与函数调用过程不同，不能计算实参，返回结果。因此，不是所有的函数定义都可以改写作宏定义的(如递归函数)。

## 第二节　变量的作用域与可见性

变量从数据类型的角度来分，可以分为整型、实型、字符型等。根据其作用范围不同，又有作用域之分。

C程序中的变量能够被使用的范围称为该变量的作用域。变量的定义位置不同，其作用域也不一样。考虑到在课程学习阶段，我们一般都将一个完整的程序编辑在一个源文件中，因此在此也只在一个源文件中讨论变量的作用域问题。

### 一、变量的作用域

变量的作用域分为块作用域、函数作用域、文件作用域。习惯上将具有块作用域、函数作用域的变量称为局部变量，将具有文件作用域的变量称为全程变量。

变量声明的位置决定了变量的作用域。

1. 块作用域

在一个复合语句或结构内部(块)声明的变量具有块作用域：始于声明处，终止于块结束处且存储单元被系统回收。

【例6-5】 运行下列程序，从输出结果认识块作用域概念。

```
#include <stdio.h>
void main( )
{ int i,s=0;                          /* i未初始化 */
  { int i; for(i=1;i<=10;i++) s=s+i; }  /* 复合语句 */
  printf("s=%d,i=%d\n",s,i);
}
```

☞ 运行结果：s=55,i=-858993460

✱ 程序说明：输出结果：s是1~10的和，但i不是11，而是可以视为乱码的未初始化的数据。由此可知，在复合语句中声明的i，与语句"int i,s=0;"中声明的不是同一个变量，而且其作用范围只限于该复合语句中。

语句"for(int i=1;i<=10;i++) s=s+i;"中声明的i也只具有块作用域，在循环结束后取消定义(存储单元亦被回收)。

本例中，语句"int i、s=0"声明了具有函数作用域的变量i、s。

2. 函数作用域

在函数内部、块的外部声明的变量具有函数作用域：始于声明处，终止于函数结束处，且存储单元被系统回收。

由此可知，在一个程序的不同函数中，如果声明了同名甚至同类型的变量，它们也是不同变量:各自占有不同地址的存储单元;作用在各自声明的函数中。

3. 文件作用域

不同函数中声明的变量,即使同名,也只是作用于各函数内部的局部变量。

但是,同属于一个程序的各函数之间是如何联系的呢?不同函数之间的数据交流又如何实现呢?

使独立于各自所在函数的局部变量建立联系的方法,就是我们在第五章中所介绍的函数调用时的"虚实结合"。除此以外,有时多个函数需要共用同一个变量,采用局部变量就显得不够方便,可以考虑采用全局变量。

全局变量的声明格式与局部变量一样。不同的是,局部变量是在函数内部声明的,而全局变量是在函数外部声明的。全局变量也叫外部变量或全程变量,它不属于任何函数。全局变量具有文件作用域。从该变量声明处直到文件末尾,该变量都可以被引用。

【例6-6】 输入长方体的长、宽、高,求长方体体积及正、侧、顶3个面的面积。

```
#include <stdio.h>
float s1,s2,s3;              /* 声明具有文件作用域的变量s1、s2、s3 */
float vs(float a,float b,float c)
{ float v;
   v=a*b*c;s1=a*b;s2=b*c;s3=a*c;
   return v;
}
void  main( )
{ float v,l,w,h;
   printf("input length,width and height:");
   scanf("%d%d%d",&l,&w,&h);
   v=vs(l,w,h);
   printf("v=%f,s1=%f,s2=%f,s3=%f\n",v,s1,s2,s3);
}
```

❋ **程序说明**:本例中s1、s2、s3是全局变量,对vs函数和main函数都起作用。在执行vs函数的时候,把算出的3个面的面积分别存入s1、s2、s3。之后,在main函数里,直接显示3个面的面积。因此通过变量全局的使用,main函数可以直接使用vs函数关于s1、s2、s3的计算结果,而不需要通过参数或返回值来实现这3个数据的交流。

通过以上例子,读者可能会觉得使用全局变量比使用局部变量更为方便:一旦定义了全局变量,所有的函数都可以使用。但是,使用全局变量会降低各个函数的独立性,由于其共享性,会导致各函数之间的相互干扰。

因此,在一般情况下,应首先考虑使用局部变量。全局变量只是作为特殊情况下多个函数之间数据交流的一个特殊手段。

## 二、变量的可见性

变量的可见性问题,是对可否访问变量这一问题的讨论,是对变量作用域的更细致、深入的划分。

### 1. 具有块作用域的变量只有块内可见

例6-5的运行结果充分说明了这个问题:复合语句中所声明的变量i,在该复合语句之外是不可见的,无论是在该复合语句之前还是之后。

### 2. 具有函数作用域的变量只有在函数内可见

例6-7中,函数main内部声明的i、x是局部量,在函数f1、f2中不可见,将它们视为没有声明的变量,编译时的显示内容表明程序中含致命性错误。

【例6-7】 下列程序分别计算1~10的和、积。

```
#include <stdio.h>
int f1(int),f2(int);
void main( )
{ int i,x;
  printf("%d,%d\n",f1(10),f2(10));
}
int f1(int n)
{
  x=0; for(i=1;i<=n;i++) x=x+i; return x;    /* 1个致命性错误 */
}
int f2(int n)
{
  x=1; for(i=1;i<=n;i++) x=x*i; return x;    /* 1个致命性错误 */
}
```

变量的作用域、可见性问题并非完全等价:在函数内部声明的具有函数作用域的变量i,如果函数内部的某语句块中声明了同名变量i,在块内只有后者可见。

读者可以从例6-5中得到验证。

### 3. 在函数内部声明与全程量同名的变量,使全程量在函数内部不可见

【例6-8】 运行下列程序,说明文件中各变量的作用域。

```
#include <stdio.h>
char c='A'; int i;             /* c、i具有文件作用域(从此处至文件结束)*/
void p1(int m,int n)
{ int j;                       /* 局部量j在函数中声明,具有函数作用域 */
  /* 本函数未声明变量i、c,因此所使用的是全程量i、c */
  for(i=1;i<=n;i++) {
    for(j=m-i; j>0; j--) putchar(' ');
    for(j=1;j<=2*i-1;j++) putchar(c++);
```

110

```
            putchar('\n');
        }
    }
    void main( )
    {   int i;                    /* 函数main中声明的i为局部量,全程量i不可见 */
        for(i=1;i<=3;i++) p1(5,i);
    }
```

☞ **运行结果：**

                    A
                    B
                    CDE
                    F
                    GHI
                    JKLMN

✻ **程序说明：** 程序运行时,动态数据区中存储单元分配情况如图6-2所示。

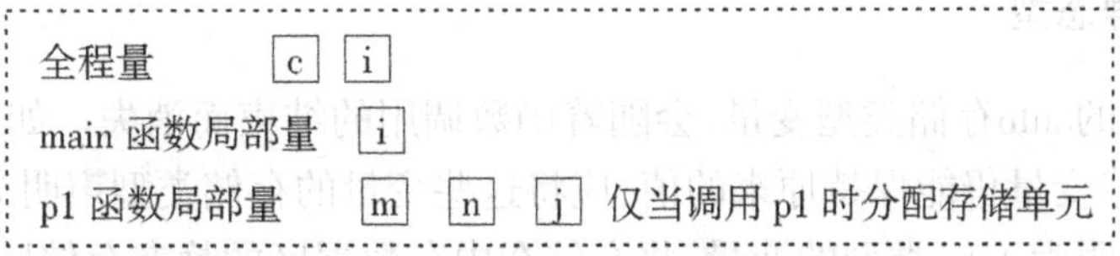

```
┌─────────────────────────────────────────────────────┐
│  全程量            c   i                              │
│  main 函数局部量        i                            │
│  p1 函数局部量          m   n   j  仅当调用 p1 时分配存储单元 │
└─────────────────────────────────────────────────────┘
```

图6-2  例6-8动态数据区的单元分配情况

4. 全程量在其声明位置之前不可见,使用extern语句可改变其可见性

格式：extern 全程变量名列表

功能：文件中其他位置声明的全程变量,从该语句开始可见。

一般将全程量在文件首部声明,则无须再用extern语句改变全程量在本文件中的可见性,因此不再赘述。通常我们也在函数内或块内首先书写声明语句,简化因为变量作用域与可见性等综合因素所决定的变量作用范围问题。

## 第三节  变量的存储类型

变量声明语句一般格式为：存储类型标识符 类型标识符 变量名列表

其中,存储类型标识符用以声明变量的存储类型,它们是:auto 自动型、register 寄存器型、static 静态型、extern 外部参照型。

前述各章所有程序示例中,对所有变量的声明语句中都缺省了存储类型标识符。存储类型标识符的缺省值为auto型,如语句"int x;"等价于语句"auto int x"。

数据类型表明变量的操作属性,此外,影响变量使用的因素还有变量的存储类型。

### 一、auto自动型

C程序运行时,供用户使用的内存空间由3部分组成,即:程序区、静态存储区、动态存储区。

auto型变量存储在内存数据区的动态存储区中,该类型变量不长期占用内存,其存储空间可以被若干变量多次覆盖使用。C程序中大量使用的变量为auto型,其目的之一就是为了节省内存空间。

譬如,函数的形参变量就是auto型,当函数被调用时形参变量被分配存储单元,而当控制返回到主调函数时其存储单元被系统收回。

### 二、register 寄存器型

使用寄存器型变量是C语言所具有的汇编语言特性之一,因此与计算机硬件关系较为紧密。通常,将使用频率较高的变量声明为register类型,以提高运算速度。

不同型号的计算机CPU中寄存器个数不尽相同,因此在C程序中设定register类型变量的个数也不是任意的,通常以个位数计。声明为寄存器型的变量个数多于允许的个数时,C自动将其中部分变量作auto类型处理。此外,不得将字长超过寄存器本身位数的变量声明为寄存器型。

### 三、static 静态型

函数中定义的auto存储类型变量,会随着函数调用的结束而消失。如果希望当再次调用该函数时,这些变量仍能保持原来的值,应将这些变量的存储类型声明为static。

存储类型声明为static类型的变量,将存储在内存数据区的静态存储区中。该类型数据在程序执行前被分配了存储空间,无论static类型变量在哪一个函数中声明,在程序运行的整个过程中,该存储空间总是被其占有。

**【例6-9】** 编程,输入m、n,分别计算1~m、1~n的和。

```
#include <stdio.h>
int sum(int k)
{  static int y=0;
  /* 声明y为静态存储int变量,初值为0;再次调用sum时不再赋初值0 */
  for(int i=1;i<=k;i++) y+=i;
  return y;
}
void main( )
{  int m,n;
  m=sum(10); n=sum(5);
  printf("%d  %d\n",m,n);
}
```

☞ 运行结果:55    70

这是一个十分有趣的结果,我们知道1~10的累加和为55、1~5的累加和为15,这该如何解释呢?

第1次调用sum函数,sum(10)返回值为55赋值到m,所以第1个输出结果是55。第2次调用sum函数,sum(5)的返回值是55+15,即70。

因为静态变量y只有在函数第1次被调用时赋初值0,第1次调用结束后,y保留了55作为第2次调用时累加的起点,55再加上1~5的和,正好是70。

## 第四节　小　结

编译预处理是编译前对源程序的预处理,常用的编译预处理命令有:文件包含编译预处理命令#include,宏定义编译预处理命令#define。

文件包含命令#include把包含文件的内容插入到源程序中(该命令所在位置),使它成为源程序的一部分。在使用某个标准库函数时,一般要用文件包含命令,包含相应的头文件以保证库函数能正确调用。在编制由多个源程序文件组成的较大程序时,也可以用文件包含命令,将一个源文件中的文本插入到另一个源程序文件的文本中。

宏定义命令#define将程序中该命令后所有与宏名相同的文本用宏体置换。带参数的宏置换时宏体中的形参要用相应的实参置换,所有这些置换只是作文本的置换,即用"实参"文本替换"形参"文本,而不存在函数调用时实参与形参之间传递的过程。

变量的作用域是指变量的有效范围。作用域确定了程序能在何时和何处访问变量,变量的作用域与变量被声明的位置有关:在块内声明的局部变量具有块作用域,即只能在变量声明处至块内访问它;在函数内声明的局部变量具有函数作用域,即只能在变量声明处至函数结束处访问它;在任何函数之外定义的全局变量具有文件作用域,从变量声明处至文件末尾的任何函数可以访问该变量。

如果函数创建的局部变量与全局变量同名,在函数内使用该变量名时,它指的是局部变量而不是全局变量。类似的,函数内部具有块作用域的局部量,与具有函数作用域的局部量同名时,在所声明的块内使用的是块局部变量;在多层复合语句中,内层声明的变量与外层声明的变量同名时,在内层使用的也是内层声明的变量。

变量存储类型决定了变量的生存期,常用的有auto自动型、static静态型。auto类型变量不长期占用内存,函数被调用时,函数中声明的auto型变量被创建,调用结束时其存储空间被系统释放;static类型变量在程序执行前被分配了存储空间,无论在哪一个函数中声明,在程序运行的整个过程中,该存储空间总是被其占有。

## 习　题　六

1. 单项选择题。
(1) 程序中调用了库函数exit,必须包含头文件(　　)
　　A. math.h　　　B. string.h　　　C. ctype.h　　　D. stdlib.h
(2) 程序中调用了库函数strcmp,必须包含头文件(　　)
　　A. math.h　　　B. string.h　　　C. ctype.h　　　D. stdlib.h
(3) 下列宏定义命令中,格式正确的是(　　)
　　A. #define pi=3.14159;　　　B. define pi=3.14159

C. #define  pi "3.14159"        D. #define pi(3.14159);

（4）定义带参数的宏计算两个表达式的乘积,下列定义中正确的是(　　)

　　A. #define muit(u,v) u*v        B. #define muit(u,v) u*v;

　　C. #define muit(u,v) (u)*(v)        D. #define muit(u,v)=(u)*(v)

（5）宏定义为"#define div(a,b) a/b;",对语句"printf("div(a,b)=%d\n",div(x+5,y-5));"作宏替换后为(　　)

　　A. printf("div(a,b)=%d\n",x+5/y-5;);        B. printf("a/b=%d\n",x+5/y-5;);

　　C. printf("a/b=%d\n",(x+5)/(y-5));        D. printf("a/b=%d\n",x+5/y-5;);

2. 填空题。

（1）定义一个带参数的宏,若变量中的字符为大写字母,则转换成小写字母:_____。

（2）定义一个带参数的宏,将两个参数的值交换
#define swap(a,b) { double t; _____ }

（3）函数f定义如下,执行语句"m=f(5);"后,m的值应为_____。
```
int f(int k)
{ if(k==0||k==1) return 1;
  else return f(k-1)+f(k-2);
}
```

（4）函数f定义如下,执行语句"sum=f(3)+f(3);"后,sum的值应为_____。
```
int f(int m)
{ static int i=0;
  int s=0;
  for(;i<=m;i++) s+=i;
  return s;
}
```

（5）对下列函数f,f(f(4))的值是_____。
```
int f(int x)
{ static int k=0;
  x+=k++; return x;
}
```

3. 写出下列程序的输出结果。

程序（1）
```
#include <stdio.h>
#define S x=y=z
#define P3(x,y,z) printf("x=%d\ty=%d\tz=%d\n",x,y,z)
void main( )
```

```
    { int x,y,z;
      S=1; ++x||++y||++z; P3(x,y,z);
      S=1; ++x&&++y||++z; P3(x,y,z);
      S=-1; ++x||++y&&++z; P3(x,y,z);
      S=-1; ++x&&++y&&++z; P3(x,y,z);
    }
```
输出结果为_____
_____
_____

程序(2)
```
    #include<stdio.h>
    int func1()
    { static int s=1;
      s+=2;
      return s;
    }
    int func2()
    { int s=1;
      s+=2;
      return s;
    }
    void main()
    { int i;
      for(i=0;i<2;i++) printf("func1=%d   ",func1());
      printf("\n");
      for(i=0;i<2;i++) printf("func2=%d   ",func2());
    }
```
输出结果为_____
_____

程序(3)
```
    #include <stdio.h>
    int i=1,reset(),next(int),last(int),New(int);
    void main()
    { int i,j;
      i=reset();
      for(j=1;j<=3;j++) {
        printf("i=%d,j=%d\n",i,j);
```

```
            printf("next(%d)=%d\n",i,next(i));
            printf("last(%d)=%d\n",i,last(i));
            printf("new(%d+%d)=%d\n",i,j,New(i+j));
        }
    }
    int reset( )
    {  return i; }
        int next(int j)
    {  return j=i++; }
    int last(int j)
    {  static int i=10;
        return j=i--;
    }
    int New(int i)
    {  int j=10;
        return i=j+=i;
    }
```

输出结果为 _____

_____

_____

_____

_____

_____

_____

_____

**4. 根据下列各小题题意编程。**

（1）编程，输入3个数后输出其中绝对值最小的数。要求定义带参数的宏，计算两个数中绝对值最小的数。

（2）编程，用梯形公式求函数 $f(x)=x^2-\sin^{-1}x$ 在$[0,1]$区间上的定积分，要求用带参数的宏定义函数$f(x)$的计算公式。

# 第七章　数组与字符串处理

在编程实践中，经常会遇到处理大量数据的问题，如排序、统计、矩阵运算等，这类问题很难用已学过的知识来解决。因为此前所使用的变量，只能标识一个基本类型数据，不同变量之间是相互独立的。

C语言允许程序员用已有数据类型构造数组类型：数组由多个同类型的元素组成，用同一个名、不同下标标识数组中的不同元素。

本章着重介绍一维、二维数组的应用，以及字符串(存在于字符类型数组中)处理。

## 第一节　一维数组

以输入100个数并将其按值从小到大的顺序重新排序的程序为例，首先声明100个不同名的变量并逐个输入，并对这100个变量作比较、交换，这样一个程序的繁琐程度是难以想象的，必须采用一维数组来解决。

### 一、一维数组的声明

C语言中没有专门用来声明数组的语句，数组的声明是在类型声明语句的变量名列表中，写入数组说明符。

语句"int x,y,a[5],z;"在声明x、y、z为int类型变量的同时，还声明a是一个数组。其中"a[5]"是数组说明符，数组有5个元素a[0]、a[1]、a[2]、a[3]、a[4]，每个元素都是int类型。

1. 一维数组说明符

一维数组说明符格式　数组名[下标界]

其中：数组名取自C的标识符，下标界为正整常量，表示数组元素的个数。

若声明语句为"int x[6];"，则如图7-1所示，C在内存中为int类型数组x分配24个字节的存储区域。

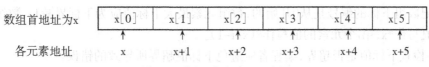

图7-1　数组x内存分配示意图

若声明x为数组，数组名x则是C为数组所分配的内存区域的首地址，是地址常量。数组中第i个元素的地址用x+i-1表示。

### 2. 一维数组的初始化

正如变量的所谓初始化是在声明变量的同时为变量赋值一样，在声明数组的同时为数组赋初值称为数组的初始化。

格式：数组说明符={ 表达式列表 }

若数组说明符为"x[5]={1,-6,5,7,2}"，则C在为数组分配存储单元的同时，还为数组各元素x[0]、x[1]、x[2]、x[3]、x[4]依次赋值1、-6、5、7、2。

（1）可以缺省说明符中的下标界，此时下标界为表达式列表中的元素个数。

　　char a[5]={'A','B','C','D','E'};　等价于　char a[ ]={'A','B','C','D','E'};

（2）表达式个数小于下标界时，各表达式依次从数组第一个元素起顺序为各元素赋初值。未赋初值的数值类型数组元素初值为0，字符类型数组元素初值为字符'\0'。

例如：类型声明语句"int a[5]={5,4,3}; char b[5]={'#','$'};"使a数组各元素的值依次为5、4、3、0、0，使b数组各元素的值依次为'#'、'$'、'\0'、'\0'、'\0'。

（3）表达式列表中的表达式个数不得大于下标界。

此外，类型声明语句"float b[5]={,,-2.5,1.1};"是非法的，不能期望以此为各元素赋值0、0、-2.5、1.1、0。

### 二、一维数组元素的引用

数组必须先声明，然后再引用。所谓引用，就是访问（存、取）数组的某一个元素。对数值类型数组的操作，只能对数组中的每一个元素进行。

#### 1. 间接引用一维数组元素

一般的，若数组x为T类型，第i个元素的实际地址为"x+sizeof(T)*(i-1)"，但是在程序中，必须用"x+i-1"表示第i个元素的地址（见例7-1）。

（1）访问简单变量采用直接引用方式。若声明"int x=3;"，表达式x=x+2的值为5。标识符x直接表示简单变量x的值，即所谓直接引用。

（2）访问数组元素采用间接引用方式。取T类型数组x第i个元素值的引用过程是间接引用，其操作步骤是：

① 取数组第1个元素地址x。

② 计算x+i-1。即首地址x加偏移量i-1，得x数组第i个元素的实际地址。C实际上是按照算式x+sizeof(T)*(i-1) 计算x数组第i个元素的真实地址的，但程序中必须以x+i-1表示。

③ 取地址x+i-1中的数值，写作 *(x+i-1)。

经历这样3个基本步骤才获得数组x第i个元素的值，这个过程称为间接引用。运算符"*"在表达式"*(x+i-1)"中是取地址x+i-1中数的运算。

切记数组下标的编号是从0开始的，数组元素最大下标值应为下标界减1。数组x第1个元素的值写作*x，第i个元素的值写作*(x+i-1)。

C不检查下标值是否超界，编程者应避免下标值超界所导致的错误。

【例7-1】 声明int类型数组x[5]后，查看各数组元素的地址、数组元素的值。

程序如下：

　　#include <stdio.h>

```
void main()
{ int i,x[5]={1,-6,5,7,2};      /* 声明数组x的同时初始化各元素 */
  for(i=0;i<5;i++)              /* 输出数组各元素的地址值、各元素值 */
    printf("%x,%d\t",x+i,*(x+i));
  printf("\n");
}
```

☞ **运行结果**: 63fdf0,1    63fdf4,-6    63fdf8,5    63fdfc,7    63fe00,2

✱ **程序说明**: 数组相邻元素的实际地址值相差4,因为int类型数据的字节数为4,这也印证了输出结果中每列第1个数据是各元素的地址值。在程序中可以用x+i-1表示第i个元素的地址,而用*(x+i-1)通过间接引用得到的是数组中第i个元素的值(每列中第2个数据)。

**【例7-2】** 输入10个数,输出平均值与所有大于平均值的数组元素值。

程序如下:

```
#include <stdio.h>
void main()
{ float a[10],ave=0; int i;
  for(i=0;i<10;i++) scanf("%f",a+i);        /* 第4行 */
  for(i=0;i<10;i++) ave=ave+*(a+i);
  ave/=10; printf("平均值为 %f\n",ave);
  for(i=0;i<10;i++) if(*(a+i)>ave) printf("%f\t",*(a+i));
  printf("\n");
}
```

✱ **程序说明**: 程序中第4行,使输入数据送入地址a+i所标识的存储单元内。

为数组各元素输入数据,一般应写成一个循环结构,一个一个元素进行操作。

与简单变量的输入相比较:输入float类型简单变量a,应写作"scanf("%f",&a);",因为变量名a是对变量的直接引用,表示该变量的值,而不表示该变量的存储单元地址,所以必须为变量名前缀取地址运算符"&"。

2. 一维数组元素的下标表示法

一维数组元素的下标表示格式:数组名[下标表达式]

下标表示法并没有改变C对数组元素的访问方式,它只是间接引用数组元素的又一种表示方法。由此可知,a[i]与*(a+i)均表示a数组第i+1个元素的值,&a[i]与a+i均表示数组a第i+1个元素的地址。

### 三、一维数组应用示例

**【例7-3】** 编程,输入一组数据$x_1、x_2、\cdots、x_n(n \leq 30)$,按下列3点滑动平均值公式计算、输出各点的滑动平均值(用下标法表示数组元素)。

$$y_i = \begin{cases} x_i & i=1或i=n \\ (x_{i-1}+x_i+x_{i+1})/3 & 1<i<n \end{cases}$$

☞ **编程分析**: 按题意,该程序应能处理不多于30个的一组数据,因此所说明的数组元素个数为30。实际所处理的数据个数n应在运行时首先输入，数组元素的最大下标值为n-1。

程序如下：

```
#include <stdio.h>
void main( )              /* 采用下标表示法访问数组元素 */
{ float x[30],y[30]; int i,n;
    printf("请输入需要处理的数据个数:\n");
    scanf("%d",&n);
    for(i=0;i<n;i++) scanf("%f",&x[i]);
    y[0]=x[0]; y[n-1]=x[n-1];
    for(i=1;i<n-1;i++) y[i]=(x[i-1]+x[i]+x[i+1])/3;
    for(i=0;i<n;i++) printf("%f\t",y[i]);
    printf("\n");
}
```

【例7-4】 编程，输入一组整数，求它们的最小公倍数。

程序如下：

```
#include <stdio.h>  /* 采用地址表示法访问数组元素 */
#define N 5
void main( )
{ int i,a[N],y;
    for(i=0;i<N;i++) scanf("%d",a+i);
    y=*a;           /* 最小公倍数必为a[0]的倍数，因此将a[0]作最小公倍数初值 */
    while(1) {
        for(i=1;i<N;i++) if(y%*(a+i)!=0) break;
        if(i==N) break;
        y+=*a;
    }
    printf("%d\n",y);
}
```

❋ 程序说明：若y能被a数组中除 *a外的所有元素整除，则for循环正常结束，此时i的当前值为N，while循环终止，输出y的当前值即所求的最小公倍数。

【例7-5】 有N个人围成一圈（编号为0~N-1），从第0号的人开始1、2、3、…报数，凡报到3的人出列，直到剩下最后一个人为止。问：最后剩下的人编号为多少？

☞ 编程分析：声明N个元素的数组，每个数组元素对应一个人，编号从0~N-1。数组元素值为1表示该人未出列，值为0表示该人已出列。

用下标法表示访问数组元素，程序如下：

```
#include <stdio.h>
#define N 17
```

```
void main( )
{ int i,a[N],k=0,delc=0;           /* delc记录已出列人数 */
  for(i=0;i<N;i++) a[i]=1;          /* 为所有元素赋值1,表示起初无人出列 */
  while(delc<N-1)                   /* 当出列人数不到N-1人时继续循环 */
    for(i=0;i<N;i++)
      if(a[i]!=0) {
        k++;                        /* 若编号为i的人未出列,则参加报数 */
        if(k==3) {                  /* 报数为3的人出列,出列人数自增1 */
          a[i]=0; k=0; delc++;
        }
      }
  for(i=0;i<N;i++) if(a[i]!=0) { printf("%d\n",i); break; }
}
```

☞ **运行结果**：10

✽ **程序说明**：输出结果表明最后剩下的是编号为10的人,即第11个人,这个结果和我们手工模拟这一过程的结果是一致的。

【例7-6】 有11个人围成1圈发贺卡,依次给1、3、6、8、11、2、5、7、10、1、4、6、…号发,问至少发到多少张时每人都有贺卡。

☞ **编程分析**：声明数组m[12],其中m[0]不使用。m[i]的值表示编号为i的人手中的贺卡数。给编号为i的人发一张贺卡,可以用m[i]++表示。用变量np表示将要给编号为np的人发贺卡,初值应为1。下一张应发给编号为np+jg的人,如果np=np+jg大于11,则执行np=np-11。在各次发贺卡过程中,jg的值在2、3之间切换。

程序如下：

```
#include <stdio.h>
void main( )
{ int m[12]={0},np=1,jg=2,i,num=0;
  /* m[i]值表示编号为i的人手中的贺卡数,初值为0 */
  /* 变量np值表示将要为第几个人发,num值为已发贺卡数 */
  while(1) {
    m[np]=m[np]+1;                  /* 给编号为np的人发1张贺卡 */
    np=np+jg;                       /* 决定下一张贺卡应发给哪一个人 */
    num=num+1;                      /* 所发贺卡数量加1 */
    if(np>11) np=np-11;
    if(jg==2) jg=3; else jg=2;      /* jg值在2、3之间切换 */
    /* 检查是否有人手中还没有贺卡,以决定是否退出for循环 */
    for(i=1;i<=11;i++) if(m[i]==0) break;
    if(i==12) break;   /* 若for循环正常结束,i应为12,否则继续执行Do循环*/
  }
```

```
    printf("%d\n",num);
}
```

**【例7-7】** 排序,将数组中各元素按值从小到大重新排序。

排序又称为分类(Sorting)算法,是程序设计中常用的算法。

现以7个元素的数组"2、6、1、8、7、4、5"为例,在介绍几种典型的排序算法的同时,使初学者掌握从问题中归纳出循环步骤的方法。

(1)选择法排序。

①展开、分析。

第1次选择:在a[0]~a[6]中找最小值a[k],比较后确定k为2;
　　　　　交换a[0]与a[k]的值。第1次排序后,各元素当前值依次为:
　　　　　<u>1</u>　6　2　8　7　4　5　　数组中前1个元素有序。

第2次选择:在a[1]~a[6]中找最小值a[k],比较后确定k为2;
　　　　　交换a[1]与a[k]的值。第2次排序后,各元素当前值依次为:
　　　　　<u>1</u>　<u>2</u>　6　8　7　4　5　　数组中前2个元素有序。

第3次选择:在a[2]~a[6]中找最小值a[k],比较后确定k为5;
　　　　　交换a[2]与a[k]的值。第3次排序后,各元素当前值依次为:
　　　　　<u>1</u>　<u>2</u>　<u>4</u>　8　7　6　5　　数组中前3个元素有序。

第4次选择:在a[3]~a[6]中找最小值a[k],比较后确定k为6;
　　　　　交换a[3]与a[k]的值。第4次排序后,各元素当前值依次为:
　　　　　<u>1</u>　<u>2</u>　<u>4</u>　<u>5</u>　7　6　8　　数组中前4个元素有序。

第5次选择:在a[4]~a[6]中找最小值a[k],比较后确定k为5;
　　　　　交换a[4]与a[k]的值。第5次排序后,各元素当前值依次为:
　　　　　<u>1</u>　<u>2</u>　<u>4</u>　<u>5</u>　<u>6</u>　7　8　　数组中前5个元素有序。

第6次选择:在a[5]~a[6]中找最小值a[k],比较后确定k为5;
　　　　　交换a[5]与a[k]的值。第6次排序后,各元素当前值仍为:
　　　　　<u>1</u>　<u>2</u>　<u>4</u>　<u>5</u>　<u>6</u>　<u>7</u>　8　　数组中前6个元素有序。

②归纳、提炼。一般的,N个数经过N-1次排序后均有序。通过以上选择法排序的展开分析,可以归纳出选择法排序算法如下:

```
for(i=0;i<N-1;i++) {
    找出a[i]~a[N-1]之间值最小的数组元素下标k;交换a[i]与a[k]的值;
}
```

其中,找出a[i]~a[N-1]之间值最小的数组元素下标k的程序段为:

```
k=i;                    /* 假设第i次选择时,下标为i的元素值最小 */
for(j=i+1;j<N;j++) if(a[j]<a[k]) k=j;   /* 若a[j]<a[k],则j送k */
```

③程序如下:

```
#define N 7
#include <stdio.h>
void main( )
```

```
{ float a[N],temp; int i,j,k;
    for(i=0;i<N;i++) scanf("%f",&a[i]);
    for(i=0;i<N-1;i++) {
        k=i;
        for(j=i+1;j<N;j++) if(a[j]<a[k]) k=j;
        temp=a[k]; a[k]=a[i]; a[i]=temp;
    }
    for(i=0;i<N;i++) printf("%f\t",a[i]);
    printf("\n");
}
```

（2）"冒泡法"排序。顾名思义，"冒泡"处理就是将数组中较小的数譬喻为气泡，使之不断向顶部上冒，直到上面的元素值都比它小，或上面无数据为止，这时认为该气泡到顶。"冒泡"处理是一个小数上冒、大数下沉的过程。

①展开、分析，如图7-2所示。

| | a 数组各元素当前值 | 操作说明 |
|---|---|---|
| 第1次 | **2 6** 1 8 7 4 5 | a[0]≤a[1]成立，作第2次 |
| 第2次 | 2 **6 1** 8 7 4 5 | a[1]≤a[2]不成立，a[1]与a[2]交换（左边单元格内第2行为交换后数组当前值，下同） |
| | 2 1 6 8 7 4 5 | |
| | **2 1** 6 8 7 4 5 | a[0]≤a[1]不成立，a[0]与a[1]交换（"冒泡"到顶），作第3次 |
| | 1 2 6 8 7 4 5 | |
| 第3次 | 1 2 **6 8** 7 4 5 | a[2]≤a[3]成立，作第4次 |
| 第4次 | 1 2 6 **8 7** 4 5 | a[3]≤a[4]不成立，a[3]与a[4]交换 |
| | 1 2 6 7 8 4 5 | |
| | 1 2 **6 7** 8 4 5 | a[2]≤a[3]不成立，作第5次 |
| 第5次 | 1 2 6 7 **8 4** 5 | a[4]≤a[5]不成立，a[4]与a[5]交换 |
| | 1 2 6 7 4 8 5 | |
| | 1 2 6 **7 4** 8 5 | a[3]≤a[4]不成立，a[3]与a[4]交换 |
| | 1 2 6 4 7 8 5 | |
| | 1 2 **6 4** 7 8 5 | a[2]≤a[3]不成立，a[2]与a[3]交换 |
| | 1 2 4 6 7 8 5 | |
| | 1 **2 4** 6 7 8 5 | a[1]≤a[2]成立，作第6次 |
| 第6次 | 1 2 4 6 7 **8 5** | a[5]≤a[6]不成立，a[5]与a[6]交换 |
| | 1 2 4 6 7 5 8 | |
| | 1 2 4 6 **7 5** 8 | a[4]≤a[5]不成立，a[4]与a[5]排序终止 |
| | 1 2 4 6 5 7 8 | |
| | 1 2 4 **6 5** 7 8 | a[3]≤a[4]不成立，a[3]与a[4]排序终止 |
| | 1 2 4 5 6 7 8 | |
| | 1 2 **4 5** 6 7 8 | a[2]≤a[3]成立，排序终止 |

图7-2 "冒泡法"排序

②归纳、提炼。一般的，N个数经过N-1次冒泡处理后均有序。通过以上"冒泡法"排序的展开分析，可以归纳出该排序算法如下：

for(i=0;i<N-1;i++) 若a[i]≤a[i+1],则作i+1次循环,否则作"冒泡"处理。

考虑到"冒泡"过程从j=i开始,仅当a[j]>a[j+1]与j>=0时继续,因此"冒泡"处理的程序段可以写作：

```
for(j=i;a[j]>a[j+1] && j>=0;j--) {
    temp=a[j]; a[j]=a[j+1];a[j+1]=temp;
}
```

③程序如下：

```
#define N 7
#include <stdio.h>
void main()
{ float a[N],temp; int i,j;
    for(i=0;i<N;i++) scanf("%f",&a[i]);
    for(i=0;i<N-1;i++)
        for(j=i;a[j]>a[j+1]&&j>=0;j--) {
            emp=a[j]; a[j]=a[j+1];a[j+1]=temp;
        }
    for(i=0;i<N;i++) printf("%.2f\t",a[i]);  printf("\n");
}
```

## 第二节  二维数组

具有一个下标的数组元素组成的数组是一维数组，具有两个或两个以上下标的数组元素组成的数组称为多维数组。二维数组特别适于表示具有行列关系的操作对象，如矩阵、行列式的运算,本章重点介绍二维数组的声明与应用。

### 一、二维数组的声明

数组必须先声明才能引用，声明二维数组的方法是，在类型声明语句的变量名列表中，写入二维数组的说明符。

语句"float x,a[3][4],b[6],z;"声明x、z为float类型变量，还声明一维数组b和二维数组a,其中a数组有3行、4列共12个元素,C为该数组分配48个字节的存储空间。

1. 二维数组说明符

二维数组说明符格式  数组名[行下标界][列下标界]

其中:数组名取自C的标识符,行下标界、列下标界均为正整常量。

在内存中,二维数组按行的顺序一维存放。若声明语句为"float x[3][4];",则C在内存中为数组x分配48个字节的存储区域,如图7-3所示。

2. 二维数组的初始化

可以将二维数组视为一维数组所组成的数组。对此,可以从数组说明符x[3][4]的字面上理解,"[4]"表示一维数组有4个元素,"x[3]"表示这样的一维数组有3个。

在声明二维数组的同时初始化数组,格式如下:

数组说明符={表达式组1,表达式组2,…}

其中每一个表达式组形如:{表达式列表}

若声明语句为"int a[3][3]={{1,2,3},{5,6}};",则数组a第1行各元素a[0][0]、a[0][1]、a[0][2]依次赋值1、2、3;第2行各元素a[1][0]、a[1][1]、a[1][2]依次赋值5、6、0;而第3行各元素初值均为0。

(1)表达式组1内的表达式为二维数组第1行赋初值,表达式组2内的表达式为二维数组第2行赋初值,依此类推。

(2)每对花括号中的表达式个数不得超过列下标界,若表达式个数少于二维数组的列数,则未赋初值的数值类型数组元素为0;未赋初值的字符类型数组元素为字符'\0'。

(3)仅当对二维数组赋初值时,可以缺省数组说明符中的行下标界,此时数组行数由表达式组的个数决定。

任何情况下,不可缺省二维数组说明符中的列下标界。

例如:类型声明语句"float a[ ][3]={{1,2},{3,4,5},{2},{-1,2,-3}};"与语句"float a[4][3]={{1,2},{3,4,5},{2},{-1,2,-3}};"的作用完全相同。

二维数组各元素地址

|  |  |
|---|---|
| a[0][0] | ←*(a+0)+0 即 *a |
| a[0][1] | ←*(a+0)+1 |
| a[0][2] | ←*(a+0)+2 |
| a[0][3] | ←*(a+0)+3 |
| a[1][0] | ←*(a+1)+0 |
| a[1][1] | ←*(a+1)+1 |
| a[1][2] | ←*(a+1)+2 |
| a[1][3] | ←*(a+1)+3 |
| a[2][0] | ←*(a+2)+0 |
| a[2][1] | ←*(a+2)+1 |
| a[2][2] | ←*(a+2)+2 |
| a[2][3] | ←*(a+2)+3 |

图7-3 二维数组a内存分配示意图

## 二、二维数组元素的引用

### 1. 间接引用二维数组元素

T类型数组x第i行、第j列元素的实际地址为 x+sizeof(T)*((i-1)*列下标界+j-1),但是在程序中,必须用*(x+i-1)+j-1表示第i行、第j列元素的地址。

C间接引用二维数组x第i行、第j列元素的操作步骤是：

（1）第1次间接引用，按公式"x+sizeof(T)* 列下标界*(i-1)"计算出x数组第i行的首地址，写作：*(x+i-1)。

（2）第2次间接引用，将第i行的首地址加上"sizeof(T)*(j-1)"，计算出x数组第i行、第j列元素的实际地址，写作：*(x+i-1)+j-1。

（3）取出实际地址所标识的存储单元中的数，写作 *(*(x+i-1)+j-1)

虽然x是数组首地址，但必须经过两次间接引用才能访问数组的某个元素。因此*x只能标识二维数组x第1行的首地址，而**x才可以标识x数组第1行、第1列元素的值。

【例7-8】 查看二维数组各元素在内存中按行一维存放的程序实例。

程序如下：

```
#include <stdio.h>
#define CR printf("\n");
void main()
{ int a[3][4]={{1,2,3,4},{5,6,7,8},{9,10,11,12}},i,j;
   for(i=0;i<3;i++)
     printf("a+%d=%x\t",i,a+i); CR;    /* 输出各行首地址 */
   for(i=0;i<3;i++) {       /* 逐行输出每个数组元素的地址 */
     for(j=0;j<4;j++)
       printf("*(a+%d)+%d=%x  ",i,j,*(a+i)+j);
     CR;
   }
}
```

☞ 运行结果：a+0=63fdd4  a+1=63fde4  a+2=63fdf4
*(a+0)+0=63fdd4  *(a+0)+1=63fdd8  *(a+0)+2=63fddc  *(a+0)+3=63fde0
*(a+1)+0=63fde4  *(a+1)+1=63fde8  *(a+1)+2=63fdec  *(a+1)+3=63fdf0
*(a+2)+0=63fdf4  *(a+2)+1=63fdf8  *(a+2)+2=63fdfc  *(a+2)+3=63fe00

✻ 程序说明：后3行输出结果说明二维数组在内存中是按行的顺序一维存放的，第i行、第j列元素的地址为 *(a+i-1)+j-1。

虽然a与*a值相同(a+1与*(a+1)、a+2与*(a+2)的情况与之类似)，但有质的区别：前者表示第1行的行地址；后者表示第1行、第1个元素的地址。

【例7-9】 输入30个学生4门功课的成绩，统计其中平均分低于60分的学生人数。

☞ 编程分析：声明30行、5列的数组，每行前4列存放成绩，最后一列存放平均分。考虑到平均分可能包含小数，故数组声明为float类型。

程序如下：

```
#include <stdio.h>
void main()
{ float score[30][5]={{0}},aver; int i,j,k=0;
   for(i=0;i<30;i++) {
```

```
        for(j=0;j<4;j++) {
            scanf("%f",*(score+i)+j);
            *(*(score+i)+4)+=*(*(x+i)+j);
        }
        *(*(score+i)+4)/=4;
    }
    for(i=0;i<30;i++) if(*(*(score+i)+4)<60) k++;
    printf("%d\n",k);
}
```

2. 二维数组元素的下标表示法

二维数组元素的下标表示:数组名[下标表达式1][下标表达式2]

同样,下标表示法也没有改变C对二维数组元素的访问方式。因此,a[i][j] 等价于*(*(a+i)+j);a[0][0] 等价于**a;a[i][0] 等价于*(*(a+i)),依此类推。

### 三、二维数组应用示例

以下程序中,数组元素均以下标法表示。

【例7-10】 编程,计算下列矩阵的乘积并输出。

$$\begin{pmatrix} 12 & 8 & -3 & 0 \\ 4 & 11 & 9 & 11 \\ -3 & 9 & 6 & -5 \\ 6 & -4 & 7 & 8 \\ 7 & 3 & 12 & 11 \end{pmatrix} \times \begin{pmatrix} -1 & 5 & 7 \\ 2 & 6 & -1 \\ 11 & -1 & 6 \\ 7 & 8 & 5 \end{pmatrix}$$

设矩阵A为M行、N列,矩阵B为N行、K列,则A×B的结果C为M行、K列矩阵,且C矩阵各元素的计算公式如下:

$$c_{ij} = \sum_{L=0}^{n}(a_{iL} \times b_{Lj}) \quad \begin{matrix} i=1,2,\cdots,m \\ j=1,2,\cdots,k \end{matrix}$$

程序如下:

```
#include <stdio.h>
#define M 5
#define N 4
#define K 3
void main( )
{ float a[M][N],b[N][K],c[M][K]={{0}};
  int i,j,L;
  for(i=0;i<M;i++)                    /* 按行输入a数组各元素值 */
    for(j=0;j<N;j++) scanf("%f",&a[i][j]);
  for(i=0;i<N;i++)                    /* 按行输入b数组各元素值 */
    for(j=0;j<K;j++) scanf("%f",&b[i][j]);
  for(i=0;i<M;i++)                    /* 按公式计算c数组各元素值 */
    for(j=0;j<K;j++) for(L=0;L<N;L++) c[i][j]+=a[i][L]*b[L][j];
  for(i=0;i<M;i++) {
```

            for(j=0;j<K;j++) printf("%8.2f",c[i][j]);
            printf("\n");                    /* 每次输出c数组一行元素后,换行 */
        }
    }

☞ 运行结果：输入： 12 8 -3 0 4 11 9 11 -3 9 6 -5
                6 -4 7 8 7 3 12 11 -1 5 7 2 6 -1 11 -1 6 7 8 5
        输出： -29.00        111.00        58.00
              194.00        165.00        126.00
              52.00         -7.00         -19.00
              119.00        63.00         128.00
              208.00        129.00        173.00

【例7-11】 编程,转置行数等于列数的矩阵,然后输出。
矩阵的转置即:对矩阵中任意一行,如第i行,转置后变为第i列。示例如下:

$$\begin{pmatrix} 1 & 5 & 9 & 13 \\ 2 & 6 & 10 & 14 \\ 3 & 7 & 11 & 15 \\ 4 & 8 & 12 & 16 \end{pmatrix}^T = \begin{pmatrix} 1 & 2 & 3 & 4 \\ 5 & 6 & 7 & 8 \\ 9 & 10 & 11 & 12 \\ 13 & 14 & 15 & 16 \end{pmatrix}$$

☞ 编程分析：第1行的处理是a[0][1]与a[1][0]、a[0][2]与a[2][0]、a[0][3]与a[3][0]交换;第2行的处理是a[1][2]与a[2][1]、a[1][3]与a[3][1]交换;第3行的处理是a[2][3]与a[3][2]交换。

一般地,转置N行、N列的矩阵(以二维数组表示)的基本步骤是:
    for(i=0;i<N-1;i++)
        for(j=i+1;j<N;j++) 交换a[i][j]与a[j][i]的值;
程序如下:
    #define N 4
    #include <stdio.h>
    void main( )
    { float a[N][N],temp; int i,j;
        for(i=0;i<N;i++) for(j=0;j<N;j++) scanf("%f",&a[i][j]);
        for(i=0;i<N-1;i++)
            for(j=i+1;j<N;j++) {
                temp=a[i][j]; a[i][j]=a[j][i]; a[j][i]=temp;
            }
        for(i=0;i<N;i++) {
            for(j=0;j<N;j++) printf("%8.2f",a[i][j]);
            printf("\n");
        }
    }

【例7-12】 编程,通过一个循环结构为二维数组送入下列数据后,输出该二维数组。

    5 4 3 2 1  对第1行1~5列的元素送数;
    6 5 4 3 0  对第2行1~4列的元素送数;
    7 6 5 0 0  对第3行1~3列的元素送数;
    8 7 0 0 0  对第4行1~2列的元素送数;
    9 0 0 0 0  对第5行1~1列的元素送数。

☞ **编程分析:** 为数组元素送非0数的程序段如下:

  for(i=0;i<5;i++)
  for(j=0;j<5-i;j++) b[i][j]=5+i-j;

在同一行上,列数每增加1,则所送非0数减1,赋值表达式应有"-j";在同一列上,行数每增加1,则所送非0数加1,赋值表达式应有"+i"。

据此,写出为b[i][j]送入非0数的表达式应为"x+i-j",由于为b[0][0]应送5,代入i=0、j=0可确定x应为5,因此赋值表达式应为"b[i][j]=5+i-j;"。

此后,再为数组中未送数的其他数组元素送0。

程序如下:

```
#include <stdio.h>
void main()
{ int b[5][5],i,j;
  for(i=0;i<5;i++) for(j=0;j<5-i;j++) b[i][j]=5+i-j;
  for(i=1;i<5;i++) for(j=5-i;j<5;j++) b[i][j]=0;
  for(i=0;i<5;i++) {
    for(j=0;j<5;j++) printf("%3d",b[i][j]);
    printf("\n");
  }
}
```

【例7-13】 将下列形式的螺旋方阵存放到n行、n列(n≤10)数组中,然后输出该数组。以n=5为例,编制程序,输出数据应如图7-4(a)所示。

☞ **编程分析:** 声明数组为 m[10][10],输入n后将数字1~$n^2$顺序送入数组。确定上、下、左、右边界的初值分别为0、n-1、0、n-1。如图7-4(b)所示中的4步为1次送数过程。每次送数结束后,修改上、下、左、右边界值(左、上边界加1,右、下边界减1),再次执行如图7-4(b)所示中的4步,直到1~$n^2$均被送入数组为止。

程序如下:

```
#include <stdio.h>
void main()
{ int m[10][10],n,i1,i2,j1,j2,i,j,k;
  scanf("%d",&n);
  i1=j1=0;i2=j2=n-1;k=1;    /* 确定上、下、左、右边界以及所送数的初值 */
  while(k<=n*n) {
```

```
            1  16  15  14  13              1  16  15  14  13
            2  17  24  23  12              2  17  24  23  12
            3  18  25  22  11              3  18  25  22  11
            4  19  20  21  10              4  19  20  21  10
            5   6   7   8   9              5   6   7   8   9
           （a）输出结果示意图             （b）操作步骤示意图
                        图7-4  例7-13图示
```

```
        for(i=i1;i<=i2;i++) m[i][j1]=k++;      /* 执行第①步 */
        for(j=j1+1;j<=j2;j++) m[i2][j]=k++;    /* 执行第②步 */
        for(i=i2-1;i>=i1;i--) m[i][j2]=k++;    /* 执行第③步 */
        for(j=j2-1;j>=j1+1;j--) m[i1][j]=k++;  /* 执行第④步 */
        i1=++j1;i2=--j2;                       /* 修改上、下、左、右边界值 */
    }
    for(i=0;i<n;i++) {
        for(j=0;j<n;j++) printf("%4d",m[i][j]);
        printf("\n");
    }
}
```

## 第三节　字符串

### 一、字符数组与字符串

类型声明为char的数组是字符数组。字符串也是字符数组,但它是一种特殊的字符数组,因为字符串中存在一个值为'\0'的数组元素,C语言中许多用于字符串处理的库函数,都是以字符'\0'作为字符串的结束标志的。

1. 使字符数组成为字符串

使字符数组成为字符串,就是使字符数组的某个元素值为'\0',主要通过下列几种方式来实现:

（1）用赋值表达式为字符数组元素赋值'\0'。

```
        char a[10];
        a[0]='H'; a[1]='e'; a[2]='l'; a[3]='l'; a[4]='o';
        printf("%s",a);
```

数组元素a[5]~a[9]的值是不确定的,如图7-5(a)所示。

格式符%s将从a[0]起逐个输出字符数组各元素,直到ASCII码为0的字符为止。因此,输出"Hello"以后还将输出若干"乱码"。

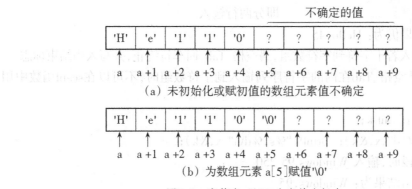

图7-5 字符串a以'\0'为串结束标志

将以上程序段作下列修改,其运行时的输出结果可以确定为"Hello",字符串a在内存中的存储形式如图7-5(b)所示。

```
char a[10];
a[0]='H'; a[1]='e'; a[2]='l'; a[3]='l'; a[4]='o'; a[5]='\0';
printf("%s",a);
```

(2) 初始化字符数组为数组元素赋值'\0'。

程序段①　　　　　　　程序段②
char a[10]="Hello"　　char a[10]={'H','e','l','l','o'};
printf("%s",a);　　　　printf("%s",a);

程序段①、②具有相同的输出结果"Hello",且从a[5]~a[9]的这些元素不输出。

在程序段①中,"Hello"是字符串常量,该字符串尾部隐藏了一个串结束标志'\0',初始化数组a时,系统自动将该字符赋值到数组元素a[5]。

在程序段②中,由于对数组a已作初始化,因此没有被赋初值的字符类型数组元素a[5]、a[6]、a[7]、a[8]、a[9]均被赋值为'\0'。

①若所声明的字符数组要存放一个字符串,则下标界必须大于字符串长度。语句"char a[6]="Hello";"与"char a[ ]="Hello";"是等效的。语句中字符串长度为5,因此数组说明符中的下标界不小于6。

②字符串常量中的字符可以是汉字。如:声明语句"char a[]="中文Windwos98";"用字符串常量初始化字符数组,字符串中存入了汉字。

③不允许用赋值表达式对字符数组赋值。因此,若声明"char a[20];",语句"a="中文Windwos98";"是非法的。

(3) 在scanf函数中用格式符 %s输入字符串。

```
char str1[10];  int k;
scanf("%s%d",str1,&k);
printf("%s,%d\n",str1,&k);
```

运行以上程序段时,输入 <u>Hello 45</u>　　此处1个与多个空格等效
相应的输出结果为:<u>Hello,45</u>
运行以上程序段时,输入 <u>Hello</u>

　　　　　　　45　　　　　　即分两行输入

　　相应的输出结果仍为：Hello,45
　　用格式符%s输入若干字符到字符数组,遇空格、Tab、回车符终止,并写入串结束标志。
　　因此,欲将包括空格、Tab在内的字符序列输入到字符数组时,不可以在scanf函数中用格式符%s输入。

　　　　char x[15];　 int k;
　　　　scanf("%s%d",x,&k);　 printf("%s,%d\n",x,&k);

　　运行以上程序段时,输入 Windows 95 250
　　　　相应的输出结果为：Windows,95
　　以上程序段运行时的输入数据中,空格符终止字符串的输入,a[7]被赋值'\0',k被赋值95,数据250仍保存在输入缓冲区内。
　　(4) 用gets函数输入字符串。
　　函数原型：char *gets(char *str)
　　其中,参数str为数组元素的地址。
　　函数的功能：读入一串以回车结束的字符,顺序存入到以str为首地址的存储单元中。函数返回值为str,读数据不成功时返回NULL(即0)。
　　该函数的习惯用法如下所示：

　　　　char str2[17];　 int k;
　　　　gets(str2);　　　　　/* 一维数组名为数组第1个元素的地址 */
　　　　printf("%s,%d\n",str2,&k);

　　运行以上程序段时,输入 Windows 95　250
　　　　相应的输出结果为：Windows 95　250,6553088
　　gets函数读入一串以回车结束的字符到数组str2中,输出结果中的"6553088"是int变量k的当前值(未初始化或未赋值的auto类型变量,其值是不确定的)。
　　用gets函数输入若干字符到字符数组,遇回车符终止,并写入串结束标志'\0'。
　　在gets函数的原型中,形参str前的"*"为间接访问符,在此声明参数str是char类型数据的地址,而不是char类型数据。
　　根据该函数原型,若数组声明为"char a[10];",则引用"gets(a[0]);"是错误的,因为作实参的应为字符数组元素的地址值,如引用gets(a)、gets(a+1)都是合法的。
　　2. 字符串的输出
　　如前所述,对数组的操作只能是通过对一个个元素的操作来实现的。譬如,声明int类型数组a[10]后,用语句"for(i=0;i<10;i++) scanf("%d",&a[i]);"输入各元素值,用语句"for(i=0;i<10;i++) printf("%d\t",a[i]);"输出各元素值等。
　　仅当字符数组中存储了字符串后,可以直接输出该字符串,而无须逐个数组元素输出。以上关于"使字符数组成为字符串"的讨论中,包括了字符串的输入。而字符串的输出,可以调用函数puts,或在printf函数中用%s作为输出格式符。
　　(1) 字符串输出函数puts。
　　函数原型：int puts(char* str)

其中,str为字符数组元素的地址。

函数功能:输出内存中从地址str起的若干字符,直到遇到'\0'为止,最后输出一个换行符。输出成功返回值为10(换行符'\n'的ASCII码),否则返回EOF(即−1)。

【例7−14】 字符串输出示例。

```
#include <stdio.h>
void main( )
{  char a[100]="中文Windows xp";  /* 声明数组a的同时初始化a为字符串 */
   puts(a);            /* 输出从地址a起的字符串,到'\0'结束时换行 */
   puts(&a[4]);        /* 输出从地址a+4起的字符串,到'\0'结束时换行 */
   printf("%s",a);     /* 输出从地址a起的字符串,到'\0'结束,不换行 */
   printf("%s",a+4);
}
```

☞ 运行结果:中文Windows xp
　　　　　　Windows xp
　　　　　　中文Windows xpWindows xp

(2)用格式符%s输出。第二章中,对格式输出函数 printf以及格式符%s的应用已做了介绍,在此,请注意它对串结束标志'\0'的处理与函数puts的区别:前者逐个输出字符到'\0'结束、不换行;后者逐个输出字符,到'\0'结束时自动输出一个换行符。

**二、常用字符串运算函数**

本节仅介绍ANSI C中常用的字符串运算函数(只能用于字符串)。程序中引用了下列函数之一,都必须先写入编译预处理命令"#include <string.h>"。

1. 字符串拷贝函数 strcpy

C语言不允许用赋值表达式对字符数组赋值。若要在数组a[14]中写入"Windows 95",语句"a="Windows 95";"是非法的。对此,除了用第一节中介绍的4种在字符数组中写入字符串的方法外,还可以调用字符串拷贝函数来实现。

(1)函数原型:char* strcpy(char *str1,char *str2)

其中,参数str1、str2为字符串中某个字符的地址。

函数功能:将从地址str2起到'\0'止的若干个字符(包括'\0')复制到从地址str1起的存储单元内,返回值为str1。

(2)函数调用示例。

```
char a[14];
strcpy(a,"Windows 95");
puts(a);
```

以上程序段的输出结果为:Windows 95

无论a数组各元素原先存储的是什么字符,执行"strcpy(a,"Windows 95");"后数组a中的字符信息如图7−6所示(a[11]、a[12]、a[13]保持函数执行前的原值)。

又如,若声明语句为:

| 'w' | 'i' | 'n' | 'd' | 'o' | 'w' | 's' | ' ' | '9' | '5' | '\0' | '?' | '?' | '?' |
|---|---|---|---|---|---|---|---|---|---|---|---|---|---|

图7-6　strcpy函数将字符串"Windows 95"拷贝到字符数组a

char a[20]="电话:0571-9876543-211", b[10]="3456789";

调用strcpy(a,b)后执行puts(a),输出结果为"3456789";

调用strcpy(a+4,b)后执行puts(a),输出结果为"电话3456789"。

2. 字符串连接函数 strcat

（1）函数原型:char* strcat(char *str1,char *str2)

其中,参数str1、str2为字符串中某个字符的地址。

函数功能:将从地址str2起到'\0'止的若干个字符(包括'\0'),复制到字符串str1后(覆盖字符串str1后的字符'\0'),返回值为str1。

（2）函数调用示例。

　　char a[18]="Microsoft ",b[ ]="word";
　　strcat(a,b);　puts(a);　strcat(a,"97");　puts(a);

执行strcat(a,b)后数组a中各元素值如图7-7(a)所示,再执行strcat(a,"97")后数组a中各元素值如图7-7(b)所示。

| 'M' | 'i' | 'c' | 'r' | 'o' | 's' | 'o' | 'f' | 't' | ' ' | 'W' | 'o' | 'r' | 'd' | '\0' | '\0' | '\0' | '\0' |
|---|---|---|---|---|---|---|---|---|---|---|---|---|---|---|---|---|---|

（a）执行 strcat(a,b)后

| 'M' | 'i' | 'c' | 'r' | 'o' | 's' | 'o' | 'f' | 't' | ' ' | 'W' | 'o' | 'r' | 'd' | '9' | '7' | '\0' | '\0' |
|---|---|---|---|---|---|---|---|---|---|---|---|---|---|---|---|---|---|

（b）执行 strcat(a,"97")后

图7-7　数组a中各元素值当前值

以上程序段的输出结果为:Microsoft word
　　　　　　　　　　　　Microsoft word97

3. 字符串比较函数 strcmp

（1）函数原型:int strcmp(char *str1,char *str2)

其中,参数str1、str2为字符串中某个字符的地址。

函数功能:由下列步骤决定函数返回值:

①i=0;

②若*(str1+i)>*(str2+i),则返回1;若*(str1+i)<*(str2+i),则返回-1;

③i++,若i与str1、str2的长度均相等,返回0;否则再次执行第②步。

（2）函数引用示例。

strcmp("abc","abcd")返回-1;strcmp("zy","abc")返回1;strcmp("ABC","ABC")返回0。由此可知,只有两字符串完全相同的情况下返回值为0。

这是VC++中的结果,在其他运行环境下,对不相等的串作比较可能有不同的结果。如:strcmp("abc","abcd")返回-100('\0'-'d');strcmp("zy","abc")返回24('z'-'a')。

4. 测字符串长度函数 strlen

(1) 函数原型:int strlen(char *str)

其中,参数str为字符串中某个字符的地址。

函数的返回值是字符串的长度(不计字符串结束标志'\0')。

(2) 函数引用示例。strlen("abc")返回值为3。若声明"char a[15]="abcde de";",strlen(a)返回值为8,strlen(a+3)返回值为5(计算从地址a+3起到'\0'之间的字符数)。

### 三、字符串应用示例

**【例7-15】** 输入一行字符(不超过80个),统计其中空格字符的个数。

☞ **编程分析**:考虑到字符串末尾的串结束符'\0',数组元素个数可以定为81。

由于输入字符序列中包含空格符,因此不可以用scanf函数以格式符"%s"输入数据,而应当用gets函数输入,以保证将空格符也读入到字符数组。输入字符序列中最后一个换行符转换为'\0'存入字符数组。

程序如下:

```
#include <stdio.h>
#include <string.h>
void main( )
{ char str[81]; int i=0,k=0;
  gets(str);
  for(;i<strlen(str);i++)      /* 也可写作 for(;str[i]!='\0';i++) */
    if(str[i]==' ') k++;
  printf("输入字符串中的空格字符个数为:%d\n",k);
}
```

**【例7-16】** 输入一行字符(不超过80个),改写其中所有的英文字母:'a'改为'c'、'b'改为'd'、…、'x'改为'z'、'y'改为'a'、'z'改为'b';大写英文字母也作类似修改。

```
#include <stdio.h>
#include <ctype.h>          /* 调用了字符运算库函数,应包含头文件ctype.h */
#include <string.h>         /* 调用了字符串运算库函数,应包含头文件string.h */
void main( )
{ char s[81]; int i; gets(s);   /* 输入可能包括空格的字符串,用gets函数 */
  for(i=0;i<strlen(s);i++) {
    if(islower(s[i])) {         /* 判断s[i]是否为小写字母 */
      if(s[i]=='y')
        s[i]='a';
      else if(s[i]=='z')
        s[i]='b';
      else
        s[i]=(char)(s[i]+2);
    }
```

```
        if(isupper(s[i])) {                /* 判断s[i]是否为大写字母 */
            if(s[i]=='Y')
                s[i]='A';
            else if(s[i]=='Z')
                s[i]='B';
            else
                s[i]=(char)(s[i]+2);
        }
    }
    puts(s);
}
```

【例7-17】 输入一个小于1000的正整数,输出该数所对应的中文字。如:输入500,则输出"伍佰";输入890,则输出"捌佰玖拾";输入502,则输出"伍佰零贰",等等。

程序如下:

```
#include <stdio.h>
#include <string.h>
void main( )
{   char tab[ ]="零壹贰叁肆伍陆柒捌玖",a[30]=" ";  /* a初始化为空串 */
    int n,i1,i2,i3,k=0;
    while(scanf("%d",&n),n<=0||n>999);           /* 输入一个小于1000的正整数 */
    i1=n/100; i2=n%100/10; i3=n%10;              /* 将n分解为百、十、个位数字 */
    if(i1!=0) {                                  /* 假设i1为5 */
        strcpy(a,tab+2*i1);                      /* k:0   a: "伍陆柒捌玖" */
        k=k+2; a[k]='\0';                        /* k:2   a: "伍" */
        k=k+2; strcat(a,"佰");                   /* k:4   a: "伍佰" */
    }
    if(i2!=0) {                                  /* 假设i2为7 */
        strcat(a,tab+2*i2);                      /* k:4   a: "伍佰柒捌玖" */
        k=k+2; a[k]='\0';                        /* k:6   a: "伍佰柒" */
        k=k+2; strcat(a,"拾");                   /* k:8   a: "伍佰柒拾" */
    }
    else
        if(i1!=0&&i3!=0) {
            strcat(a,"零"); k=k+2;
        }
    if(i3!=0) {                                  /* 假设i3为4 */
        k=k+2; strcat(a,tab+2*i3);               /* k:10  a: "伍佰柒拾肆伍陆柒捌玖" */
        a[k]='\0';                               /* k:10  a: "伍佰柒拾肆" */
```

```
        printf("%s\n",a);
    }
```

☞ **运行结果**：输入 574　　输出：伍佰柒拾肆

✸ **程序说明**：源程序中的注释部分,是以输入574为例,列举了运行时变量k、字符串a的变化情况。

**【例7-18】** 输入不超过80个字符的字符串,统计其中包括多少个单词"the"。

☞ **编程分析**：以变量p1标记单词中第1个字母的位置、变量p2标记p1后第1个非字母字符的位置,则p2-p1就是该单词的字符数(如果是the或The,长度应为3)。

程序如下：

```
#include <stdio.h>
#include <string.h>
#include <ctype.h>
void main()
{ char a[81]; int k=0,i=0,p1=0,p2=0;
  gets(a);
  while(i<strlen(a)) {
     if(p2-p1==3)
        if((a[p1]=='T'||a[p1]=='t')&&a[p1+1]=='h'&&a[p1+2]=='e') k++;
     /* 确定下一个单词中第1个英文字母字符的位置 */
     while(!isalpha(a[i])) p1=++i;      /* 若a[i]不是字母,则继续循环 */
     /* 确定下一个单词后中第1个非英文字母字符的位置 */
     while(isalpha(a[i])) p2=++i;       /* 若a[i]是字母,则继续循环  */
  }
  printf("共有%d个单词""the""\n",k);
}
```

✸ **程序说明**：a[p1]是从a[i]起第1个出现的英文字母,a[p2]是a[i]后第1个出现的非英文字母字符,a[p1]~a[p2]之间的若干数组元素为1个单词,长度为3是判断该单词是否为"The"或"the"的必要条件。

## 第四节　字符串数组

### 一、二维字符数组与字符串数组

一个字符串可以存放在一维字符数组中，而若干个字符串可以存入一个二维字符数组。二维字符数组的行数取字符串的个数,列数则取若干个字符串中最大长度加1。

使二维字符数组成为字符串数组,就是使二维字符数组的每行都有1个元素值为'\0'。

与由一维字符数组生成字符串的方法相类似,可以用赋值表达式为二维字符数组每一行的某个元素赋值'\0';也可以在声明语句中初始化字符数组为数组元素赋值'\0',还可以用scanf或gets函数输入字符串数组的每个字符串。

【例7-19】 可参照此例,初始化、输出字符串数组。

程序如下:

```
#include <stdio.h>
void main()
{ char name[5][9]={"zhangsan","lisi","wangwu","zhaoliu","liuqi"};
  int i;
  for(i=0;i<5;i++)
    puts(name[i]);                /* 分5行输出字符串数组 */
  for(i=0;i<5;i++)
    printf("%s\n",name[i]);       /* 分5行输出字符串数组 */
}
```

✱ **程序说明**:初始化字符串数组name后,数组中各元素的值如图7-8所示。图中,name[0]、name[1]、name[2]、name[3]、name[4]分别为二维数组各行首地址,亦即各字符串地址。

| | | | | | | | | |
|---|---|---|---|---|---|---|---|---|
| name[0]→ | 'z' | 'h' | 'a' | 'n' | 'g' | 's' | 'a' | 'n' | '\0' |
| name[1]→ | 'l' | 'i' | 's' | 'i' | '\0' | ? | ? | ? | ? |
| name[2]→ | 'w' | 'a' | 'n' | 'g' | 'w' | 'u' | '\0' | ? | ? |
| name[3]→ | 'z' | 'h' | 'a' | 'o' | 'l' | 'i' | 'u' | '\0' | ? |
| name[4]→ | 'l' | 'i' | 'u' | 'q' | 'i' | '\0' | ? | ? | ? |

图7-8 初始化后数组name中的各元素值

## 二、字符串数组应用示例

【例7-20】 输入班级中所有同学的姓名以及4门功课的考试成绩,按平均成绩从高到低排序后输出。

☞ **编程分析**:假定班级人数N为30。学生姓名存入字符数组name[N][9],最多为4个汉字(8个字节),且字符串末尾必须要以'\0'结束,故每行元素个数确定为9。

学生成绩存入float类型数组sco[N][5],数组最后一列存放平均成绩。姓名为name[i]的同学,其各门课成绩为sco[i][0]、…、sco[i][3],平均成绩为sco[i][4]。采用选择算法排序,当需要交换两个学生的信息时,要将姓名及各门功课成绩与平均成绩都作交换。

程序如下:

```
#include <stdio.h>
#include <string.h>
#include N 30
void main()
{ char name[N][9],ctemp[9];
  float sco[N][5],temp;
```

```
        int i,j,k;
        for(i=0;i<N;i++) {           /* 输入各个学生的姓名与成绩,计算平均成绩 */
          scanf("%s",name[i]);       /* 学生姓名中不可以包含空格字符 */
          sco[i][4]=0;
          for(j=0;j<4;j++) {
            scanf("%f",&sco[i][j]);
            sco[i][4]+=sco[i][j]/4;
          }
        }
        for(i=0;i<N-1;i++) {         /* 用选择法按平均成绩从高到低排序 */
          k=i;
          for(j=i+1;j<N;j++) if(sco[j][4]>sco[k][4]) k=j;
          strcpy(ctemp,name[i]);     /* 交换name数组第i行与第k行 */
          strcpy(name[i],name[k]);
          strcpy(name[k],ctemp);
          for(j=0;j<5;j++) {         /* 交换sco数组第i行与第k行 */
            temp=sco[i][j];
            sco[i][j]=sco[k][j];
            sco[k][j]=temp;
          }
        }
        for(i=0;i<N;i++) {           /* 逐行输出每个学生的姓名、成绩 */
          printf("%9s",name[i]);
          for(j=0;j<5;j++) printf(",%7.1f",sco[i][j]);
          putchar('\n');
        }
      }
```

【例7-21】 输入4行文字,每行不少于8个、不超过80个字符。将其中子串"computer"置换为"计算机"(8个字符,两端字符为空格),然后输出。

程序如下:

```
#include <stdio.h>
#include <string.h>
void main()
{ char str[4][81],c[81],temp;
  int i,j;
  for(i=0;i<4;i++)              /* 输入字符串数组,确认每个串长度不小于8 */
    while(gets(str[i]),strlen(str[i])<8);
  for(i=0;i<4;i++)                              /* 逐行处理 */
```

```c
        for(j=0;j<=strlen(str[i])-8;j++) {
            strcpy(c,*(str+i)+j);c[8]='\0';      /* 取str[i]的子串复制到c */
            temp=str[i][j+8];                     /* 保存 str[i][j+8]到temp */
            if(strcmp(c,"computer")==0) {
                strcpy(*(str+i)+j," 计算机 ");
                str[i][j+8]=temp;                 /* 恢复str[i][j+8]原值 */
            }
        }
        for(i=0;i<4;i++) puts(str[i]);
    }
```

✳ **程序说明**：程序中对每行的处理是：当j从0~strlen(str[i])-8变化时，拷贝字符串str[i]从第j个元素至串尾的全部字符到字符串c；执行c[8]='\0'，使字符串c的长度与"computer"长度相等；若字符串c等于"computer"，则str[i]从第j个元素起的8个字符应当用字符串"计算机"置换。由于执行strcpy(*(str+i)+j,"计算机")时，字符串"计算机"尾部的'\0'将覆盖数组元素str[i][j+8]，程序中对此作了相应处理。

## 第五节 三维数组应用示例

语句"int a[2][3][4];"声明a是int类型三维数组，该数组由3个二维数组组成，每个二维数组有3行、4列共12个元素。说明符中4为数组的列数，3为行数，2为数组页数，a数组有2页、3行、4列共24个元素。

可以在声明的同时初始化三维数组，下列语句初始化三维数组a后，数组中各元素的值如图7-9所示。

|  |  | 1列 | 2列 | 3列 | 4列 |  |  | 1列 | 2列 | 3列 | 4列 |
|---|---|---|---|---|---|---|---|---|---|---|---|
| 第1页 | 第1行 | 1 | 2 | 3 | 0 | 第2页 | | 1 | 2 | 3 | 4 |
|  | 第2行 | 0 | 3 | 4 | 5 |  | | 2 | 3 | 4 | 5 |
|  | 第3行 | 0 | 0 | 0 | 0 |  | | 5 | 6 | 0 | 0 |

图7-9 数组a中各元素值

int a[2][3][4]={{{1,2,3},{0,3,4,5}},{{1,2,3,4},{2,3,4,5},{5,6}}};

同二维数组一样，三维数组在内存中也是一维存放的。最先存放的是页号最小的页，而每一页从行号最小的行开始存放。图7-10表示从数组首地址开始a数组中各元素在内存中的存储位置。

标识符a为三维数组首地址，标识符*(a+1)+1为三维数组第2页、第2行的首地址，标识符*(*(a+1)+1)+2为三维数组第2页、第2行、第3列的地址。

引用三维数组a第2页、第2行、第3列的元素值，必须经过3次间接引用，
写作：*(*(*(a+1)+1)+2)  或  a[1][1][2]（下标表示法）

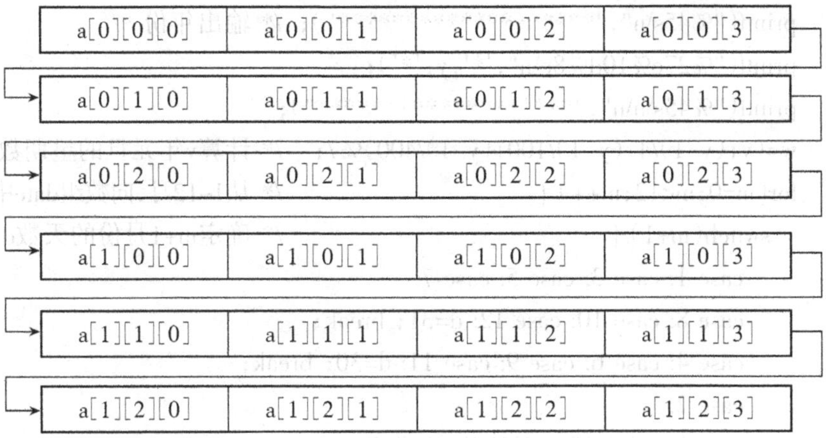

| a[0][0][0] | a[0][0][1] | a[0][0][2] | a[0][0][3] |
| a[0][1][0] | a[0][1][1] | a[0][1][2] | a[0][1][3] |
| a[0][2][0] | a[0][2][1] | a[0][2][2] | a[0][2][3] |
| a[1][0][0] | a[1][0][1] | a[1][0][2] | a[1][0][3] |
| a[1][1][0] | a[1][1][1] | a[1][1][2] | a[1][1][3] |
| a[1][2][0] | a[1][2][1] | a[1][2][2] | a[1][2][3] |

图7-10　三维数组a各元素在内存中的存储顺序

按照下列语句输入int类型数组a，应先（按行）输入a数组第1页各元素值，再输入第2页各元素值。

```
for(i=0;i<2;i++)
    for(j=0;j<3;j++)
        for(k=0;k<4;k++)
            scanf("%d",*(*(a+i)+j)+k);   /* 或按下标表示法写作 &a[i][j][k] */
```

【例7-22】　输入年份（如1999），然后按第143页所列的形式输出该年份的年历。

☞ 编程分析：

如果将每月月历作为6（取各月月历中最大行数）行、7列二维数组，12个月就有12页，因此考虑将全年年历填入一个三维数组date[12][6][7]。

该数组声明为int类型，初值全部送0，输出时遇到date数组中值为0的元素则输出5个空格，否则以格式符"%5d"输出。

在数组date中填入每月的天数，首先要确定该年的1月1日的星期数w，并将数字1送入date[0][0][w]（第1页、第1行、第w+1列），此后1月份的其他日期顺序填入第1页，每填入1个日期w自增1，当w为7时，重置w为0且行数加1。

每1页送数结束后，开始新的1页时，行数重置1，w值仍为上一页结束时的当前值。

y年元旦是星期w（w为零，则是星期日），计算公式为：

w=(y+(y-1)/4-(y-1)/100+(y-1)/400)%7

程序如下：

```
#include <stdio.h>
void main( )
{   char month[12][3]={"(1)","(2)","(3)",      /*全角字符,加尾标志共3个字符*/
        "(4)","(5)","(6)","(7)","(8)","(9)","(10)","(11)","(12)"};
    char week={"Sun Mon Tue Wed Thu Fri Sat "};
    int date[12][6][7]={{{0}}},y,w,m,d,i,j;     /*为数组date所有元素赋初值0*/
    printf("请输入年份:"); scanf("%d",&y);
```

```
        printf("%45s\n","*******************");  /* 输出年份 */
        printf("%27c%10d%8c\n",'*',y,'*');
        printf("%45s\n\n","*******************");
        w=(y+(y-1)/4-(y-1)/100+(y-1)/400)%7;    /* 计算y年元旦的星期数 */
        for(m=0;m<12;m++) {                      /* 从1~12月,向数组date中送数*/
          switch(m+1) {                          /* 确定m+1月份的天数d */
            case 1: case 3: case 5: case 7:
            case 8: case 10: case 12: d=31; break;
            case 4: case 6: case 9: case 11: d=30; break;
            case 2:
              if((y%4==0&&y%100!=0)||y%400==0)
                d=29;
              else
                d=28;
          }
          for(i=0,j=1;j<=d;j++) {                /* 从第1行开始向第m+1页填入数字1~d */
            date[m][i][w]=j;
            w++;
            if(w==7){ w=0;i++;}                  /* 到第7列为止换下行,再从第1列开始 */
          }                                       /* 向第m+1页送数结束 */
        }                                         /* 向date数组送数全部结束 */
        /****** 分两栏输出年历,左边为奇数月份,右边为偶数月份 ******/
        for(m=0;m<12;m=m+2) {
          printf("       **** %s 月****            ",month[m]);
          printf("       **** %s 月****\n",month[m+1]);
          printf("  %s           %s\n",week,week);
          for(i=0;i<6;i++) {                     /* 每月月历分6行输出 */
            for(j=0;j<7;j++)                     /* 输出奇数月第i行 */
              if(date[m][i][j]!=0)
                printf("%5d",date[m][i][j]);
              else
                printf("     ");
            printf("       ");                   /* 两栏之间留7个空格 */
            for(j=0;j<7;j++)                     /* 输出偶数月第i行 */
              if(date[m+1][i][j]!=0)
                printf("%5d",date[m+1][i][j]);
              else
                printf("     ");
```

```
            printf("\n");
        }
        printf("\n");
    }
}
```

☞ **运行结果**：可以输入当年的年份,输出结果应为当年年历。

```
          *********************
          *       1999        *
          *********************
```

    \*\*\*\*(1)月 \*\*\*\*       \*\*\*\*(2)月 \*\*\*\*

| Sun | Mon | Tue | Wed | Thu | Fri | Sat |   | Sun | Mon | Tue | Wed | Thu | Fri | Sat |
|-----|-----|-----|-----|-----|-----|-----|---|-----|-----|-----|-----|-----|-----|-----|
|     |     |     |     |     | 1   | 2   |   |     | 1   | 2   | 3   | 4   | 5   | 6   |
| 3   | 4   | 5   | 6   | 7   | 8   | 9   |   | 7   | 8   | 9   | 10  | 11  | 12  | 13  |
| 10  | 11  | 12  | 13  | 14  | 15  | 16  |   | 14  | 15  | 16  | 17  | 18  | 19  | 20  |
| 17  | 18  | 19  | 20  | 21  | 22  | 23  |   | 21  | 22  | 23  | 24  | 25  | 26  | 27  |
| 24  | 25  | 26  | 27  | 28  | 29  | 30  |   | 28  |     |     |     |     |     |     |
| 31  |     |     |     |     |     |     |   |     |     |     |     |     |     |     |

    \*\*\*\*(3)月 \*\*\*\*       \*\*\*\*(4)月 \*\*\*\*

| Sun | Mon | Tue | Wed | Thu | Fri | Sat |   | Sun | Mon | Tue | Wed | Thu | Fri | Sat |
|-----|-----|-----|-----|-----|-----|-----|---|-----|-----|-----|-----|-----|-----|-----|
|     | 1   | 2   | 3   | 4   | 5   | 6   |   |     |     |     |     | 1   | 2   | 3   |
| 7   | 8   | 9   | 10  | 11  | 12  | 13  |   | 4   | 5   | 6   | 7   | 8   | 9   | 10  |
| 14  | 15  | 16  | 17  | 18  | 19  | 20  |   | 11  | 12  | 13  | 14  | 15  | 16  | 17  |
| 21  | 22  | 23  | 24  | 25  | 26  | 27  |   | 18  | 19  | 20  | 21  | 22  | 23  | 24  |
| 28  | 29  | 30  | 31  |     |     |     |   | 25  | 26  | 27  | 28  | 29  | 30  |     |

          ……

    \*\*\*\*(11)月 \*\*\*\*      \*\*\*\*(12)月 \*\*\*\*

| Sun | Mon | Tue | Wed | Thu | Fri | Sat |   | Sun | Mon | Tue | Wed | Thu | Fri | Sat |
|-----|-----|-----|-----|-----|-----|-----|---|-----|-----|-----|-----|-----|-----|-----|
|     | 1   | 2   | 3   | 4   | 5   | 6   |   |     |     |     | 1   | 2   | 3   | 4   |
| 7   | 8   | 9   | 10  | 11  | 12  | 13  |   | 5   | 6   | 7   | 8   | 9   | 10  | 11  |
| 14  | 15  | 16  | 17  | 18  | 19  | 20  |   | 12  | 13  | 14  | 15  | 16  | 17  | 18  |
| 21  | 22  | 23  | 24  | 25  | 26  | 27  |   | 19  | 20  | 21  | 22  | 23  | 24  | 25  |
| 28  | 29  | 30  |     |     |     |     |   | 26  | 27  | 28  | 29  | 30  | 31  |     |

## 第六节 小 结

  解题时,对相同类型的,用同一个名、不同下标标识的不同数据,应声明为数组。数组适用于表的处理,也适用于矩阵运算。

未初始化的数组各元素值是不确定的,初值化、但未被表达式赋值的数值类型数组元素值为0、字符类型数组元素值为'\0'。

数组下标编号从0开始,因此数组元素最大下标值应为下标界减1,C不检查下标值是否超界,编程者应避免下标超界所导致的错误。

无论是一维或多维数组,在内存中都是一维存放的,数组元素均采用间接引用方式:

一维数组x第i个元素的值,写作"*(x+i-1)",运算符"*"表示间接引用,即取地址x+i中的值,该元素的值还可以用下标法表示为x[i-1]。

二维数组x第i行、第j列元素的值,写作"*(*(x+i-1)+j-1)",还可以用下标法表示为x[i-1][j-1],必须经过两次间接引用才能访问二维数组的某个元素。

除了对字符串、字符串数组可以整行输入、输出或做字符串运算外,对数组的任何操作都只能对数组元素进行,如逐个输入、输出数值数组元素等。

字符串是特殊的一维字符数组,字符串中有1个值为'\0'的元素标记字符串的结束。字符串数组是二维字符数组,它的每一行都是1个字符串。只有对字符串才可以使用C的字符串运算标准库函数,要求熟记本章所介绍的这些常用字符串运算函数。

# 习题七

1. 单项选择题。

(1) 下列数组声明语句中,正确的是(　　)
A. int a={1,2,,4,5};　　　　　　B. char a={A,B,C,D,E};
C. int a[5]={1,2};　　　　　　　D. char a="Hello";

(2) 数组声明语句为"int a[6];",输入数组所有元素的语句应为(　　)
A. scanf("%d%d%d%d%d%d",a[6]);
B. for(int i=0;i<6;i++) scanf("%d",a+i);
C. for(int i=0;i<6;i++) scanf("%d",*a+i);
D. for(int i=0;i<6;i++) scanf("%d",a[i]);

(3) 数组声明语句为"float a[3][4];",引用第3行、第1列的元素写作(　　)
A. **(a+2)　　　B. *(*a+2)　　　C. a[3][1]　　　D. *(a[3]+1)

(4) 初始化多维数组的语句中,可以缺省的是(　　)
A. 最后1个下标界　　B. 第1个下标界　　C. 第2个下标界　　D. 以上都不对

(5) 数组声明为"int y[4][3];",表达式"*(y+2)+2-*y"的值为(　　)
A. 10　　　　　B. 20　　　　　C. 16　　　　　D. 8

(6) 数组声明为"char str1[20]="Borland",str2[]="C++5.0";",
调用函数"strcpy(str1,str2);"后,字符串str1的串长是(　　)
A. 13　　　　　B. 15　　　　　C. 6　　　　　D. 7

(7) 数组声明为"char str1[20]="Borland",str2[]="C++5.0";",
调用函数"strcat(str1,str2);"后,字符串str1的串长是(　　)
A. 13　　　　　B. 15　　　　　C. 6　　　　　D. 7

(8) 表达式"strcmp("Windows98","Windows95")"的值为（　　）
A. 0    B. 3    C. 1    D. –3

2. 填空题。
(1) 未初始化的int类型数组,其各元素的值是_____。
(2) 初始化时没有被赋值的字符类型数组元素,它们的值为_____。
(3) 数组声明为"int a[6];",数组元素a[1]是否又可以写作"*(a++)"？
    原因是:_____。
(4) 引用二维数组a第i行、第j列元素(i、j为0表示第1行、第1列),可以写
    作_____或_____。
(5) 数组声明为"int a[6][6];",表达式"*a+i"是指_____;"*(a+i)"是
    指_____;"**a"又是指_____。
(6) 数组声明为"float x[7][5];",若x[6][4]是内存中从x[0][0]数起的第35个元素,
    则x[4][4]是第_____个元素。
(7) 声明"char str1[20]="Borland c++ 5.0""后,使字符串str1为"Borland"的赋值表达
    式应为_____。
(8) 将包括空格在内的6个字符串输入到字符数组a[6][20]中,输入语句可以写作
    _____。

3. 按照下列各题题意编程。
(1) 输入平面上10个点的x、y坐标,计算并输出各点之间的距离之和。
【提示】声明"float x[10],y[10];",输入各点坐标后,按下列算法计算结果。
for(i=0;i<9;i++) for(j=i+1;j<10;j++)累加i点到j点之间的距离
(2) 编程,计算多项式 $a_0+a_1x+a_2x^2+a_3x^3+\cdots+ a_{n-1}x^{n-1}$ 的和(n≤30)。
【提示】声明数组含30个元素,输入n后以n控制循环次数。
(3) 输入n(n≤20)个数,按绝对值从小到大排序后输出。
(4) 输入一个5行、6列的数组,先以5行、6列的格式输出该数组,然后找出该数组中值最小的元素,输出该元素及其两个下标值。
(5) 输入一个5行、6列的数组,将每1行的所有元素都除以该行上绝对值最大的元素,然后输出该数组。
(6) 输入一个字符串(串长不超过60),删除字符串中所有的空格符。如输入字符串为" i=　x1+　y;",处理后的字符串为"i=x1+y;"。
(7) 输入20个字符串到字符数组str[20][30]中,统计其中相同字符串个数的最大数。

4. 写出下列程序的输出结果。
程序(1)
```
#include <stdio.h>
void main()
```

```
{ int m[ ]={1,2,3,4,5,6,7,8,9},i,j,k;
    for(i=0;i<4;i++) {
        k=m[i]; m[i]=m[8-i]; m[8-i]=k;
        for(j=0;j<9;j++) printf("%d ",m[j]);
        putchar('\n');
    }
}
```

输出结果为_____

_____

_____

程序(2)

```
#include <stdio.h>
void main( )
{ int x[4][4]={{1,2,3,4},{3,4,5,6},{5,6,7,8},{7,8,9,10}},i,j;
    for(i=0;i<4;i++)
        for(j=0;j<4;j++)
            *(*(x+i)+j)/=*(*(x+i)+i);
    for(i=0;i<4;i++) {
        for(j=0;j<4;j++) printf("%3d",*(*(x+i)+j));
        putchar('\n');
    }
}
```

输出结果为_____

_____

_____

程序(3)

```
#include <stdio.h>
#include <string.h>
void main( )
{ char line[ ]"123456789";
    int i,k=strlen(line);
    for(i=0;i<4;i++) { line[k-i]='\0'; puts(line+i);}
}
```

输出结果为_____

_____

_____

5. 根据下列各题题意填空,将程序补充完整。

（1）输入10个数,输出其中与平均值之差的绝对值为最小的数。

```
#include <stdio.h>
_____
void main( )
{ float a[10],s=0,d,x;
  int i;
  for(i=0;i<10;i++)_____;
  for(i=0;i<10;i++) s+=a[i]; s/=10;
  d=fabs(a[0]-s);_____;
  for(i=1;i<10;i++)
    if(fabs(a[i]-s)<d) {
      d=_____; x=a[i];
    }
  printf("%f",x);
}
```

（2）输出如下形式的二项式系数表(以6行为例)。要求表的行数在运行时输入,若小于1或者大于10则重新输入。

```
        1
       1  1
      1  2  1
     1  3  3  1
    1  4  6  4  1
   1  5 10 10  5  1
```

程序如下:

```
#include <stdio.h>
void main( )
{ int a[10][10]={{0}},i,j,n;
  while(_____,n<1||n>10);
  for(i=0;i<n;i++)_____;
  for(i=2;i<n;i++)
    for(j=1;j<i;j++) a[i][j]=a[i-1][j]+_____;
  for(i=0;i<n;i++) {
    for(j=0;j<=i;j++) printf("%4d",a[i][j]);
    _____;
  }
```

}
　}

（3）输入一个字符串（串长不超过60），将字符串中连续的空格符保留1个。如输入字符串为"　I　am　a　student."，输出字符串为"I am a student."。

```
#include <stdio.h>
#include <string.h>
void main( )
{  char b[61];
   int i; gets(b);
   for(i=1;_____;i++)
     if(b[i-1]==' '&&b[i]==' ') {
       _____(b+i-1,b+i); i--;    /* 提示：此处填入正确的函数名 */
     }
   _____;
}
```

6. 输入2个数组，每个数组不超过10个元素，将只在其中一个数组出现的数输出。

7. 输入10个数到数组a[10]，用插入法将其值从大到小排序（第1个数直接存入a[0]，在输入第i个数之前，先将已输入的i-1个数在a[1]~a[i-1]中按值从大到小排序）。

8. 输入4行字符，每行不超过60个字符，将其中所有的字符'$'改作'S'。

9. 输入4行字符，每行不超过60个字符，删除其中所有的字符'$'。

10. 输入4行字符，每行不超过60个字符。将空格符后的第1个英文字母改为大写（原为大写字母则不变）。

# 第八章 指 针

指针类型是C语言中最具特色的数据类型,该类型数据的值是内存中某个存储单元的地址。指针可以有效地表示复杂的数据结构,作为参数传递可以改变实参的值,可用于动态分配存储空间,可简单有效地处理数组等。这些强有力的功能使得C语言具有灵活、实用、高效等特点,从而成为优秀的通用程序设计语言,尤其在系统软件设计方面起着越来越大的作用。可以说,没有掌握指针就没有掌握C的精华。

## 第一节 指针的基本概念

### 一、存储单元、内存地址及指针

计算机的RAM(随机存取存储器)都有若干兆(M)字节,如256M、512M等。内存被划分成一个个基本存储单元——字节,各字节在内存中顺序编号,这个编号就称为地址。

C程序中定义的每个对象(如变量、数组、函数等)都被分配了确定的存储区域,它们占一个或多个字节,每个对象所占存储区域第一个字节的地址称为该对象的指针。存储在各对象中的内容,称为对象的值。

　　　　int　x=10;
　　　　float　y=23.5;
　　　　printf("%d",x);

以上程序段定义了整型变量x和实型变量y,x、y各占4个字节。假设编译系统为x分配了2000~2003共4个字节、为y分配了3000~3003 共4个字节,那么变量x的指针即为2000,变量y的指针为3000。

C语言是如何存取变量中的数据的呢? 有两种方式:直接引用和间接引用(亦称直接访问和间接访问)。

1. 直接引用

直接引用,就是通过变量名引用变量。例如执行以上程序段中的语句"printf("%d",x)",根据变量名与地址的对应关系,找到变量x的地址2000,然后从2000开始的4个字节中取出数据(即变量的值10)输出。

2. 间接引用

间接引用,就是通过指针常量或指针变量找到要访问的变量,再引用该变量。

（1）通过指针常量间接访问。所谓指针常量,就是C为变量所分配的存储单元的地址。如果a是一维数组名,则a+i-1就是数组第i个元素的地址,*(a+i-1)就是第i个元素的值,是对该元素的间接引用,也可以写作a[i-1]。

数组名是指针常量,因此是不可改变的。下列程序段试图改变指针常量的值,为数组各元素输入数据,因此是错误的。

int a[10],i; for(i=0;i<9;i++,a++) scanf("%d",a);

（2）通过指针变量间接访问。通常将被访问变量的地址存放在一个称为指针变量的变量中,按指针变量中的地址值再找到要访问的变量。

例如,声明语句"char c,*p=&c;"定义变量c存放一个字符、指针变量p存放变量c的地址,语句"*p='@';"可以通过变量p找到变量c的地址,把字符'@'放入变量c中。

其实,对变量的直接引用就如同你拿着家门的钥匙直接打开家门一样。但是,如果你外出时将钥匙放在了邻居家,那么你回来时就必须从邻居家取回钥匙,然后再打开家门。

## 二、指针变量

1. 指针变量的声明与初始化

指针变量所对应的存储单元中,可以存储某一个存储区域的地址值,且这个值可以被另一个地址值重写。

（1）指针变量声明:T *p;

该语句的作用是:声明p是指向T类型数据的指针变量,在C为p所分配的存储单元中,可以存放一个T类型数据的地址。

▲ **注意**:该语句所声明的指针变量p的值是不确定的,因为未给p赋值。

（2）指针变量初始化:T x,*p=&x;

该语句的作用是:声明p是指向T类型数据的指针变量,p的值为T类型数据x的地址&x,p是指向T类型变量x的指针变量。

语句"float a[10]={1,2,3,4,5},x,*p1=&x,*p2=a,*p3;"声明a是有10个元素的float类型数组、x是float类型变量,还声明p1、p2、p3为指向float类型数据的指针变量,该语句作用如图8-1所示。

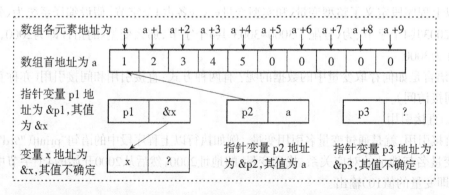

图8-1　语句"float a[10]={1,2,3,4,5},x,*p1=&x,*p2=a,p3;"的作用

由于指针变量p2中存放了数组元素a[0]的地址,*p2表示a[0]的值,我们称p2是指向a[0]的指针变量。在图8-1中,形象地用从p2到a[0]的有向直线表示了指针变量与其所指向变量之间的关系。

**【例8-1】** 阅读下列程序,观察输出结果。

```
#include <stdio.h>
void main( )
{ float a[10]={1,2,3,4,5},x,*p1=&x,*p2=a,*p3;
  printf("%x  %x  %x\n",&p1,&p2,&p3);
  printf("%x  %x\n",p1,p2);
  printf("%x  %x\n",&x,a);
}
```

☞ 运行结果:

| 63fdfc | 63fdf8 | 63fdf4 | 存储指针变量p1、p2、p3的存储区域地址 |
| 63fe00 | 63fdcc | | 指针变量p1、p2的值 |
| 63fe00 | 63fdcc | | 变量x的地址、一维数组a的首地址 |

✣ **程序说明:** 输出结果后两行表明:p1的值与变量x的地址相等,因此p1是指向变量x的指针变量;p2的值与数组a的首地址相等,因此p2是指向数组a的指针变量。

第1行输出的3个非零值表明,C为指针变量p1、p2、p3分配了不同的存储单元。由于对p3未作初始化,p3的值是不确定的。

2. 指针变量的引用

指针变量p的值是一个地址值,引用指针变量p所指向的变量的值,表示为"*p"。

表达式p1=&x的作用是将x的地址送给p1,使p1指向x;表达式*p1=x的作用是将x的值送给p1所指向的变量。

在执行下列程序段的过程中,各变量的当前值如图8-2所示。

```
char s[5]={'A','B','C'},c1='x',*p1=s,*p2;
p1=p1+3;
*p1=c1;
p2=&c1;
*p2=*p1+1;
```

(1) 请注意初始化指针变量与用赋值表达式给指针变量赋值在表示方法上的区别。

语句"int x,*p=&x;"与"int x,*p; p=&x;"是等价的。它们都声明x是int类型变量,且指针变量p的值为&x(或者说"p指向x")。

初学者常对此产生困惑,他们只能接受其中一种表示方式,认可后者,否认前者,认为"*p=&x"将x的地址送给了p所指向的变量而没有送给p,其实不然,在此,"*p=&x;"作为赋值语句当然是错误的。但前一种表示方法中,它只是作为声明语句的一部分,只是一种在声明指针变量的同时为其赋初值的约定书写形式,仅此而已。

(2) 悬挂指针。指针值不确定的指针称为悬挂指针,不得间接引用悬挂指针。在声明语句中未初始化的指针变量p,C为其分配了地址为&p的存储单元,但该存储单元中的数据

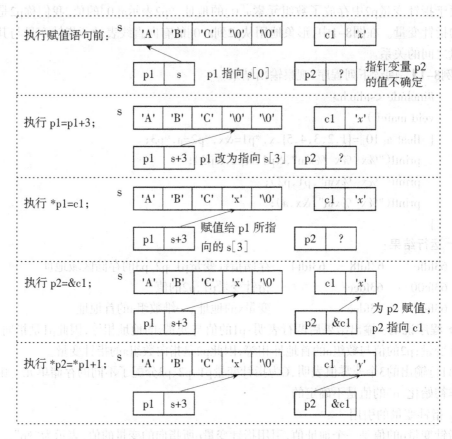

图8-2 各变量的当前值

是不确定的。如果此后再没有以任何方式(如赋值表达式、参数传递、输入等)为p赋值,那么p就是悬挂指针。

若指向int类型数据的指针p是悬挂指针,语句"*p=2345;"将如何执行呢?不同版本的C语言处理系统可能对此将作不同处理:一种处理是显示出错信息,请求更正;一种处理是继续执行。

后一种处理方式可能会导致灾难性的结果,因为不知道p指向何处,但p一定指向某处,若强行向该存储区域写入数据,可能会导致系统被破坏、死机等结果。

【例8-2】下列程序由于存在悬挂指针,在VC++6.0环境下运行将出现运行错误。

```
#include <stdio.h>
void main( )
{  int i,*s;
   for(i=1;i<=100;i++) *s=*s+i;
   printf("%d\n",*s);
}
```

✲ 程序说明:指针变量s未初始化,因此s指向一个不确定的存储区域,为悬挂指针。程序试图改写一个不确定的存储单元中的数据,故产生错误信息。

▲ **注意：** 由于C程序中可能错用或误用指针变量，从而导致程序运行意外终止，甚至系统被破坏，所以建议在运行程序前先保存源程序，以免丢失所有源程序代码。

### 三、指针运算

指针是一种数据类型，具有无符号整数值。对于指针类型数据，只能进行下列运算，此外的其他运算都是非法的。

1. 指针变量与整数的加、减运算

下列程序的输出结果是不确定的，由于初始化p指向a，执行"p=p+1;"后p1的指向从变量a的地址向后移动了sizeof(int)个字节，如果C没有将这个存储区域分配给变量b，那么*p1的值不可确定。

```
#include <stdio.h>
void main( )
{  int a=2,b=3,*p1=&a;
   p1=p1+1;
   printf("%d\n",*p1);
}
```

由于数组中各元素在内存中按一定的规律一维、顺序存放，因此通常是将指向数组元素的指针变量与整数作加、减运算。

如访问一维数组a第6个元素，应写作 *(a+5)；

又如访问二维数组a[5][6]第3行、第4列的元素，写作 *(*(a+2)+3)；

再如，用下列程序段输入int类型数组a[10]的所有元素。

```
int i,a[10],*p=a;
for(i=0;i<10;i++) scanf("%d",p++);
```

2. 同一数组中各元素的地址之间作关系运算和相减运算

指向不同类型数据的指针之间不可以作关系运算，因为不同数组被分配了不同的存储空间，所以两个指向不同数组中元素的指针类型数据之间作关系运算没有意义（如同解放路55号与中山路27号之间作相减或比较运算一样也是无意义的）。

指向同一数组中各元素的指针类型数据之间作关系运算，可判断它们是否指向同一个数组元素；作减法运算，可以计算出在它们所指向的这两个数组元素之间有多少个数组元素。

3. 指针类型数据之间的赋值运算

指针类型数据之间的赋值运算"v=e;"，要求指针变量v与表达式e必须为同一类型。两个指针变量类型是否相同，由以下两个因素决定。

（1）指向不同类型数据的指针，类型不同。

下列语句所声明的指针变量pf、pch、pi，它们的类型各不相同。

```
float x,y1,y2,*pf=&x;
char str[20],ch1,ch2,*pch=str;
int m,n1,n2,*pi;
```

（2）不同"级"的指针类型数据类型不同。对指针类型数据最多可作的间接引用次数称为指针数据的级，一维数组名是一级指针常量，二维数组名是二级指针常量，因为作两次间接引用后可以访问二维数组的某个元素。

在声明指针变量时，在类型声明语句的变量名列表中，指针变量名前缀字符"*"的个数即为指针变量的级。语句"int a,**b,***c;"声明b是指向int类型数据的二级指针变量、c是指向int类型数据的三级指针变量。

## 第二节 多级指针

多级指针就是指向指针的指针，多级指针的用法很少会超过二级，否则容易造成对程序的理解错误，使程序难于阅读。

**【例8-3】** 二级指针声明与引用示例。

程序如下：

```
#include <stdio.h>
void main( )
{   int x=3,*pi=&x,**ppi=&pi; char ch='#',*pc,**ppc;
    pc=&ch; ppc=&pc;
    printf("%d,%x,%x,%x\n",x,pi,ppi,&ppi);
    printf("%c,%x,%x,%x\n",ch,pc,ppc,&ppc);
}
```

☞ 运行结果：3,12ff7c,12ff78,12ff74
　　　　　　#,12ff70,12ff6c,12ff68

✻ 程序说明：声明各变量后，各变量的存储和它们之间的关系如图8-3(a)所示：指针变量字长均为4个字节，指针变量pi指向x，二级指针变量ppi指向指针变量pi。指针变量pc、ppc无定义，为悬挂指针。

执行赋值语句后，各变量的存储和它们之间的关系如图8-3(b)所示。语句"pc=&ch;"

| 地址 | 变量 | 当前值 | 地址 | 变量 | 当前值 |
|---|---|---|---|---|---|
| 12ff68 | 2级指针 ppc | 未定义 | 12ff68 | 2级指针 ppc | 12ff6c |
| 12ff6c | 1级指针 pc | 未定义 | 12ff6c | 1级指针 pc | 12ff70 |
| 12ff70 | ch | '#' | 12ff70 | ch | '#' |
| | 12ff71~12ff73 未分配 | | | 12ff71~12ff73 未分配 | |
| 12ff74 | 2级指针 ppi | 12ff78 | 12ff74 | 2级指针 ppi | 12ff78 |
| 12ff78 | 1级指针 pi | 12ff7c | 12ff78 | 1级指针 pi | 12ff7c |
| 12ff7c | x | 3 | 12ff7c | x | 3 |

　　　　(a) 执行赋值语句前　　　　　　　　　　(a) 执行赋值语句后

图8-3 例8-3程序中各变量的存储以及变量之间的关系

将ch的地址赋值给pc,使指针变量pc指向ch;语句"ppc=&pc;"将pc的地址赋值给ppc,使二级指针变量ppc指向指针变量pc。

二级指针变量ppi,两次间接引用后的值为3,表达式**ppi与x等价。

二级指针变量ppc,两次间接引用后的值为'#',表达式**ppc与'#'等价。

## 第三节　指针数组

指针数组用以存放一组同类型(即指向同类型数据)的地址值,可以用于字符串数组的操作。

### 一、指针数组的声明与初始化

下列语句声明了指针数组p[6]和数组各元素分别所指向的6个字符串,数据的内存分配情况如图8-4所示。

　　char *p[6]={ "Trinidad and Tobago","Zambia","Itlay","Mauritania",
　　　　　　　"France","Romania" };

若用第七章所介绍的方法,直接将这些字符串存入二维字符数组,声明语句如下:

　　char nati[6][20]={ "Trinidad and Tobago","Zambia","Itlay",
　　　　　　　　"Mauritania","France","Romania" };

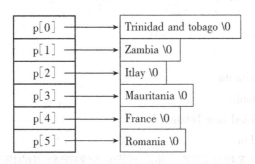

图8-4　指针数组的每一个元素指向一个字符串

后一种方法,必须声明二维字符数组的列元素个数。由于各个字符串长度不同,因此要参照最长的字符串来确定列元素个数。C为数组nati分配共120个字节的存储单元,而不是和前一种声明方法那样参照每个字符串的实际长度分配存储单元。

类似的,在声明字符数组(指针常量)的同时,也可以初始化该指针常量所指出的字符串。

　　char stra[ ]="Trinidad and Tobago";

不可以用类似的方法声明非字符类型的数组,如下列声明语句是错误的:

　　int *p1={1,2,3,4},*p2[3]={{1,2,3},{2,3,4},{3,4,5}};

错误的原因是:必须先声明非字符类型的数组,C才为它们分配存储空间。

下列语句声明二维数组x[4][5]和指针数组px[4],并使指针数组的每一个元素依次指向二维数组每一行的首地址。

```
int x[4][5],*px[4]={x[0],x[1],x[2],x[3]};
或 int x[4][5],*px[4]; for(int i=0;i<4;i++) px[i]=x[i];
```

## 二、指针数组应用示例

**【例8-4】** 将6个国家名称按照字典顺序输出。

程序（1）

```
#include <stdio.h>
#include <string.h>
void main( )
{ char *p[6]={ "Trinidad and Tobago","Zambia","Itlay","Mauritania",
              "France","Romania" },*temp;
  int i,j,k;
  for(i=0;i<5;i++) {
    k=i;
    for(j=i+1;j<6;j++) if(strcmp(p[j],p[k])<0) k=j;
    temp=p[k]; p[k]=p[i]; p[i]=temp;
  }
  for(i=0;i<6;i++) puts(p[i]);
}
```

☞ **运行结果：** France
　　　　　　　Itlay
　　　　　　　Mauritania
　　　　　　　Romania
　　　　　　　Trinidad and Tobago
　　　　　　　Zambia

❋ **程序说明：** 采用选择法排序，并声明指向字符串数组的指针数组,C为每个字符串分配的存储空间的字节数为串长加1。输出前各字符串、指针数组元素的当前值如图8-5所示。

由图8-5可知,排序过程中没有交换字符串数组中的字符串,而只是交换了指针数组中数组元素的指向:使p[0]指向字符串数组中首字符的ASCII码为最小的串,……,使p[5]

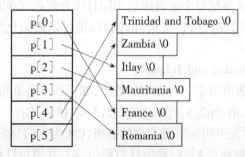

图8-5　程序(1)排序后各字符串、指针数组元素的当前值

指向字符串数组中首字符的ASCII码为最大的串。

下面的程序与程序(1)的输出结果相同,但在排序过程中实际上交换的是二维数组各行中的数据,程序(2)在输出结果前,各字符串、指针数组元素的当前值如图8-6所示。

程序(2)
```
#include <stdio.h>
#include <string.h>
void main( )
{ char nati[6][20]={ "Trinidad and Tobago","Zambia","Itlay",
                    "Mauritania","France","Romania" },temp[20];
  int i,j,k;
  for(i=0;i<5;i++) {
    k=i;
    for(j=i+1;j<6;j++)
      if(strcmp(nati[j],nati[k])<0) k=j;
    strcpy(temp,nati[k]);
    strcpy(nati[k],nati[i]);
    strcpy(nati[i],temp);
  }
  for(i=0;i<6;i++) puts(nati[i]);
}
```

如前所述,当处理经初始化的字符串数组时,使用指针数组可以节省存储空间并简化

| F | r | a | n | c | e | \0 |   |   |   |   |   |   |   |   |   |   |   |   |   |
| I | t | l | a | y | \0 |   |   |   |   |   |   |   |   |   |   |   |   |   |   |   |
| M | a | u | r | i | t | a | n | i | a | \0 |   |   |   |   |   |   |   |   |   |
| R | o | m | a | n | i | a | \0 |   |   |   |   |   |   |   |   |   |   |   |   |
| T | r | i | n | i | d | a | d |   | a | n | d |   | T | o | b | a | g | o | \0 |
| Z | a | m | b | i | a | \0 |   |   |   |   |   |   |   |   |   |   |   |   |   |

图8-6 程序(2)排序后各字符串的当前值

运算。对于需要在运行时输入数据的字符数组,只能根据最大串长来声明其下标界。

指针数组是访问二维数组元素的又一种方法。

【例8-5】 输出一个二维数组,每个元素的值为该元素行号与列号之和。

程序如下:
```
#include <stdio.h>
#define N 5
void main( )
```

```
{ int x[N][N],i,j,*px[N];
  for(i=0;i<N;i++) px[i]=x[i];
  for(i=0;i<N;i++)
     for(j=0;j<N;j++)
        *(px[i]+j)=i+j;   /* 也可以写作  px[i][j]=i+j; */
  for(i=0;i<N;i++) {
     for(j=0;j<N;j++) printf("%4d",*(px[i]+j));
     putchar('\n');
  }
}
```

✱ **程序说明**：输出结果前，各数组元素的当前值如图8-7所示。

| px[0] → | 0 | 1 | 2 | 3 | 4 |
| px[1] → | 1 | 2 | 3 | 4 | 5 |
| px[2] → | 2 | 3 | 4 | 5 | 6 |
| px[3] → | 3 | 4 | 5 | 6 | 7 |
| px[4] → | 4 | 5 | 6 | 7 | 8 |

图8-7 例8-5输出结果前各数组元素当前值

用*(p[i]+j)表示x[i][j]的值，首先必须为指针px[i]赋值二维数组x第i+1行的首地址（一级指针常量），使得根据p[i]+j可以计算出数组元素x[i][j]的实际地址。

不能期望用下列程序段来完成例8-5的运算：

```
int x[N][N],i,j,**px;
px=x;              /* 错误! 二级指针常量不得向二级指针变量赋值 */
for(i=0;i<N;i++)
   for(j=0;j<N;j++) *(*(px+i)+j)=i+j;
for(i=0;i<N;i++) {
   for(j=0;j<N;j++) printf("%4d",*(*(px+i)+j));
   putchar('\n');
}
```

二级指针常量不得向二级指针变量赋值。以上程序段中语句"px=x;"是错误的。

## 第四节 指针变量的应用

### 一、数组存储空间的动态分配

数组必须先声明，然后才能引用。必须先声明数组的类型以及数组共有多少个元素，C语言处理系统才能据此为数组各元素分配存储空间，并确定数组元素的操作属性。

根据此项规则声明数组,影响了C程序的通用性。譬如,求若干个正整数的最小公倍数,若写作"scanf("%d",&n); int x[n];"是错误的,因为数组x的存储空间必须在程序运行前分配。使用C的动态分配存储空间的函数可以较好地解决这一问题。

1. 动态分配存储空间的函数

(1) malloc函数。

函数原型:void *malloc(unsigned int size)

函数使用方法:p=(T*) malloc(size)

其中,size是一个无符号int类型表达式,p为指向T类型数据的指针变量。该函数在内存中开辟size个字节的存储区域,函数返回值为该存储区域的首地址。

函数原型中,返回值为一个指向空类型数据的指针常量,使用该函数时一定要对其作类型强制转换,转换为指向T类型的指针值。

用malloc函数动态分配存储空间的程序中,应有编译预处理命令包含头文件stdlib.h。

(2) free函数。

函数原型:void free(void *p)

函数使用方法:free(p)

该函数的作用是将指针变量p所指向的存储空间释放,交还给系统,系统可重新分配该存储空间。其中p不能是任意的地址,而只能是由动态分配存储空间函数所返回的地址。

其他动态分配存储空间的函数还有:

①calloc函数。

函数原型:void *calloc(unsigned int num,unsigned int szie)

函数使用方法:p=(T*) calloc(num,size)

该函数的作用是分配num个T类型数据、每个数据size字节的存储空间,函数返回值为该存储空间的首地址,指针变量p所指向的数据类型为T类型。

②realloc函数。

函数原型:void *realloc(void *p,unsigned int szie)

函数使用方法:realloc(p,size)

该函数的作用是重新分配size个字节的存储空间,不改变指针变量p的类型和值(只扩大或缩小上一次动态分配存储空间的大小)。

2. 动态分配存储空间的函数应用示例

动态分配存储空间函数常用于运行时为数组分配存储单元,以提高程序的通用性。

【例8-6】 求若干个正整数的最小公倍数,正整数的个数由运行时输入。

程序如下:

```
#include <stdio.h>
#include <stdlib.h>     /* 调用malloc函数必须包含该头文件 */
void main( )
{  int *x,y,n,i;
   printf("请输入数据个数:"); scanf("%d",&n);
   printf("请顺序输入%d个正整数:\n",n);
```

```
        x=(int*) malloc(n*sizeof(int));              /* 第7行 */
        for(i=0;i<n;i++) scanf("%d",x+i);
        y=*x;                                         /* 也可以写作 y=x[0]; */
        while(1) {
            for(i=1;i<n;i++) if(y%*(x+i)!=0) break;
            if(i==n) break; else y+=*x;               /* y+=*x;也可以写作 y+=x[0]; */
        }
        printf("%d\n",y);
        free(x);    /* 释放malloc函数分配的、以x为首地址的存储空间 */
    }
```

✻ **程序说明**：程序中第7行为n个int类型数据分配存储空间，返回该存储空间的首地址到指向int类型数据的指针变量x。

指针变量x存放所分配存储空间的首地址。对于动态分配的一组数据中的某个元素，还可以使用下标表示法，将程序中语句"scanf("%d",x+i);"用"scanf("%d",&x[i]);"置换，"if(y%*(x+i)!=0) break;"用"if(y%x[i]!=0) break;"置换都是等价的。

【例8-7】输出一个m行、n列的二维数组，每个元素的值为该元素行号与列号之和。

☞ **编程分析**：该程序类似于例8-5，区别在于其更具通用性。只要在运行时输入行数、列数，就可以输出所需行、列数的数组。

通过第七章的介绍，我们知道二维数组在内存中实际上是一维存放的，即m行、n列数组的元素a[i][j]，在内存中该数组的存储区域内是第i*n+j+1个元素。

程序中，动态分配m*n个int类型数据的存储空间，并将其首地址存入（一级）指针变量x，利用公式x+(i-1)*n+j-1计算出i行、j列元素在内存中的地址，间接引用该元素。

程序如下：

```
#include <stdio.h>
#include <stdlib.h>
void main( )
{   int *x,m,n,i,j;
    printf("请输入矩阵的行、列数:");
    scanf("%d%d",&m,&n);
    x=(int*) malloc(m*n*sizeof(int));
    for(i=0;i<m;i++)
        for(j=0;j<n;j++) x[i*n+j]=i+j;
    for(i=0;i<m;i++) {
        for(j=0;j<n;j++) printf("%4d",x[i*n+j]);
        putchar('\n');
    }
    free(x);
}
```

## 二、间接访问主调函数中的数据

所谓间接访问主调函数中的数据,即在被调函数中引用或改写主调函数中的数据,可以通过以指针变量作函数形参来实现。

第五章介绍了函数调用时形参与实参之间数据传递的值传递方式。值传递方式下,对形参变量的任何修改都不会影响主调函数中对应实参变量的值,数据传递是单向的。

值传递的另一种形式是以指针变量作函数形参,使得主调函数向被调函数传递的是地址值。修改被调函数形参变量所指向的数据,通过这种间接的修改,可以实现主调函数与被调函数之间数据的双向传递。

将指向T类型的指针变量x作为函数形参,变量x在形参列表中应声明为:

  T* x（一级指针变量）  T** x（二级指针变量）

以指针变量作函数形参,主调函数中对应的实参必须是与形参同类型的指针值(指针常量或指针变量),此时参数传递还是采用值传递方式,但不同的是所传递的是地址值。

下列程序的运行结果以及图8-8表明,当参数之间传递地址值时,主调函数与被调函数之间数据的双向传递是如何实现的。

**【例8-8】** 输入变量a、b,若a<b,则交换a、b的值,然后输出。要求编制一个函数swap交换两个变量的值。

程序如下:

```
#include <stdio.h>
void swap(float *x,float *y)  /*声明x、y是指向float类型数据的指针变量*/
{ float t;
  t=*x; *x=*y; *y=t;
}
void main( )
{ float a,b;
  scanf("%f%f",&a,&b);
  if(a<b) swap(&a,&b);
  printf("%.1f %.1f\n",a,b);
}
```

☞ **运行结果**：输入 4.5  7.3   输出: 7.3  4.5

✱ **程序说明**：调用过程中值传递(传地址)的3个基本步骤分别如图8-8(a)、(b)、(f)所示,函数swap中数据交换过程如图8-8(c)、(d)、(e)所示。

执行"t=*x;",将x所指向的变量a的值复制给局部量t;执行"*x=*y;",将y所指向的变量b的值复制给x所指向的变量a;最后,执行"*y=t;",将t的值复制到y所指向的变量b。在此,值传递的3个基本步骤与第五章中所介绍的完全一致。区别在于:当指针变量作形参时,主调函数向被调函数传递的是地址值,而被调函数通过间接引用改变了主调函数中的数据。

若修改函数swap:将其中所有x改为a、y改为b,使得函数的形参与调用程序中的实参同名,程序的运行结果将不变。实际上,修改前后的程序彼此是完全等价的。请读者对照

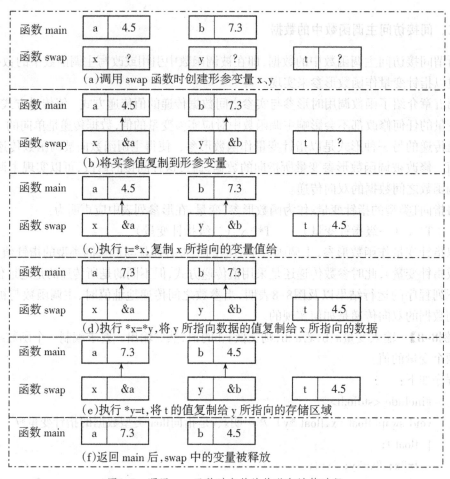

图8-8 调用swap函数时参数的传递和计算过程

图8-8考虑其中的原因何在。

1. 间接访问主调函数中的变量

例8-8就是被调函数间接访问主调函数中变量值的一个典型示例。

编制函数时,应将其与主调函数之间相互传递的数据作为形参。如果希望被调函数中对形参变量的改变能间接影响主调函数中的变量,应以指针变量作形参。

【例8-9】 编制函数,根据图8-9的转换公式,由已知点的平面坐标求该点的极坐标。

☞ **编程分析**:函数应有两个形参如x、y,由主调函数传值到该函数。计算后的结果p(矢径)、a(极角)必须传送到主调函数。因此,选择之一是将p、a声明为指针变量参数。

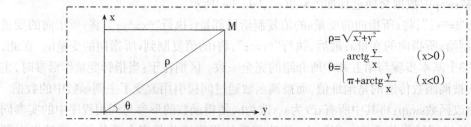

图8-9 角坐标与极坐标的互换

程序如下:
```
#include <math.h>
#include <stdio.h>
void f(float x,float y,float* p,float *a)
{  *p=sqrt(x*x+y*y);
   if(x>0) *a=atan(y/x);
   if(x<0) *a=3.1415926535+atan(y/x);
}
void main()
{  float rou,seit;
   f(1,1,&rou,&seit);
   printf("%f  %f\n",rou,seit);
}
```

2. 间接访问主调函数中的一维数组

若要求被调函数能够间接访问主调函数中的一维数组,一般应通过下列方法来实现:

在函数中设置变量参数,调用时从主调函数复制一维数组的元素个数;

在函数中设置指针变量参数,调用时从主调函数复制一维数组的首地址。

【例8-10】 编制函数,将若干个数按值从小到大排序。

☞ **编程分析**:根据题意,在函数内部需要排序的数据个数必须用变量参数(如n)表示。调用该函数时,由主调函数中对应的实参将实际参加排序的数据个数传送到形参n。

如main函数中调用处对应实参为5,该值赋值到函数中的形参n,决定了sort函数中的排序过程是对5个数组元素进行的。

将主调函数中需要排序的数组之首地址b,传送给函数sort中的指针变量参数a,则a+i为b数组第 i+1个元素的地址,*(a+i)为b数组第 i+1个元素的值。

因此, 函数sort实际上做了对main中数组b的5个元素按值从小到大重新排序的工作。当控制返回到main时,函数sort中的动态局部量全部被释放,但这并不能改变对main中的b数组已经排序的结果。

程序如下:
```
#include <stdio.h>
void sort(float *a,int n)   /* 或 void sort(float a[ ],int n) */
{  int i,j,k; float temp;
   for(i=0;i<n-1;i++) {
     k=i;
     for(j=i+1;j<n;j++) if(*(a+j)<*(a+k)) k=j;
     temp=*(a+i); *(a+i)=*(a+k); *(a+k)=temp;
   }
}
void main()              /* sort函数调试用例 */
```

```
    { float b[5]={1.2,5.3,2.1,-1.4,11};
      sort(b,5);
      for(int i=0;i<5;i++) printf("%.2f  ",b[i]);
      printf("\n");
    }
```

☞ 运行结果：-1.40    1.20    2.10    5.30    11.00

与函数首句sort(float *a,int n)等价的另一种形式是sort(float a[ ],int n)。参数声明"float a[ ]"强调a是一个指针变量，而不能理解为声明了一个形参数组。

为提高程序的易读性，函数中还可以使用下标法访问指针变量a所指向存储区域的某个元素。因此，函数sort还可以表示为以下形式：

```
    void sort(float a[ ],int n)
    { int i,j,k; float temp;
      for(i=0;i<n-1;i++) {
        k=i;
        for(j=i+1;j<n;j++) if(a[j]<a[k]) k=j;
        temp=a[i]; a[i]=a[k]; a[k]=temp;
      }
    }
```

【例8-11】 编制函数，为一维数组的n个元素依次赋值x、2x、3x、5x、8x、…。

☞ 编程分析：该函数中，设置变量参数x、n，其中n为数组元素的个数。设置指针变量形参y，从主调函数复制一维数组首地址。

程序如下：

```
    void f(float *y,float x,float n)
    { int i;
      y[0]=x; y[1]=2*x;
      for(i=2;i<n;i++) y[i]=y[i-2]+y[i-1];
    }
```

【例8-12】 编程，将10个数按值从小到大排序，要求调用一个插入法排序的函数。

☞ 编程分析：该函数的功能是在一个已经有序的n个元素的数组中，插入一个数，插入完成后数组中的有序数个数加1。

程序如下：

```
    #include <stdio.h>
    void ins(float *a,float x,int *n)
    { int i;
      if(*n==0) a[0]=x;           /* 第1个数直接作为数组元素 */
      else {                      /* 从后向前，在*n个元素中寻找插入x的位置 */
        for(i=*n-1;i>=0;i--)
          if(x>a[i]) break;       /* 找到插入位置后立即退出循环，未找到 */
```

```
            else a[i+1]=a[i];    /* 则将a[i]复制到a[i+1],继续向前查找 */
         a[i+1]=x;               /* 第9行 */
      }
      (*n)++;                    /* 每插入一个数,*n值自增 */
   }
   void main( )
   { float x[10],y; int i,n=0;
      for(i=0;i<10;i++) {
         scanf("%f",&y); ins(x,y,&n);
      }
      for(i=0;i<10;i++) printf("%f\t",x[i]); putchar('\n');
   }
```

☞ **运行结果**：输入10个数,输出结果表明各元素已按值从小到大排序。

✽ **程序说明**：ins函数中使n所指向变量自增的表示方法为(*n)++,不可以写作*n++。读者可以以先后输入5个数 3、9、1、12、8为例,阅读程序,(手工)列表追踪数组各元素的变化,来检验一下无论要插入的x是作为第1个、最后1个还是中间那个数组元素,该程序总能将其正确地插入到已经从小到大排列的n个数组元素中。

**3. 间接访问主调函数中的二维数组**

若要求被调函数能够间接访问主调函数中的二维数组,一般应通过下列方法来实现:

（1）方法一。

①函数定义。

声明形参为:T **x,int m,int n   或   T *x[ ],int m,int n

其中,指向T类型的二级指针变量x从主调函数复制指针数组首地址,变量参数m、n分别从主调函数复制二维数组的行数、列数。

②函数调用。

与T类型二级指针变量x对应的实参为:指向T类型数据的指针数组。

指针数组的行数与二维数组的行数相等,指针数组每个元素的值依次为指向二维数组各行的首地址。

与int类型变量m、n对应的实参均为int类型表达式,它们的值分别为二维数组的行数与列数。

【例8-13】 编制函数,求5行、6列的数组所有元素之和。要求调用一个求m行、n列二维数组全体元素和的函数sum来实现求和运算。

程序如下：

```
#include <stdio.h>
float sum(float **p,int m,int n)   /* p从主调函数复制指针数组首地址 */
{ int i,j; float s=0;
   for(i=0;i<m;i++)
      for(j=0;j<n;j++) s=s+p[i][j];
```

```
        return s;
    }
    void main( )
    {   float a[5][6],*b[5];  int i,j;
        for(i=0;i<5;i++)
            for(j=0;j<6;j++) scanf("%f",&a[i][j]);
        for(i=0;i<5;i++) b[i]=a[i];      // b[i]指向二维数组第i+1行首地址
        printf("%f\n",sum(b,5,6));
    }
```

在主调函数中必须声明一个指针数组,将二维数组a每行的首地址赋值到指针数组的各元素,在调用函数sum时,表达式*(p+i)或p[i]就是a数组第i+1行的首地址,表达式*(*(p+i)+j)或p[i][j]就是a数组第i+1行、第j+1列的值。

二级指针常量不可以向二级指针变量赋值。若将程序中的main函数修改如下,将二级指针常量(数组名a)通过参数传递赋值给作形参的二级指针变量,则是错误的。

```
    void main( )
    {   float a[5][6];  int i,j;
        for(i=0;i<5;i++) for(j=0;j<6;j++) scanf("%f",&a[i][j]);
        printf("%f\n",sum(a,5,6));      /* 错误的调用方式 */
    }
```

函数形参"T **p"的另一种表示方式是"T *p[ ]",对例8-13中的函数sum可以作如下修改,程序的运行结果不变。

```
    float sum(float *p[ ],int m,int n)
    {   int i,j; float s=0;
        for(i=0;i<m;i++) for(j=0;j<n;j++) s+=p[i][j];
        return s;
    }
```

(2)方法二。

若要使被调函数能够间接改变主调函数中二维数组各元素的值,还可以用一级指针作形参。因为二维数组在内存中实际上是一维存放的,如果a是m行、n列数组,p是指向a的一级指针变量,则数组元素a[i][j]又可以表示为*(p+i*n+j)。

①函数定义。

声明形参为: T *x,int m,int n   或   T x[ ],int m,int n

其中,指向T类型的(一级)指针变量x从主调函数复制二维数组第1行的首地址;变量参数m、n分别从主调函数复制二维数组的行数、列数。

②函数调用。

与T类型指针变量x对应的实参为T类型二维数组第1行的首地址。

与int类型变量m、n对应的实参均为int类型表达式,它们的值分别为二维数组的行数与列数。

例8-13可改写如下,注意其中形参、实参的变化以及对数组元素的引用方法。

```c
#include <stdio.h>
float sum(float *p,int m,int n)  /* p从主调函数复制二维数组第1行的首地址 */
{ int i,j; float s=0;
    for(i=0;i<m;i++)
        for(j=0;j<n;j++) s+=p[i*n+j];
    return s;
}
void main( )
{ float a[5][6]; int i,j;
    for(i=0;i<5;i++)
        for(j=0;j<6;j++) scanf("%f",&a[i][j]);
    printf("%f\n",sum(*a,5,6));
}
```

按照以上方法,我们编制的函数可以具有更高的通用性。由于在函数中使用指针变量作形参,使得在被调函数中也可以修改主调函数中数组的各元素值。此外,被调函数所处理的数组之行数、列数可以由主调函数中的实参向被调函数传递。

**【例8-14】** 编制函数,计算两个矩阵的乘积。

☞ **编程分析:** 参看第七章例7-10,根据计算矩阵乘积的公式,以上述方法一编制的函数如下,该函数具有通用性,调用该函数计算矩阵乘积时矩阵的行、列数由主调函数指定(参数传递)。

```c
void mt(float **a,float **b,float **c,int m,int k,int n)
{ int i,j,l;
    for(i=0;i<m;i++) for(j=0;j<n;j++) {
        c[i][j]=0;
        for(l=0;l<k;l++) c[i][j]+=a[i][l]*b[l][j];
    }
}
```

为调试该函数,下列程序中增加了main函数。请注意在main(主调)函数中,是以指针数组名作为与二级指针形参所对应的实参,指针数组中各元素分别是它们所指向数组各行的首地址。

```c
void main( )
{ float a[2][3]={{1,2,3},{2,3,4}},b[3][2]={{1,2},{3,4},{5,6}},c[2][2];
    float *ap[2]={a[0],a[1]},*bp[3]={b[0],b[1],b[2]},*cp[2]={c[0],c[1]};
    mt(ap,bp,cp,2,3,2);
    printf("%6.1f %6.1f\n %6.1f %6.1f\n",c[0][0],c[0][1],c[1][0],c[1][1]);
}
```

### 三、指向函数的指针

变量a被分配在某个存储区域，若指针变量p的值为该存储区域的首地址，则称p为指向a的指针，通过对p的间接引用可以访问它所指向的变量a。

同样，函数f是由内存中若干条指令实现的，调用f就是找到这些指令并执行。如果某个指针变量的值为函数f中指令的首地址，则称其为指向函数f的指针变量。

1. 声明与赋值

（1）声明指向函数的指针。

格式：T（*指针变量名）(函数形参类型标识符列表）

```
char (*f1)(char*,char);
int (*f2)(char*,int);
```

上述语句声明两个指向函数的指针：f1指向返回char类型值、形参依次为char*、char类型的函数，f2指向返回int类型值、形参依次为char*、int类型的函数。

**▲ 注意：** f1、f2是不同类型的指针，因为它们所指向函数的返回值类型、形参个数及各形参的类型不尽相同。

（2）为指向函数的指针赋值。

格式：指向函数的指针变量名 = 函数名

函数名是指针常量，其值为该函数在内存中存储区域的首地址，只能将函数的首地址赋值到指向同类型函数的指针变量。

2. 指向函数的指针的应用

**【例8-15】** 指向函数的指针简单应用示例。

```
#include <stdio.h>
float f1(float x) { return x*x;}              /* 函数f1,求x的平方 */
float f2(float x) { return x*x*x;}            /* 函数f2,求x的立方 */
void main()
{  float (*p)(float),y;                       /* 第5行 */
   p=f1; y=p(2); printf("%.1f\n",y); /* 第6行 */
   p=f2; y=p(2); printf("%.1f\n",y); /* 第7行 */
}
```

**✲ 程序说明：** 第5行声明p为指向函数的指针，其类型与指针常量f1、f2相同。

第6行p=f1将f1的首地址赋值给p，此时p不是悬挂指针而是指向函数f1的指针变量（如图8-10(a)所示）。因此表达式p(2)的作用是以2为实参调用函数f1，返回值为4。

同样，p=f2改写p的值为函数f2的首地址（如图8-10(b)所示），表达式p(2)是以2为实参调用函数f2，返回值为8。

**【例8-16】** 编制用区间对分法（见习题四第5 题第(15)小题中的说明）求f(x)=0在[a,b]区间内一个根的通用函数（附调试用相关函数）。

```
#include <stdio.h>
```

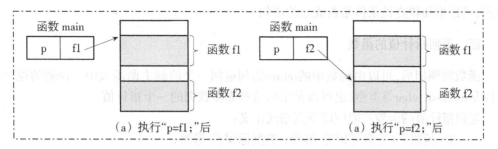

图8-10  例8-15中指向函数的指针指向变化示意图

```
#include <math.h>
float fun1(float x) { return 5*x*x+sin(x)-25; }
float fun2(float x) { return x*x-6*x+1; }
/***************************************************************/
/* 函数root使用说明：参数a、b分别为求根区间的左右端点；eps为求根      */
/* 精度的限差；参数f是指向原型为float (*f)(float)的函数的指         */
/* 针变量,对应的实参应为求根的函数名。                              */
/***************************************************************/
float root(float a,float b,float eps,float (*f)(float))
{ float c;
   do {
      c=(a+b)/2;
      if((*f)(a)*(*f)(c)<0) b=c; else a=c;
   } while(fabs(b-a)>eps&&fabs((*f)(c))>eps);
   return c;
}
void main()
{ float x1,x2;
   x1=root(0,3,1e-4,fun1);    /* 求函数fun1在[0,3]内的1个实根 */
   x2=root(0,2,1e-5,fun2);    /* 求函数fun2在[0,2]内的1个实根 */
   printf("x1=%f  x2=%f\n",x1,x2);
}
```

☞ **运行结果**：x1=2.199554    x2=0.171577

❋ **程序说明**：x1是函数root求方程$5·x^2+sinx-25=0$在区间[0,3]内的一个实根，有4位有效位数。x2是函数root求方程$x^2-6x+1=0$在区间[0,2]内的一个实根，有5位有效位数。

函数root是按题意要求所编制的、求f(x)=0在区间[a,b]内一个实根的通用函数，只要主调函数中的实参给定求根区间的左右端点、限差,以及函数f的首地址,root函数的返回值即为所求实根。f(x)=0在[a,b]内是否有解的充分条件是f(a)*f(b)<0,函数root若要进一步

完善,可以增加检查该条件是否成立的语句。

### 四、返回指针值的函数

函数被调用后,可以由函数中的return语句返回一个值到主调函数中。函数的返回值可以是int、float、char等类型,也可以是指向这些类型数据的一个指针值。

返回指针值的函数一般应以下列格式定义:

  T* 函数名(类型标识符 形参,类型标识符 形参,……)
  {
    函数体
  }

其中,T为函数类型标识符,函数返回值为指向T类型数据的指针值。

**【例8-17】** 编制在一组字符串中找出按字典序最大的字符串的函数。

程序如下:

```
#include <stdio.h>
#include <string.h>
char *find_max(char *str[ ],int n)      /* 声明函数返回值为指向字符的指针值 */
{ int i; char *p;
  p=str[0];                  /* 假设str[0]即p所指向的字符串按字典序最大 */
  for(i=1;i<n;i++)
     if(strcmp(str[i],p)>0) p=str[i]; /* 使p指向按字典序最大的字符串 */
  return p;                  /* 返回指针值 */
}
/**** 调试find_max函数,增加main函数构成完整程序 ****/
void main( )
{ char *a[5]={"fsf","abc","fdd","hdrsr","ggs" };
  printf("%s\n",find_max(a,5));
}
```

☞ **运行结果:** hdrsr

**【例8-18】** 编制在字符串中找出一个子串首地址的函数。

☞ **编程分析:** 函数 *find_str返回字符串s2在s1中第一次出现的首地址,当查找不到时返回空指针值NULL。

程序如下:

```
#include <stdio.h>
#include <string.h>
char *find_str(char *s1,char *s2)
{ int i,j,ls2;
  ls2=strlen(s2);          /* 求子串s2的串长ls2 */
  /*** 查找s1+i是否为所求的地址值,从地址s1+i起的ls2个字符与 ***/
```

```
    /*** 从地址s2起的ls2个字符若均对应相同,则s1+i是所求地址 ***/
    for(i=0;i<=strlen(s1)-ls2;i++) {
        for(j=0;j<ls2;j++) if(s1[j+i]! =s2[j]) break;
        if(j==ls2) return (s1+i);
    }
    return NULL;
}
/**** 调试find_str函数,增加main函数构成完整程序 ****/
void main( )
{   char a[ ]="dos6.22 windows95 office97",b[ ]="windows",*c;
    c=find_str(a,b);            /* 返回地址值送给指针变量c */
    if(c! =NULL) printf("%s\n",c);
    else printf("未找到字符串%s\n",b);
}
```

☞ 运行结果：windows95 office97

## 第五节  小  结

指针类型数据的值是内存中某个存储单元的地址，通过对指针类型数据的间接引用可以访问该存储单元中的数据。

本章的重点在于指针变量的应用,主要包括以下几个方面内容。

（1）动态分配数组的存储空间以提高程序的通用性。

（2）以指针变量作函数形参,间接访问主调函数中的数据：

①间接访问主调函数中的变量。

②间接访问主调函数中的一维数组。

③间接访问主调函数中的二维数组。

（3）以指向函数的指针作函数形参,提高函数之间调用的灵活性。

（4）编制返回值为指针的字符串处理函数。

应用的基础应当是理解指针类型数据的有关概念和熟悉有关规则,主要包括：指针常量与指针变量的概念；直接引用与间接引用的概念；指针运算的规则；指针类型的概念和区分指针类型的规则；多级指针与多级间接引用的概念；指针数组的概念。

本章是全书的重点之一，更是难点。建议读者在建立指针类型数据的一些基本概念后，从应用入手，先参照本章中的一些典型示例编制程序、解决问题，再重新认识有关概念，这将使你对本章的学习收到事半功倍的效果。

## 习 题 八

1. 单项选择题。

(1) 下列语句定义px为指向int类型变量x的指针,正确的是(　　)
A. int *px=x,x;　　B. int *px=&x,x;　　C. int x,*px=x;　　D. int *px,x;px=&x;

(2) 指针变量p1、p2类型相同,要使p1、p2指向同一变量,正确的是(　　)
A. p2=*&p1;　　B. p2=**p1;　　C. p2=&p1;　　D. p2=*p1;

(3) 声明语句为"char a='%',*b=&a,**c=&b",下列表达式中错误的是(　　)
A. a==**c　　B. b==*c　　C. **c=='%'　　D. &a=*&b

(4) 数组定义为"int a[4][5];",下列哪一个引用是错误的(　　)
A. *a　　B. *(*(a+2)+3)　　C. &a[2][3]　　D. ++a

(5) 表达式"c=*p++"的执行过程是(　　)
A. 复制*p的值给c后再执行p++
B. 复制*p的值给c后再执行*p++
C. 复制 p的值给c后再执行p++
D. 执行p++后将*p的值复制给c

(6) 声明语句为"char s[4][15],*p1,**p2; int x,*y;",下列语句中正确的是(　　)
A. p2=s;　　B. y=*s;　　C. *p2=s;　　D. y=&x;

2. 填空题。

(1) 声明flaot类型变量x和指向x的指针变量px的语句是_____。

(2) 声明语句为"char a[5][9],*pa[5];",为指针数组pa各元素顺序赋值a数组各行首地址值的循环结构可以写作_____。

(3) 声明fg为指向返回值为float类型,形参依次为 float**、int、int类型变量的函数的指针,声明语句为_____。

(4) 编制函数find_ch,用于在一个字符串中查找字符ch第一次出现的位置,返回值为所找到字符的地址,函数find_ch的原型应为_____。

(5) 动态分配n个int类型数据的存储空间,并将该存储空间的首地址返回给指向int类型数据的指针变量p,该语句写作_____。

3. 阅读下列程序,指出程序中的错误并说明错误的原因。

```
程序 (1)
#include <stdio.h>
void main( )
{ char *p; char s[80];
    p=s[0]; scanf("%s",s);
    printf("%s\n",p);
}
```

```
程序 (2)
#include <stdio.h>
void main( )
{ float x,y; int *p;
    x=3.45; p=&x; y=*p;
    printf("%f\n",y);
}
```

程序（3）
```
#include <stdio.h>
void main( )
{ int x,*p;
  *p=x;
  printf("%d\n",*p);
}
```

程序（4）
```
#include <stdio.h>
void main( )
{ int *p=&a;
  int a;
  printf("%d\n",*p);
}
```

4. 声明语句为"int a[3][5]={{1,3,5,7,9},{11,13,15,17,19},{21,23,25,27,29}}"，数组a在内存中一维、连续存放且首地址为63fdf8，已知表达式sizeof(int)的值为4，写出下列表达式的值并说明它们的含义（指针常量的级、指向或数组元素）。

   a        *a       a+2      &a[0]      a[0]+3     *(a+1)
   *(a+2)+1   *(a[1]+2)   &a[0][2]   *(*(a+2)+3)   a[2][3]    &**a

5. 按照下列各题题意编程。
   （1）编程，输入10个数，按绝对值从小到大排序后输出。
   （2）编程，对n个输入数按绝对值从小到大排序后输出（运行时先输入n的值，然后用malloc函数为数组动态分配存储单元）。
   （3）编制函数，接受从主调函数传入的、有n个元素的一维数组首地址，对该数组按绝对值从小到大排序。

6. 由n个人围成一圈，顺序排号，从第1个人开始报数，从1报到m，凡报到m的人退出圈子，问最后留下的是原来第几号的人？下列函数完成上述处理，其中m、n(m<n)值由主调函数传入，函数返回值为所求结果。请填空将函数补充完整。

```
int del_n(int n,int m)
{ int *p,i,del=0,k=0;
  p=_____;
  for(i=0;i<n;i++) p[i]=1;
  while(del<n-1) {
    for(i=0;i<n;i++)
      if(p[i]==1) {
        k++;
        if(_____) { del++; p[i]=0; k=0;}
      }
  }
  for(i=0;i<n;i++)_____;
  delete p;
  return i+1;
}
```

7. 编制函数,在主调函数的一维数组中查找最大值及该元素下标、最小值及该元素下标。请适当选择参数,使所求结果能传递到主调函数。

8. 编制函数,将一个字符串中的所有大写字母转换为相应的小写字母。

9. 写出下列程序的输出结果。
```
#include <stdio.h>
#include <string.h>
void del_bk(char *p)
{ char *p1; p1=p;
    while(*p1! ='\0')
        if(*p1==' '&&*(p1+1)==' ') strcpy(p1,p1+1);
        else p1++;
}
void main( )
{ char *aa="aa bb   cccc  ddd efg  h";
    printf("%s\n",aa); del_bk(aa); printf("%s\n",aa);
}
```
输出结果：_____
         _____

10. 编制函数,将字符串中连续的相同字符仅保留1个(如字符串"a bb  cccd ddd ef"处理后为"a b cd d ef")。

11. 下列程序求二维数组a中最大值与b中最大值之差,填空将下列程序补充完整。
```
#include <stdio.h>
#include <string.h>
float find_max(_____)
{ int i,j; float max=**x;
    for(i=0;i<m;i++)
        for(j=0;j<n;j++)
            if(*(*(x+i)+j)>max) max=_____
    return max;
}
void main( )
{ float a[5][5],b[6][4],_____; int i,j;
    for(i=0;i<5;i++) pa[i]=a[i];
    _____
    for(i=0;i<5;i++) for(j=0;j<5;j++) scanf("%f",&a[i][j]);
```

```
    for(i=0;i<6;i++) for(j=0;j<4;j++) scanf("%f",&b[i][j]);
    printf("%f\n",find_max(pa,5,5)-find_max(pb,6,4));
}
```

12. 编制函数,将float类型二维数组的每一行同除以该行上绝对值最大的元素。要求分别以本章第四节中的第二点所介绍的两种方法编写,并上机进行调试。

13. 编制函数,在字符串数组中查找与另一字符串相等的字符串,函数返回值为该字符串的地址或NULL(当查找不到时)。

14. 下列程序中,函数find_data在已从小到大排序好的数组中寻找指定数data,采用二分查找算法,找到则返回该数组元素地址,找不到则返回NULL。请填空将程序补充完整。

```
#include <stdio.h>
_____find_data(float *a,int n,float data)
{_____;
  low=0; high=n-1;
  while(low<=high) {
    mid=(low+high)/2;
    if(a[mid]>data)
      high=mid-1;
    else
      if(a[mid]<data) low=mid+1;
      else_____;
  }
  _____;
}
void main()
{ float b[10],*p,data;
  for(int i=0;i<10;i++) scanf("%f",b+i);     /* 要求从小到大输入数据值 */
  scanf("%f",&data);                          /* 输入待查找的数据 */
  p=find_data(b,10,data);
  if(p) printf("%f\n",*p);
  else printf("查找不到%f\n",data);
}
```

15. 程序填空,将下列两个求定积分之和的程序补充完整。

$$\int_2^6 (x^2+x \cdot \sin x)dx + \int_3^7 (\log_{10} x^2 - x + 3)dx$$

其中,求定积分的函数采用梯形公式n(main中对应的实参取50)等份积分区间。

```
#include <stdio.h>
_____
float f1(float),f2(float);
float fs(_____)
{ float s=0,x=a,h=(b-a)/n;
  int i;
  for(i=1;i<=n;i++) {
     s+=((*f)(x)+(*f)(x+h))*h/2;
     x+=h;
  }
  _____;
}
void main( )
{ float y;
  y=fs(2,6,50,f1)+fs(3,7,50,f2);
  printf("%f\n",y);
}
float f1(float x)
{
  return x*x+x*sin(x);
}
float f2(float x)
{
  _____;
}
```

# 第九章 结构体

在程序设计中经常需要把一些类型不同而关系又非常密切的数据项组织在一起,统一加以管理。比如,表示一个学生的一些简要信息:学号、姓名、年龄、几门课的成绩。这些数据的数据类型是不同的,学号和姓名是字符串,年龄是整型数据,而成绩是实型数据,所以它们不能用一个数组来表示。另外,这些数据项之间又有内在的联系,它们是同一个学生的信息,如果用一般的变量来表示就无法反映各个数据项之间的逻辑关系,而且处理也较为不便。

在C语言中提供了一种数据类型——结构体类型。它们是由不同数据类型数据组成的集合体。结构体的使用为C处理复杂的数据结构(如动态数据结构)提供了手段,也为函数间传递不同类型的数据提供了便利。

## 第一节 结构体类型与结构体类型数据

### 一、结构体类型的定义

不像int、char等基本数据类型是系统自动定义的,结构体类型是一种构造类型,使用前要先定义这种类型,然后才能用它声明变量、数组和指针等。

结构体类型定义的一般形式:

```
struct 结构体名
{
    结构体成员表
};
```

其中:struct为关键字,它标识一个结构体定义的开头;结构体名为结构体类型的标记,用合法的标识符表示;花括弧内为该结构体的各个成员,对每个成员都应进行类型定义,定义方法与普通变量定义相同,即

    类型名 成员名列表;

例如,存放一个学生基本信息的结构体类型定义如下:

```
struct student
{   char name[9];
    int En,Ma;
```

```
        float ave;
   };
```

以上定义了一个结构体类型,其类型名称为student,以后可以用student来声明结构体类型数据。

结构体类型定义要注意以下几点:

(1) 结构体类型定义只是指定了一种类型(与int、float、char地位相同),无具体数据,系统不分配实际内存单元。

(2) 结构体成员可以是任何基本数据类型,也可以是数组、指针等构造数据类型。

以上关于student类型的定义,说明每个student类型的数据,均含有一个数组类型成员、两个整型成员和一个float类型成员。

(3) 结构体类型可以嵌套定义,但不能递归定义。即允许将一个或多个结构体成员类型定义为其他结构体类型,但不能是本结构体类型。

例如学生信息的结构体类型可为:

```
   struct date { int year; int month; int day;};
   struct student1
   { long number;
     char name[10];
     char sex;
     date birthday;      /* 其成员birthday为结构体 date类型 */
     char address[50];
     float score[3];
   };
```

(4) 结构体类型定义时右花括弧后的分号不能省略。

## 二、结构体类型数据的声明与初始化

1. 结构体类型数据的声明

上面我们已经讲了,结构体类型定义只是指定了一种类型(与int、float、char地位相同),无具体数据,系统不分配实际内存单元。要使用该类型数据就必须要先声明,声明结构体类型数据(变量、数组、指针变量等)有下列3种方法:

(1) 先定义结构体类型,再定义该类型数据。

```
   struct 结构体名
   {
      结构体成员表
   };
   结构体名 变量名、数组说明符列表;
```

由于已经声明了结构体类型,并且声明了这种类型数据的成员个数以及各成员的类型,故可以用它声明该类型的变量(包括指针变量)、数组。

例如:

```
       struct student              /* 定义结构体类型 student */
       {   char name[9];
           int En,Ma;
           float ave;
       };
```
　　student zhang,li,bj[32],*p;　/* 用已定义的类型标识符student声明变量、数组*/
　　所声明的变量zhang、li以及有32个元素的数组bj都是student类型，指针变量p可存放1个student类型数据的地址。同时，系统为它们分配相应的内存单元。
　　系统为结构体变量分配的内存单元是连续的，在VC++6.0环境下结构体变量zhang的内存空间分配如表9-1所示。
　　其中：成员name[9]是1个字符数组，占9个字节(另外3个字节为空，因为后面跟的是int类型成员，必须从4的倍数地址处开始存放)，其他成员En、Ma和ave各占4个字节。所以，结构体变量zhang所占的内存空间为24个字节。

表9-1　结构体变量zhang内存空间分配表

| 内存空间 | 内存地址 | 字节数 |
| --- | --- | --- |
| name[9] | 13ff68 | 9+3 |
| En | 13ff74 | 4 |
| Ma | 13ff78 | 4 |
| ave | 13ff7c | 4 |

　　函数引用sizeof(变量名)的值，是该变量所占存储空间的字节数，对于结构体变量同样如此。在VC++6.0环境下，sizeof(zhang)、sizeof(student)的值都是24。
　　(2) 在声明结构体类型标识符时声明该类型数据。
```
       struct 结构体名
       {
           结构体成员列表
       } 变量列表;
```
以上格式除定义结构体类型外，还同时定义了若干个此类型的变量。
　　例如：下列语句声明student为结构体类型标识符，zhang、li为student类型的变量，bj为student类型的数组，指针变量p指向student类型的数据。
```
       struct student {
           char name[9];
           int En,Ma;
           float ave;
       } zhang,li,bj[32],*p;
```
　　(3) 不声明结构体类型标识符，直接声明结构体数据。
```
       struct
```

{
　　　　结构体成员列表
　　} 变量列表;

下列语句声明的各结构体数据my、you、a[32],均包括1个字符数组成员name、两个int类型成员En和Ma,以及1个float类型成员ave。

　　　　struct {
　　　　　　char name[9];
　　　　　　int En,Ma;
　　　　　　float ave;
　　　　} my,you,a[32];

2. 结构体类型数据的初始化

与一般的变量和数组一样,结构体变量和数组也可以在声明的同时进行初始化。

(1) 声明结构体变量时为变量赋初值。

格式:结构体类型名 结构体变量名={ 表达式列表 };

若已声明结构体类型标识符student如上,则下列语句在声明student类型变量时初始化变量you、he。

　　　　student my,you={"张三",67,84,75.5},he={"李四",83};

则you的4个成员的初值依次为"张三"、67、84、75.5,而he的4个成员的初值依次为"李四"、83、0、0.0。

(2) 声明结构体类型数组时为数组元素赋初值。

格式:结构体类型名 结构体数组说明符={ 表达式组1,表达式组2,…… }

　　　　每一个表达式组形如:{表达式列表}

下列语句在声明student类型数组stu[30]时为数组各元素赋初值。

　　　　student stu[30]={{"张三",67.8,84,75.5},{"李四",83}};

(3) 括号中的表达式对结构体变量成员依次赋初值,类型不符时按赋值转换规则转换为同一类型后赋值。如在上述声明语句中,结构体数组元素stu[0]的数据成员En声明为int类型,而表达式67.8为double类型常量,将其转换为int类型后赋值,因此stu[0]的数据成员En的初值为67(而不是数据成员Ma的初值67,因为括号中的表达式对结构体变量成员是依次赋初值的,请注意声明时数据成员En位于Ma前)。

(4) 初始化时,没有表达式匹配的数值数据成员初值为0,字符数据成员初值为'\0'。如上述声明语句中,结构体变量he的成员Ma、ave值均为0;除stu[0]、stu[1]外的结构体数组元素的数据成员name均为'\0',成员Ma、En及ave的值均为0。

结构体变量my在声明时未初始化,其各数据成员的值未知。

### 三、结构体类型数据的引用

声明了结构体类型数据后,就可以对它进行操作。结构体类型数据的引用有两种方式:对结构体类型数据整体的引用,以及对结构体类型数据成员的引用。

1. 对结构体类型数据整体的引用

与数组不同，结构体变量或数组元素可以作为一个整体赋值给同类型的结构体变量或数组元素，把一个变量或数组元素的各成员值分别赋值给另一同类型变量或数组元素的相应成员。

其中，两个结构体数据具有相同类型，是指它们被同一个结构类型标识符声明，或在同一个声明语句中声明。

例如：student my, you={"张三", 67.8, 84, 75.5}; my=you;

上述语句将结构体变量you的各数据成员值顺序赋值给my的各对应数据成员。

又如：stu[30]={{"张三", 67.8, 84, 75.5}, {"李四", 83}}; stu[2]=stu[0];

上述语句将结构体数组stu的第1个元素的各数据成员值顺序赋值给第3个元素的各对应数据成员。

▲ 注意：赋值表达式"结构体变量名={ 表达式列表 };"是非法的。

例如语句"you={"张三", 67, 84, 75.5};"是非法的，必须一个一个将其赋值给相应的成员。请注意它与声明语句"student you={"张三", 67, 84, 75.5};"的区别。后者是初始化，它只是作为声明语句的一部分，在声明结构体变量的同时为其赋初值。

2. 对结构体类型数据成员的引用

除了在上述情况下可以整体引用外，其他情况对结构体类型数据的引用必须一个成员一个成员进行。对结构体类型数据成员的引用有两种方式：直接引用和间接引用。

（1）结构体数据的直接引用。

直接引用结构体数据x的某个成员y，写作 x.y。

其中，x为结构体变量或数组元素，y为结构体数据成员名；成员运算符"."在所有运算符中，其优先级仅次于"( )"、"[ ]"，一般我们可以把"x.y"作为一个整体看待。

例如：student my, you={"张三", 67, 84, 75.5}, he={"李四", 83};

you.name 表示结构体变量you的成员name，是一个char类型的数组，you.En表示结构体变量you的成员En，是一个int类型的变量。它们分别与普通的int类型变量和char类型数组性质相同，可以进行相应的运算。

又如：student stu[30]={{"张三", 67.8, 84, 75.5}, {"李四", 83}};

stu.name表示结构体数组stu第一个元素的成员name，是一个char类型的数组，它的值是"张三"；stu[1].En表示结构体数组stu第2个元素的成员En，是一个int类型的变量。对于这些数据，下列赋值语句、函数调用都是合法的。

you.En=90; stu[2].En= you.En;

strcpy(stu[0].name, "王五"); strcpy(you.name, "张三");

▲ 注意："you.name="张三""是非法的赋值语句，因为zhang.name是数组名，与普通数组名一样是地址常量，不能被赋值。

【例9–1】 输入30个学生的信息(姓名、年龄、5门功课成绩)，然后按照平均成绩从高分到低分输出。

☞ 编程分析：考虑将每个学生的信息用1个结构体类型数据来表示。

程序如下：

#define N 30

```
#include <stdio.h>
void main( )
{ struct stu
    { char name[9]; int age,score[5]; float ave;};
    stu a[N],temp;
    int i,j,k;
    for(i=0;i<N;i++) { /* 输入N个同学姓名、年龄、成绩、计算平均成绩 */
        scanf("%s%d",a[i].name,&a[i].age); a[i].ave=0;
        for(j=0;j<5;j++) {
            scanf("%d",&a[i].score[j]);      /* 第11行 */
            a[i].ave+=a[i].score[j]/5.0;
        }
    }
    for(i=0;i<N-1;i++) {                     /* 按照平均成绩从高分到低分排序 */
        k=i;
        for(j=i+1;j<N;j++) if(a[j].ave>a[k].ave) k=j;
        temp=a[i]; a[i]=a[k]; a[k]=temp;     /* 第18行 */
    }
    for(i=0;i<N;i++) {                       /* 输出N个同学的信息 */
        printf("%s%4d",a[i].name,a[i].age);
        for(j=0;j<5;j++) printf("%4d",a[i].score[j]);
        printf("%6.1f\n",a[i].ave);
    }
}
```

※ **程序说明**：输入、输出结构体类型数据，按规定只能对每个数据成员进行。第18行在同类型的结构体变量之间交换数据所作赋值运算的对象，是结构体类型数据的整体。

引入成员运算符后，必须考虑它与其他运算符之间的优先级关系。C语言的各运算符中，优先级最高的是"( )"、"[ ]"，此后是结构体数据成员间接引用符"->"和直接引用符"."。关于各运算符的优先级，请详见附录。

第11行 scanf("%d",&a[i].score[j]) 的作用是：将输入的1个整数赋值到结构体数组元素a[i]的数据成员score[j]所占的存储单元中。表达式&a[i].score[j]与&(a[i].score[j])完全等价，前者中不加括号是由于取地址运算符的优先级低于运算符"."，因此所取地址是结构体数组元素a[i]的数据成员score[j]的地址。

（2）结构体类型数据的间接引用。

间接引用P所指向的结构体数据的某个成员y，写作 p->y。

其中，p为指向结构体数据的指针常量或变量，y为结构体数据成员名，符号"->"为间接引用成员运算符。

例如：

```
struct student {
    char name[9];
    int En,Ma;
    float ave;
} my,you,bj[32],*p;
p=&my;
```

那么，语句"p->En=90;"给变量my的成员En赋值90，语句"p->Ma=p->En+5;"给my的成员Ma赋值95。语句序列"p=bj; p->En=85;（++p)->Ma=90;"使p指向数组bj后，为结构体数组bj第1个元素的成员En赋值85，为第2个元素的成员Ma赋值90。

【例9-2】 例9-1可以作如下修改：

```
#define N 30
#include <stdio.h>
void main()
{ struct stu {
      char name[9]; int age,score[5]; float ave;
  };
  stu a[N],temp; int i,j,k;
  for(i=0;i<N;i++) {
      scanf("%s%d",(a+i)->name,&(a+i)->age);
      (a+i)->ave=0;
      for(j=0;j<5;j++) {
          scanf("%d",&(a+i)->score[j]);
          (a+i)->ave+=(a+i)->score[j]/5.0;
      }
  }
  for(i=0;i<N-1;i++) {
      k=i;
      for(j=i+1;j<N;j++) if((a+j)->ave>(a+k)->ave) k=j;
      temp=*(a+i); *(a+i)=*(a+k); *(a+k)=temp;
  }
  for(i=0;i<N;i++) {
      printf("%s%4d",(a+i)->name,(a+i)->age);
      for(j=0;j<5;j++) printf("%4d",(a+i)->score[j]);
      printf("%6.1f\n",(a+i)->ave);
  }
}
```

❋ **程序说明**：本例中用地址常量引用结构体数组中元素的成员，也可以另外声明一个指向结构体数组元素的指针变量，用指针变量引用结构体数组中元素的成员。结构体数组元素的数组数据成员也可以用地址法表示:(a+i)->score[j]可以写作*((a+i)->score+j),&(a+i)->score[j],还可以写作(a+i)->score+j。

(3)嵌套结构体中成员的引用。结构体嵌套,即一个结构体变量的某个成员也是结构体变量。其成员的引用方法为通过成员运算符"."或"->"一级一级运算,直到找到最低一级成员。

```
struct date { int year,menth,day;};
struct teacher{
    char name[9],addr[20];
    date Bd,Jd;        /* Bd表示出生日期,Jd表示参加工作时间 */
};
teacher he,a[30],*p=&he;
```

按以上声明,变量he生日的年份表示为he.Bd.year或p->Bd.year,相应存储单元的地址表示为"&he.Bd.year"(成员运算符的优先级高于取地址运算符)。

【例9-3】 输入30个教师的信息(姓名、地址、出生日期、参加工作时间),输出1975年以前出生或2000年以前参加工作的教师信息。

程序如下:

```
#include <stdio.h>
#define N 30
struct date { int year,month,day; };
struct teacher
{ char name[9],addr[20];
  date Bd,Jd;
};
void main( )
{ int i; teacher a[N];
  for(i=0;i<N;i++)scanf("%s%s%d%d%d%d%d%d",a[i].name,a[i].addr,
      &a[i].Bd.year,&a[i].Bd.month,&a[i].Bd.day,
      &a[i].Jd.year,&a[i].Jd.month,&a[i].Jd.day);
  for(i=0;i<N;i++)
    if(a[i].Bd.year<1975||a[i].Jd.year<2000)
      printf("%s,%s,%u,%u,%u,%u,%u,%u\n",a[i].name,a[i].addr,
        a[i].Bd.year,a[i].Bd.month,a[i].Bd.day,
        a[i].Jd.year,a[i].Jd.month,a[i].Jd.day);
}
```

✳ **程序说明:** 本例展示了嵌套结构体成员的应用,请大家注意体会。另外如果一条语句太长,可以分几行语句写,因为C语言是以分号作为语句结束标志的。

## 第二节 结构体与函数

与其他数据类型的数据一样,结构体类型数据也可以作为函数的参数,函数的返回值也可以是结构体类型的数据。本节既是对结构体类型数据在自定义函数中应用的介绍,也是对函数一章内容的复习。

### 一、结构体类型变量作函数参数

变量可以作为函数的参数,调用函数时将复制相应实参的值给形参。同样,结构体类型变量作为函数的参数,调用函数时也将实参结构体的各个数据成员值复制给形参的结构体变量。C要求实参与形参结构体变量类型完全一致(指用同一个类型标识符声明)。

【例9-4】 输入30个学生的信息(姓名、年龄、5门功课成绩),然后按照平均成绩从高分到低分输出,要求调用自定义函数输出结构体数组的每一个元素。

```
#define N 30
#include <stdio.h>
struct stu {
  char name[9];
  int age,score[5];
  float ave;
};
void main()
{ stu a[N],temp; int i,j,k;  void write_stu(stu);
  for(i=0;i<N;i++) {
    scanf("%s%d",a[i].name,&a[i].age);
    a[i].ave=0;
    for(j=0;j<5;j++) {
      scanf("%d",&a[i].score[j]); a[i].ave+=a[i].score[j]/5.0;
    }
  }
  for(i=0;i<N-1;i++) {   /* 按照平均成绩从高分到低分排序 */
    k=i;
    for(j=i+1;j<N;j++) if(a[j].ave>a[k].ave) k=j;
    temp=a[i];a[i]=a[k]; a[k]=temp;
  }
  for(i=0;i<N;i++) write_stu(a[i]);   /* 调用write_stu输出结构体数据 */
}
void write_stu(stu x)    /* 定义函数write_stu,输出stu类型的数据 */
{ printf("%s%4d",x.name,x.age);
```

```
        for(int j=0;j<5;j++) printf("%4d",x.score[j]);
        printf("%6.1f\n",x.ave);
}
```

❋ **程序说明：** 本例的功能与例9-1相同，只是把输出结构体数组每一个元素的输出部分写成函数write_stu。它的输出是stu类型结构体变量各数据成员的值。形参及其对应实参都是用类型标识符stu声明的数据，类型相同。

声明stu为具有文件作用域的结构体类型标识符，使得函数write_stu中该标识符可见。若将stu定义在函数main内部，则在write_stu中stu不可见。

一般应将多函数共用的标识符声明为具有文件作用域，且声明语句应位于这些函数之前，使得各函数可见该标识符。

## 二、指向结构体类型数据的指针变量作函数参数

除了结构体类型变量可作为函数的参数外，指向结构体类型数据的指针也可作为函数的参数进行传递。这时，实参是一个指向结构体类型数据的指针，函数调用时，形参得到这个指针，所以也指向这个结构体类型数据。其值传递的是地址值，它也要求实参与形参结构体变量的类型应当完全一致。

将指向结构体类型的指针变量x作为函数形参，变量x在形参列表中应声明为：

　　结构体类型* x （一级指针变量）　或　结构体类型** x （二级指针变量）

以指针变量作函数形参，主调函数中对应的实参必须是与形参同类型的指针值（指针常量或指针变量），此时参数传递还是采用值传递方式，但不同的是所传递的是地址值。

【例9-5】 输入30个学生的信息（姓名、年龄、5门功课成绩），然后按照平均成绩从高分到低分输出，要求将交换两个同类型结构体变量值的操作写成函数。

程序如下：

```
        #define N 30
        #include <stdio.h>
        struct stu
        {   char name[9];
            int age,score[5];
            flaot ave;
        };
        void main( )
        {   stu a[N];   int i,j,k;   void write_stu(stu),swap(stu*,stu*);
            for(i=0;i<N;i++)      /* 输入N个学生的姓名、年龄、成绩,计算平均成绩 */
            {   scanf("%s%d",a[i].name,&a[i].age);
                a[i].ave=0;
                for(j=0;j<5;j++) {
                    scanf("%d",&a[i].score[j]);
                    a[i].ave+=a[i].score[j]/5.0;
```

```
    }
  }
  for(i=0;i<N-1;i++) {        /* 按照平均成绩从高分到低分排序 */
    k=i;
    for(j=i+1;j<N;j++) if(a[j].ave>a[k].ave) k=j;
    swap(a+i,a+k);            /* 调用函数swap,交换两个结构体数据的值 */
  }
  for(i=0;i<N;i++) write_stu(a[i]);  /* 调用函数write_stu输出数组a */
}
void write_stu(stu x)
{ printf("%s%4d",x.name,x.age);
  for(int j=0;j<5;j++) printf("%4d",x.score[j]);
  printf("%6.1f\n",x.ave);
}
void swap(stu *x,stu *y)              /* 交换两个stu类型结构体变量的值 */
{ stu temp;
  temp=*x; *x=*y; *y=temp;
}
```

❈ **程序说明**:由于交换后的值要返回到主调函数,所以应采用传地址值的方式。函数swap的实参是结构体数组a的两个元素的地址a+i和a+k,形参是两个指向相同结构体类型的指针*x和*y。函数调用时,*x和*y得到了数组a的两个元素a[i]和a[k]的地址,也就指向了这两个结构体类型的数组元素。对结构体类型的数组元素a[i]和a[k]的引用可以用*x和*y指针间接引用。

【例9-6】 输入30个学生的信息(姓名、年龄、5门功课成绩),然后按平均成绩从高分到低分输出,要求将排序的过程写成函数。

程序如下:

```
#define N 30
#include <stdio.h>
struct stu { char name[9]; int age,score[5]; float ave; };
void main()
{ stu a[N]; int i,j;
  void write_stu(stu),swap(stu*,stu*),sort(stu*,int);
  for(i=0;i<N;i++) {     /* 输入N个学生的姓名、年龄、成绩,计算平均成绩 */
    scanf("%s%d",a[i].name,&a[i].age); a[i].ave=0;
    for(j=0;j<5;j++) {
      scanf("%d",&a[i].score[j]); a[i].ave+=a[i].score[j]/5.0;
    }
  }
```

```
        sort(a,N);                          /* 调用函数sort对a数组排序 */
        for(i=0;i<N;i++) write_stu(a[i]);   /* 调用函数write_stu输出数组a */
}
void write_stu(stu x)
{   printf("%s%4d",x.name,x.age);
    for(int j=0;j<5;j++) printf("%4d",x.score[j]);
    printf("%6.1f\n",x.ave);
}
void swap(stu *x,stu *y)                    /* 交换两个stu类型结构体变量的值 */
{   stu temp;
    temp=*x; *x=*y; *y=temp;
}
void sort(stu *x,int n)                     /* 按照平均成绩从高分到低分排序 */
{   int i,j,k;
    for(i=0;i<n-1;i++) {
       k=i;
       for(j=i+1;j<n;j++) if((x+j)->ave>(x+k)->ave) k=j;
       swap(x+i,x+k);
    }
}
```

✻ **程序说明**：本例中要求被调函数能够间接访问主调函数中的结构体类型数组。与一维数组作参数类似，我们一般设置两个参数，一个是int类型形参，调用时从主调函数复制数组的元素个数；另一个是指向结构体的指针变量形参，调用时从主调函数复制结构体数组首地址。

本例主调函数中数组a首地址传送到sort中的指针变量参数x中，"x+i"为a数组第i+1个元素的地址，"(x+i)->ave"为a数组第i+1个元素的数据成员ave的值，因此函数sort实际上是对main中数组a各元素按成员ave的值从小到大排序。

▲ **注意**：在被调函数中设置指向结构体类型数据的一级或二级指针变量形参，可以使被调函数能够间接访问主调函数中二维结构体数组的各元素。

### 三、返回结构体类型数据的函数

大多数情况下，主调函数从被调函数中得到数值是通过被调函数的返回值获得的。被调函数中的return语句除了可以返回基本数据类型外，也可以返回结构体类型的数据。此时，必须将被调函数定义成返回值为结构体类型，在主调函数中由结构体变量来接收被调函数传递回的结果。

【例9-7】输入30个学生的信息（姓名、年龄、5门功课成绩），输出平均分最高的学生记录，要求将查找该记录的过程编制为函数。

程序如下：

```
#define N 30
#include <stdio.h>
struct stu { char name[9]; int age,score[5]; float ave; };
void main( )
{ stu a[N],y,find_max(stu*,int);
  int i,j;  void write_stu(stu);
  for(i=0;i<N;i++) {   /* 输入N个学生的姓名、年龄、成绩,计算平均成绩 */
    scanf("%s%d",a[i].name,&a[i].age);
    a[i].ave=0;
    for(j=0;j<5;j++) {
      scanf("%d",&a[i].score[j]); a[i].ave+=a[i].score[j]/5.0;
    }
  }
  y=find_max(a,N);    /* 函数返回结构体全部数据成员值给结构体变量y */
  printf("%s%4d",y.name,y.age);
  for(j=0;j<5;j++) printf("%4d",y.score[j]);
  printf("%6.1f\n",y.ave);
}
stu find_max(stu *x,int n)   /* 函数返回值为stu类型结构体数据 */
{ int i,k=0;
  for(i=1;i<n;i++) if(x[i].ave>x[k].ave) k=i;
  return x[k];
}
```

❋ **程序说明**：find_max返回值类型是结构体类型stu,函数中return x[k]返回的是一个结构体类型数组的元素。在主调函数中用结构体类型的变量y来接收函数的返回值。

函数除了返回一个结构体类型的数据外,也可以返回一个指向结构体数据的指针。此时,必须将被调函数的返回值定义成结构体指针,在主调函数中也需要一个结构体指针来接收被调函数传递回的结果。

【**例9-8**】 输入30个学生的信息(姓名、年龄、5门功课成绩),输出平均分最高的学生记录(结构体),要求查找该结构体数组元素的函数返回值为该元素的地址。

程序如下：
```
#define N 30
#include <stdio.h>
struct stu { char name[9]; int age,score[5]; float ave; };
void main( )
{ stu a[N],*y,*find_max(stu*,int);
  int i,j;  void write_stu(stu);
  for(i=0;i<N;i++) {   /* 输入N个学生的姓名、年龄、成绩,计算平均成绩 */
```

```
        scanf("%s%d",a[i].name,&a[i].age); a[i].ave=0;
        for(j=0;j<5;j++) {
            scanf("%d",&a[i].score[j]); a[i].ave+=a[i].score[j]/5.0;
        }
    }
    y=find_max(a,N);    /* 函数返回指向结构体数组元素的地址给指针变量y */
    printf("%s%4d",y->name,y->age);
    for(j=0;j<5;j++) printf("%4d",y->score[j]);
    printf("%6.1f\n",y->ave);
}
/*** 函数返回值为指向stu类型数据的指针 ***/
stu* find_max(stu *x,int n)
{   int i,k=0;
    for(i=1;i<n;i++) if(x[i].ave>x[k].ave) k=i;
    return x+k;
}
```

❋ **程序说明：** 本例中函数find_max的返回值类型是指向结构体类型stu数据的指针，函数中return x+k返回的是一个结构体类型stu数组的元素的地址。在主调函数中也用指向结构体类型stu数据的指针y来接收函数的返回值。

## 第三节 链 表

C中的数组在内存中占用连续的存储空间，存储位置、空间大小是在数组声明时由系统分配的，在程序运行期间不变。因此，我们将数组这样的数据结构称为"静态数据结构"。

数组中各元素位置相对固定，可以有效地访问任一个元素。但是在数组中，删除、插入一个元素比较困难，往往要引起大量数据的移动，而且数据量的扩充受到所占用存储空间的限制，因为其元素个数必须事先(编译时)给定。

本节介绍的链表是一种动态数据结构。链表的每一个节点用一个结构体表示，每一个节点包括至少一个指向同类型节点(结构体)的指针变量用以指向下一个节点，若干个这样的节点就组成了一个链表。

链表的各个节点在逻辑上是连续排列的，但是在物理上，即在内存中并不占用连续的存储空间。根据需要，可以随机地增加或删除链表中的节点。调用第八章所介绍的动态分配存储空间的malloc或new等函数，可以为新增节点分配存储空间，也可以调用free函数释放要删除节点的存储空间。

### 一、链表结构、节点声明

1. 链表的数据结构

链表的数据结构形式如图9-1所示。

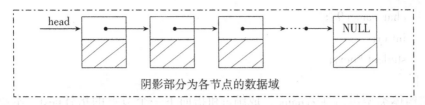

图9-1 链表的数据结构形式

(1) 头节点和头指针。链表由若干个节点(结构体)组成,每个节点包括一个指针数据成员指向下一个节点。链表的第一个节点称为头节点,指向链表头节点的指针称为头指针。

对如图9-1所示的已存在的链表,只要由头指针所指向的头节点出发,就可以访问表中任何一个节点(结构体)的所有数据成员,链表头指针的值不可以随意改变,否则可能无法再访问链表中的所有节点。

(2) 末节点。链表的最后一个节点,其指向下一个节点的指针数据成员值为NULL。如图9-1所示,实际上是一个单向链表的数据结构形式,在访问某节点时,根据其指向下一个节点的指针数据成员值为NULL,可以确定该节点是末节点。

双向链表的每个节点包括两个指针数据成员,一个指向前一节点,一个指向下一节点。从指向任何一个节点的指针出发,都可以访问链表中的所有节点,整个链表结构可以构成一个环。对于双向链表本节不作讨论,所有讨论都是针对单向链表的。

2. 链表节点类型声明

链表的节点以下列格式声明:

```
struct T {
    T *p;
    结构体成员类型声明
};
```

其中,T、p都是用户自定义的标识符,T是结构体类型,p是一个特殊的数据成员,它指向另一个T类型结构体数据的指针变量。

由此可知,链表的节点为递归定义的、特殊的结构体类型。

```
struct student {
    char name[9]; int cj;
    student *next;
} *head,*p1,*p2;
```

以上语句声明了链表节点类型标识符student,还声明head、p1、p2均为指向student类型结构体数据的指针变量。student类型数据包含3个数据成员:字符数组name、int类型变量cj,以及指向另一个student类型数据的指针变量next。

### 三、链表的基本操作

链表的基本操作包括:建立链表、遍历链表、插入节点和删除节点。

我们先来声明一个结构体数据类型作为链表节点的数据类型:

```
struct student {
```

```
    char name[9];
    int cj;
    student *next;
}
```

该结构体类型包括姓名name、成绩cj和指向下一个节点的指针next。本小节将以student类型为例,先介绍各项基本操作的主要步骤,再将链表的各项基本操作编为函数,供读者参考。

**1. 建立链表**

建立链表就是把链表从无到有建起来。先建立头节点,然后不断地创建一个个新节点,一个个将其连到链表上,并为最后一个节点的指针域成员赋值NULL。

建立链表的步骤如下:

(1) 建立头节点。建立头节点,首先要创建一个新节点,然后头指针指向这个节点。为创建后续节点的需要,我们还声明了一个指示当前节点的指针p1,使它也指向头节点。

```
head=(student*)malloc(sizeof(student));
p1=head;
scanf("%s%d",head->name,&head->cj);
```

链表当前数据结构如图9-2所示(为简化,图中不标记非指针类型数据成员的值,未定义的指针值用问号表示)。

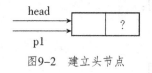

图9-2 建立头节点

(2) 建立下一个节点,并与上一节点连接。

① 建立下一节点,如图9-3(a)所示。

```
p2=(student*)malloc(sizeof(student));
scanf("%s%d",p2->name,&p2->cj);
```

② 与上一节点连接,如图9-3(b)所示。

```
p1->next=p2; p1=p2;
```

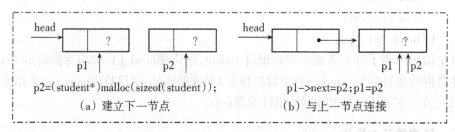

(a) 建立下一节点　　　　　　　(b) 与上一节点连接

图9-3 建立下一节点并与上一节点连接

重复执行第(2)步,可以建立第3个节点,并且可将第3个节点与第2个节点连接(将p2送入p1所指向节点的数据成员next中),依此类推,直到所有节点建立完毕。

(3) 为末节点指向节点的数据成员赋值NULL。

p2->next=NULL;

至此,所创建的链表结构如图9-4所示。从头指针head出发,可以访问链表中任何一个节点的数据成员。

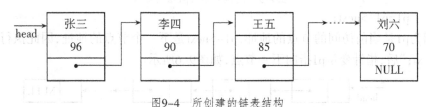

图9-4 所创建的链表结构

根据以上步骤编制创建n个student类型节点的链表的函数create如下:
```
/******************************************************/
/*   函数create使用说明：                              */
/*   形参n值为所创建链表的节点数;函数返回值为链表的头节点地址。 */
/*   节点类型标识符student定义为                        */
/*       struct student { char name[9]; int cj; student *next; }; */
/******************************************************/
student *create(int n)
{ int i; student *h,*p1,*p2;
   p1=h=(student*)malloc(sizeof(student));
   scanf("%s%d",h->name,&h->cj);
   for(i=2;i<=n;i++) {
      p2=(student*)malloc(sizeof(student));
      scanf("%s%d",p2->name,&p2->cj);
      p1->next=p2; p1=p2;
   }
   p2->next=NULL; return h;
}
```

2. 遍历链表

建立链表就是把有关的信息存储在链表中。遍历链表即从链表的头指针出发,访问链表的每一个节点,读、写其中的数据。遍历链表的基本方法是:使用一个开始指向头节点的移动指针p1,访问当前节点后使p1指向下一个节点,循环操作,可直至末节点。

遍历链表的步骤如下:

(1) 使移动指针p1指向头节点。

p1=head;

首先要处理第一个节点,所以指针p1指向头节点,即将链表的头指针值赋值给移动指针变量p1,如图9-5所示。

(2) 访问当前节点的数据成员后,移动指针p1指向下一节点。

printf("%s %d\n",p1->name,p1->cj);

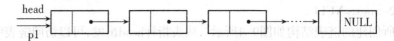

图9-5 使移动指针p1指向头节点

```
p1=p1->next;
```

因为p1是当前访问的节点的地址,p1->next是下一个节点的地址,因此执行语句"p1=p1->next;"后,指针变量p1指向下一节点,如图9-6所示。

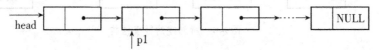

图9-6 使移动指针p1指向下一节点

重复执行第(2)步,可以在访问第2个节点的数据成员后,移动指针变量p1使之指向第3个节点,依此类推,可直到所有节点遍历完毕(即移动后的指针值为NULL)。

根据以上步骤编制函数acc如下:要求遍历已创建的、有n个student类型节点的链表。

该函数遍历链表的目的是顺序输出各节点数据成员的值,参照该函数,可以编制其他遍历链表的函数。

```
/******************************************************************/
/* 函数acc使用说明:                                                 */
/* 形参h为所遍历链表的头指针,该函数无返回值。                       */
/* 节点类型标识符student定义为                                      */
/*     struct student { char name[9]; int cj; student *next; };    */
/******************************************************************/
void acc(student *h)
{ student *p1=h;
  do {
    printf("%s  %d\n",p1->name,p1->cj);
    p1=p1->next;
  } while(p1!=NULL);
}
```

【例9-9】 输入n(运行时先输入n)个学生的信息(姓名、成绩),再输出这些学生的信息。要求用链表数据结构实现以上操作。

程序如下:

```
#include <stdio.h>
#include <stdlib.h>
struct student {
  char name[9];
  int cj;
  student *next;
};
```

```c
/****** 创建n个student类型节点的函数,返回链表头指针 ******/
student *create(int n)
{ int i; student *h,*p1,*p2;
    p1=h=(student*)malloc(sizeof(student));
    scanf("%s%d",h->name,&h->cj);
    for(i=2;i<=n;i++) {
        p2=(student*)malloc(sizeof(student));
        scanf("%s%d",p2->name,&p2->cj);
        p1->next=p2; p1=p2;
    }
    p2->next=NULL;
    return h;
}

/****************** 遍历头指针为h的链表的函数 ******************/
void acc(student *h)
{ student *p1=h;
    do {
        printf("%s %d\n",p1->name,p1->cj);
        p1=p1->next;
    } while(p1!=NULL);
}

void main()
{ int n; student *head;
    scanf("%d",&n);
    head=create(n);      /* 创建一个n个节点的链表 */
    acc(head);           /* 遍历以head为头指针的链表 */
}
```

❋ **程序说明**：输入n个学生的信息是建立一个n个节点的链表的过程，而输出这些学生的信息就是遍历这张链表的过程。这两个过程前面已写成函数，只需编写一个主函数调用它们即可。

### 3. 在链表中插入节点

在建立了一张存储某班学生信息的链表后，有时还要修改学生的信息，比如一个学生转学插入该班，那么就要在链表里插入一个节点以记录这个学生的信息。

在此,我们介绍非空有序链表插入节点的方法。非空是指链表中至少存在一个节点，有序是指链表各节点按照某个数据成员值的升序或降序排列。如节点类型为前面声明的student类型的链表，各节点按照数据成员cj值从高到低或从低到高排列，则该链表为有序表。

以在按数据成员cj升序排列、节点类型为student的非空链表中插入节点为例，插入节点的基本步骤如下：

（1）建立新节点px，使p1指向头节点。

    px=(student*)malloc(sizeof(student));

    p1=head;

    scanf("%s%d",px->name,&px->cj);

px指向待插入的节点，p1指向链表中的当前节点，因为要从头节点开始查找，所以p1指向头节点。这个过程如图9-7所示，图中仅标出各节点数据成员cj的值。

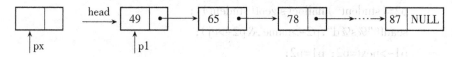

图9-7　px指向新建节点，p1指向头节点

（2）在链表中插入px所指向的新节点。新节点插入的位置有3种：链表头节点前、链表的两节点之间和链表的尾节点之后。

①若px->cj < head->cj 为真，即新节点插入位置在头节点之前，则执行下列语句：

    px->next=head;

    head = px;

让新节点的next指向头节点，head指针指向新节点，新节点变成了头节点。插入过程如图9-8所示。

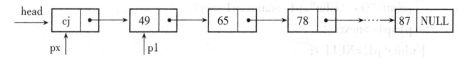

图9-8　px指向的节点插入在头节点前

②若px->cj >= head->cj为真，则寻找在链表中间的插入位置。

该步骤有两种可能的结果：一种是在原节点中间找到了新节点的插入位置，插入过程如图9-9所示；另一种是在原节点中间未找到新节点的插入位置（条件p1->next==NULL为真），需执行第③步。

```
while(p1->next!=NULL)
    if( px->cj>p1->next->cj )        /* 寻找插入位置 */
        p1=p1->next;
    else {                            /* 插入新节点 */
        px->next=p1->next;            /* 先连上新节点 */
        p1->next=px;                  /* 后断开原来的连接 */
```

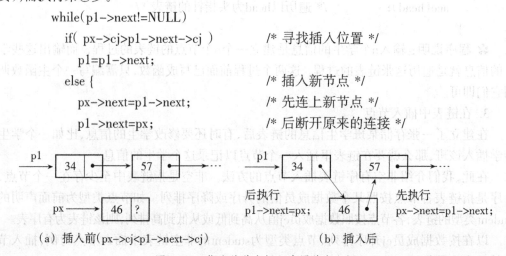

(a) 插入前(px->cj<p1->next->cj)　　　　(b) 插入后

图9-9　px指向的节点插入在原节点之间

           break;
         }

▲ **注意**：这里插入新节点的两条语句px->next=p1->next和p1->next=px先后次序不能交换，必须"先连后断"，否则一旦断开后，链表后半段就无法找到了。

③若p1->next==NULL为真，表明新节点未插入到链表中，应插入在链表的最后，如图9-10所示。

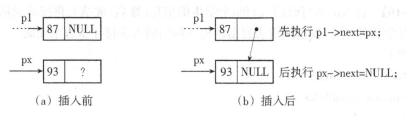

图9-10　px指向的新节点插入在链表最后

  p1->next=px;　　　/* 连上新节点 */
  px->next=NULL;　　/* 加上尾节点结束标志 */

根据以上步骤编制函数insert如下，功能是：在一个有序、非空链表中插入一个节点。其中链表节点类型给定为前面所声明的student类型，链表按cj从小到大有序。读者还可以参照下列函数，编制在不同的非空、有序链表中插入节点的函数。

```
/*************************************************************/
/*  函数insert使用说明:                                       */
/*     形参h值为非空有序(按cj值从小到大有序)链表的头指针。    */
/*     考虑到新节点可能作为头节点(重设头指针),函数返回头指针。 */
/*     节点类型标识符student定义为:                           */
/*       struct student { char name[9]; int cj; student *next; }; */
/*************************************************************/
student *insert(student *h)
{  student *px,*p1;
   px=(student*)malloc(sizeof(student));
   scanf("%s%d",px->name,&px->cj);    /* 建立新节点 */
   if(px->cj<h->cj) {                 /* 插入在头节点前 */
      px->next=h; h=px; return h;
   }
   else {
      p1=h;                           /* 插入在原节点之间或插入到末节点后 */
      while(p1->next! =NULL)
        if(px->cj<p1->next->cj) {     /* 插入在原节点之间 */
           px->next=p1->next; p1->next=px; return h;
        }
```

```
      else
         p1=p1->next;              /* 移动指针p1指向下一节点 */
   }
      p1->next=px; px->next=NULL;  /* 插入到末节点后 */
      return h;
}
```

【例9-10】 输入n(运行时输入)和n个学生的信息(姓名、成绩),再按成绩从低分到高分输出这些学生的信息,要求用链表数据结构并调用插入法排序函数来完成。

程序如下:

```
#include <stdio.h>
#include <stdlib.h>
struct student
{ char name[9]; int cj;
  student *next;
};
student *insert(student *h)
{ student *px,*p1;
  px=(student*)malloc(sizeof(student));
  scanf("%s%d",px->name,&px->cj);    /* 建立新节点 */
  if(px->cj<h->cj) {                 /* 插入在头节点前 */
     px->next=h; h=px; return h;
  }
  else {         /* 插入在原节点之间或者插入到末节点后 */
     p1=h;
     while(p1->next!=NULL)
        if(px->cj>p1->next->cj )
           p1=p1->next;              /* 移动指针p1指向下一节点 */
        else {
           px->next=p1->next;
           p1->next=px;
           return h;
        }
     p1->next=px; px->next=NULL;     /* 插入到末节点后 */
     return h;
  }
}
void main()
{ int i,n; student *head,*p;
```

```
    scanf("%d",&n);                              /* 输入节点个数 */
    head=(student*)malloc(sizeof(student));      /* 建立头节点 */
    scanf("%s%d",head->name,&head->cj);
    head->next=NULL;
    for(i=2;i<=n;i++) head=insert(head);         /* 插入其他节点   */
    p=head;                                      /* 输出各节点数据 */
    while(p!=NULL) {
        printf("%s,%d\n",p->name,p->cj);
        p=p->next;
    }
}
```

❋ **程序说明**：本例用插入法建立链表。insert函数每次只能插入一个节点,所以主函数中用循环调用insert函数建立多个节点的链表,而且调用insert函数前,链表中必须事先至少有一个节点存在,所以我们在调用前,创建了只有一个头节点的链表。读者可以通过修改insert函数,编写出能直接完成插入n个节点的函数。

4. 删除链表中的节点

一般应根据某个条件删除链表中的节点。譬如,链表中每个节点的数据成员表示学生信息,或根据姓名删除某一节点,或删除成绩小于60分的节点等。

以节点类型为student的非空链表中删除1个cj值小于60的节点为例,删除节点的基本步骤如下：

（1）p1指向头节点。若头节点是需删除节点,则删除头节点。

p1=head;

if(head->cj<60) { head=head->next; delete p1; }

删除头节点,要用指针值head->next改写head。此外,还要用delete函数删除原先的头节点。因此,应先使p1与head具同一指向,以保证head被改写后p1仍指向原先的头节点。以上操作如图9-11所示。

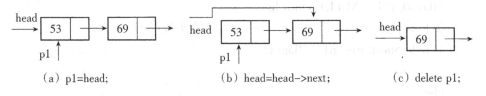

（a）p1=head;　　　　　（b）head=head->next;　　　　（c）delete p1;

图9-11　删除头节点

（2）若p1指向的下一节点存在,使p2指向p1的下一节点：

若p2指向节点是需删除节点,则删除该节点（如图9-11所示）;

若p2指向节点不是需删除节点,则p2赋值到p1并重复执行第（2）步。

```
while(p1->next!=NULL) {        /* 判断下一节点是否存在 */
    p2=p1->next;               /* p2指向下一节点 */
    if(p2->cj<60) {            /* 若p2指向节点是需删除节点,则删除该节点 */
```

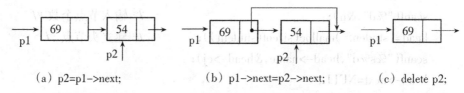

(a) p2=p1->next;　　　(b) p1->next=p2->next;　　　(c) delete p2;

图9-12　删除链表中间的节点

```
            p1->next=p2->next;
            free(p2); break;
        }
        else
            p1=p2;
}
```

链表末节点与其他节点的区别是,其指向下一节点的指针值为NULL。以上步骤同样适用于删除链表的末节点。

根据以上步骤编制函数del_stu如下。函数的功能是:在链表中删除一个cj值小于60的节点。其中,链表节点类型给定如前面所声明的student类型。

读者可以参照此函数,编制在不同的链表中、根据不同的条件删除节点的函数。

```
/*****************************************************************/
/* 函数del_stu使用说明:                                           */
/* 形参h为链表头指针,考虑到头节点可能被删除,函数返回头指针。      */
/* 形参 *flag 为0表示无可删除节点、为1表示已删除1个节点            */
/* 节点类型标识符student定义为                                    */
/* struct student { char name[9]; int cj; student *next; };       */
/*****************************************************************/
student *del_stu(student *h,int *flag)
{   student *p1=h,*p2;
    *flag=0; if(h==NULL) return h;
    if(h->cj<60) {                    /* 删除头节点 */
        h=h->next; free(p1); *flag=1;
    }
    else
        while(p1->next! =NULL) {
            p2=p1->next;                /* p2指向下一节点 */
            if(p2->cj<60) {             /* 若p2指向节点是需删除节点,则删除 */
                p1->next=p2->next;
                free(p2); *flag=1; break;
            }
            else
```

```
        p1=p2;
    }
    return h;
}
```

【例9-11】 输入n以及n个学生的信息(姓名,成绩),再删除其中成绩小于60分的节点,然后顺序输出这些学生的信息。要求用链表数据结构完成,并将删除节点的操作编写为函数。

程序如下:

```
#include <stdio.h>
struct student { char name[9]; int cj; student *next; };
student *create(int n)                      /* 创建n个student类型节点的函数 */
{   int i; student *h,*p1,*p2;
    p1=h=new student;
    scanf("%s%d",h->name,&h->cj);
    for(i=2;i<=n;i++) {
        p2=new student;
        scanf("%s%d",p2->name,&p2->cj);
        p1->next=p2; p1=p2;
    }
    p2->next=NULL; return h;
}
student *del_stu(student *h,int *flag)      /* 删除student类型节点的函数 */
{   student *p1=h,*p2;
    *flag=0; if(h==NULL) return h;
    if(h->cj<60) {
        h=h->next; delete p1; *flag=1;
    }
    else
        while(p1->next!=NULL) {
            p2=p1->next;                    /* p2指向下一节点 */
            if(p2->cj<60) {                 /* 若p2指向节点是需删除节点,则删除该节点 */
                p1->next=p2->next;
                delete p2; *flag=1; break;
            }
            else
                p1=p2;
        }
    return h;
```

```
    }
    void main( )
    {   student *head,*p; int n,f=1;
        printf("请输入学生人数\n"); scanf("%d",&n);
        head=create(n);
        while(head=del_stu(head,&f),f);        /* 当无可删除节点时循环终止 */
        p=head;
        while(p! =NULL) {
            printf("%s,%d\n",p->name,p->cj);
            p=p->next;
        }
    }
```

以上关于创建、遍历链表,以及在链表中插入、删除节点的函数都是针对特定的节点类型所编制的。每一函数的具体实现也有特殊性,如删除节点时返回删除标志,又如遍历链表的操作内容为显示各节点非指针类型数据成员值等,读者可以参照前面所介绍的基本步骤,根据实际需要改写上述函数。

## 第四节  共用体

在C语言中,不同数据类型的数据可以使用共同的存储区域,这种数据类型称为共用体。共用体在声明、使用形式上与结构体相似,但是在本质上是有区别的:结构体数据的各成员占用不同的存储空间,而共用体数据的各成员占用同一个存储区域。

本章中仅对共用体类型数据的声明与引用作一简单介绍。

共用体类型数据的声明,其格式与结构体类型数据相类似。如下列语句声明uarea为共用体类型标识符,变量x和数组y的每一个元素都是uarea类型的数据。

```
    union uarea {
        char a[8];
        int i; float f;
    } x,y[3];
```

共用体变量或数组元素可以整体赋值给另一个同类型的变量或数组元素。此外,对共用体类型数据的访问只能对其数据成员进行,如输入、输出共用体类型数据等。

直接访问共用体数据x的成员m,写作x.m,间接访问指针变量p所指向的共用体数据的成员m,写作p->m。

共用体数据的特性是:一个成员的值被改变,则其他成员的值也被改变,因为它们占用同一个存储区域。

【例9-12】  分析下列程序的输出结果,用共用体数据的特性给以正确的解释。

```
    #include <stdio.h>
    void main( )
```

```
    { union uarea {
        char a[8]; int i; float f;
      } x,y={"ABCDE"};
      x=y; printf("x.a=%s\n",x.a);
      printf("x.i=%d\n",x.i);
    }
```

☞ 运行结果：x.a=ABCDE
x.i=1145258561

✻ 程序说明：uarea类型共用体变量所有数据成员共占用8个字节（按最长的字符数组计算），执行语句"x=y"后，x所对应的存储区域中的数据如图9-13所示。

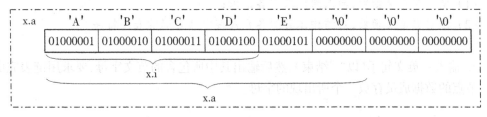

图9-13　执行语句"x=y"后x所对应的存储区域中的数据

图9-13中前4个字节代码"01000001 01000010 01000011 01000100"作为int类型数据x.i"共用"此存储单元，其值也是"(01000100 01000011 01000010 01000001)$_2$"，换算为十进制数即"1145258561"。

## 第五节　小　结

结构体类型是一种数据类型，与int、float、char等基本数据类型不同，它是由不同数据类型数据组成的集合体。

常用的声明结构体类型数据的方法是：先声明结构体类型标识符，再用该标识符声明同类型的结构体数据。

除赋值运算和引用sizeof函数外，对结构体数据的引用只能对其数据成员进行：直接引用结构体数据x的某个成员y，写作"x.y"，间接引用指针变量P所指向的结构体数据的某个成员y，写作"p->y"。

成员运算符"."或"->"的优先级仅次于圆括号"( )"和下标运算"[ ]"。

结构体类型变量作为函数形参，调用时要求实参与其类型完全一致。结构体类型数据用于函数，其规则、方法与基本数据类型和数组类型数据在函数中的应用相类似。

链表是一种动态的数据结构。链表的每一个节点用一个结构体表示，每一个节点包括至少一个指向同类型节点（结构体）的指针变量指向下一个节点。

链表的基本操作包括建立链表、遍历链表、插入节点以及删除节点。在熟悉这些基本操作的基础上，读者可以参照本章所提供的函数，根据实际需要编写实用程序。

## 习 题 九

1. 构造一个表示通讯录中每个"记录"的数据类型,声明该类型的标识符。

2. 编程,先输入n,再输入通讯录中若干个人的记录到结构体数组中,按电话号码的升序对结构体数组排序后输出。

【提示】使用malloc函数动态分配存储单元。

3. 按下列要求改写第2题。
(1) 调用自定义函数,输入通讯录中各记录;
(2) 调用自定义函数,对结构体数组各元素按电话号码的升序排序。

4. 输入一英文句子(以"."结束),然后输出其中所包含的英文字母,要求用链表完成,每一节点的数据成员存放一个所出现的字母。

5. 阅读下列程序,写出输出结果。
程序(1)
```
#include <stdio.h>
void main( )
{  struct T1{ char c[4],*s;} s1={"abc","def"};
   struct T2{ char *cp; T1 ss1;} s2={"ghi",{"jkl","mno"}};
   printf("%c,%c\n",s1.c[0],*s1.s);
   printf("%s,%s\n",s1.c,s1.s);
   printf("%s,%s\n",s2.cp,s2.ss1.s);
   printf("%s,%s\n",++s2.cp,++s2.ss1.s);
}
```
输出结果为_____
_____
_____
_____

程序(2)
```
#include <stdio.h>
#include <stdlib.h>
void main( )
{  struct info { int data; info *pn; };
   info *base,*p;
   base=NULL;
```

```
        for(int i=0;i<10;i++) {
            p=(info*) malloc(sizeof(info));
            p->data=i+1; p->pn=base; base=p;
        }
        p=base;
        while(p!=NULL) {
            printf("%2d",p->data); p=p->pn;
        }
        printf ("\n");
    }
```
输出结果为 _____

6. 下列函数用于将节点类型为ntab的链表中某个结点(数据成员data与形参num匹配)删除,填空将函数补充完整。

```
    ntab *del_node(ntab *h, int num)
    { ntab *p1,*p2;
      if(h==NULL) {
          printf("\nlist null! \n");_____
      }
      p1=h;
      while(num! =p1->data &&_____) {
          p2=p1; p1=p1->next;
      }
      if(num==p1->data)
          if(p1==h) { h=p1->next; free(p1); }
          else_____
      else
          printf("%d not been found! \n",num);
      return h;
    }
```

7. 下列函数用于在节点类型为ltab的非空链表中插入一个节点(由形参指针变量p0指向),链表按照节点数据成员no的升序排列,填空将函数补充完整。

```
    ltab insert(ltab *head,ltab *stud)
    { ltab *p0,*p1,*p2;
      p1=head;p0=stud;
      while((p0->no>p1->no)&&(_____)) {
          p2=p1; p1=p1->next;
```

```
        }
        if(p0->no<=p1->no)
            if(head==p1) {
                p0->next=head; head=p0;
            }
            else { p2->next=p0;_____}
        else {
            p1->next=p0;_____
        }
        return (head);
    }
```

# 第十章 位运算

C语言是为描述系统而设计的,因此它具有汇编语言所具有的一些功能。C语言既有高级语言的特点,又有低级语言的功能,因此具有广泛的用途和很强的生命力。第八章介绍的指针和本章将介绍的位运算都是C语言所特有的,适合于编写系统软件的需要。

所谓位运算,是指二进制位的运算,这在系统软件中经常要用到。例如将两个数按位相加,将一个存储单元中的各二进制位左移或右移若干位等。

本章先介绍位的有关知识,然后介绍各种位运算,最后通过例子介绍位运算的应用。

## 第一节 二进制位

字节是计算机可寻址的最小单位,每个字节有8个二进制位,其中最右边的一位为最低位,最左边的一位为最高位,每个二进制位的值不是0就是1。

在计算机内部,有符号整数都用该数的二进制补码形式存储。

原码将最高位作符号(以"0"表示正,"1"表示负),其余各位代表数值本身的绝对值。正整数的原码、反码、补码相同。负整数的反码为其原码除符号位外按位取反(即0改为1、1改为0),而其补码为其反码末位加1。

为方便介绍,下列对整数与整数的位运算,只讨论C的short类型整数,即用两个字节(16个二进位)表示有符号整数。

+7 的原码、反码、补码均为"00000000 00000111",其中,首位为0表示该数为正数。

−7 的原码为:10000000 00000111

−7 的反码为:11111111 11111000

−7 的补码为:11111111 11111001

因此,short类型整数"−7"的机内表示为"11111111 11111001"。

计算机之所以用补码存储有符号整数,目的是为了用与加法运算类似的方法作减法运算,从而简化运算步骤。

根据有符号整数补码的定义,我们也可以由机内的二进制码写出它所表示的整数。

下列存储单元中的整数为13,因为其最高位为0,是正数的补码,也是该数的原码。

| 0 | 000000000001101 |
|---|---|

下列存储单元中的整数为−43,因为其最高位为1,是负数的补码,则末位减1就得到该

数的反码"11111111 11010100",将反码除最高位外按位取反就得到该数的原码"10000000 00101011",该数的十进制表示为$-(2^5+2^3+2^1+2^0)$,即-43。

| 1 | 111111111010101 |

## 第二节 位运算

C语言提供了下列6种位运算符,如表10-1所示。

表10-1 位运算符

| 运算符 | 含 义 |
| --- | --- |
| & | 按位与 |
| \| | 按位或 |
| ^ | 按位异或 |
| ~ | 取 反 |
| << | 左 移 |
| >> | 右 移 |

其中除了按位取反运算符"~"外,其他的运算符都是双目运算符,即要求运算符两边各有一个操作数。取反运算符"~"只允许其右侧存在操作数。

位运算符的操作数只能是整型数据,字符类型数据以其ASCII码作位运算。

### 一、位运算符

1. 按位与运算符(&)

格式:A&B

其中,A、B均为非实型的表达式。计算结果的每一个二进位由A、B的相应的位决定:如果两个相应的位均为1则该位为1,否则为0。

【例10-1】 解释下列程序的输出结果。

```
#include <stdio.h>
void main( )
{ short a,b,c;
  a=14; b=23; c=a&b; printf("按位与运算: %hd&%hd=%hd\n",a,b,c);
  a=-12; b=6; c=a&b; printf("按位与运算: %hd&%hd=%hd\n",a,b,c);
}
```

☞ 运行结果:按位与运算:14&23=6
按位与运算:-12&6=4

✱ 程序说明:

(1)将14和23作按位与运算:

```
    00000000  00001110    14 的补码
 &) 00000000  00010111    23 的补码
    00000000  00000110    14&23 的补码
```

按位作与运算,仅当相应位均为1时结果为1,表达式 14&23的结果为6。

（2）将–12和6作按位与运算：

```
        11111111  11110100      –12 的补码
     &) 00000000  00000110       6 的补码
        00000000  00000100      –12&6 的补码
```

整数–12的原码为"10000000 00001100"、反码为"11111111 11110011",因此该数的补码为"11111111 11110100",表达式 –12&6 的结果为4。

按位与运算有一些特殊的用途：

（1）可以读出一个数中的某些二进位。某个二进制位与1进行按位与运算,结果总与该位相同。如果想读出某些二进制位,可以设置另一个数的对应的二进制位为1,其他位为0,然后把这两个数作按位与运算。

若n为0x4d2,则n的补码为"00000100 11010010",表达式 n&0xf 的结果为2,表明存储n的单元中的最后4位为"0010"。

若取n的第7（从低位至高位）位,可以用补码为"00000000 01000000"的数和n作按位与运算,表达式 0x40&n 的结果若非零(00000000 01000000),表明n的第7位为1;否则n的第7位为零。

若取n的第6位,可以用补码为"00000000 00100000"的数和n作按位与运算,表达式 0x20&n 的结果为"00000000 00000000",表明n的第6位为0。

（2）可以将特定位设置成零。某个二进制位与0进行按位与运算,结果总是0。如果我们想将特定位设置成0,可以设置另一个数的对应的二进制位为0,其他位为1,然后把这两个数作按位与运算。例如,要使整数n的低8位设置成0,而高8位不变,则可以用"n=n&0xff00"来实现。

2. 按位或运算符(|)

格式：A|B

其中,A、B均为非实型的表达式。计算结果的每一个二进位,由A、B相应的位决定：如果两个相应的位均为0,则该位为0,否则为1。

【例10-2】 解释下列程序的输出结果。

```
#include <stdio.h>
void main( )
{ short a,b,c;
  a=14; b=23; c=a|b;
  printf("按位或运算: %hd|%hd=%hd\n",a,b,c);
  a=-12; b=6; c=a|b;
  printf("按位或运算: %hd|%hd=%hd\n",a,b,c);
}
```

☞ 运行结果：按位或运算: 14|23=31
　　　　　　按位或运算: –12|6=–10

❋ 程序说明：

（1）将14和23作按位或运算：

```
       00000000  00001110      14 的补码
    |) 00000000  00010111      23 的补码
       00000000  00011111      14|23 的补码
```

按位作或运算，仅当相应位均为0时结果为0，表达式14|23的结果为31。

（2）将-12和6作按位或运算：

```
       11111111  11110100     -12 的补码
    |) 00000000  00000110       6 的补码
       11111111  11110110     -12|6 的补码
```

如前所述，-12的补码为"11111111 11110100"。表达式 -12|6 的结果首位为1，表明结果为负数。根据其补码"11111111 11110110"可知其反码为"11111111 11110101"，其原码为"10000000 00001010"，因此表达式 -12|6 的值应为-10。

按位或运算，可以将一个数中的某些二进位定值为1。

若n值为0x4d2，其机内码（补码）为"00000100 11010010"，表达式n=n|1将n的机内码改为"00000100 11010011"，末位定值为1后的n值为0x4d3。

若n机内码为"00000100 11010010"，表达式n=n|0x8000，使n机内码的最高位定值为1。

```
       00000100  11010010     0x4d2 的机内码
    |) 10000000  00000000     0x8000
       10000100  11010010     0x4d2|0x8000
```

3. 异或运算符(^)

格式：A^B

其中，A、B均为非实型的表达式。计算结果的每一个二进位由A、B相应的位决定：如果两个相应的位相同，则该位为0，否则为1。

【例10-3】 解释下列程序的输出结果。

```
#include <stdio.h>
void main()
{ short a,b,c;
  a=14; b=23;c=a^b;
  printf("按位异或运算: %hd^%hd=%hd\n",a,b,c);
  a=-12; b=6; c=a^b;
  printf("按位异或运算: %hd^%hd=%hd\n",a,b,c);
}
```

☞ 运行结果：按位异或运算: 14^23=25
　　　　　　按位异或运算: -12^6=-14

❋ 程序说明：

（1）将14和23作按位异或运算：

按位作异或运算，仅当相应位均不相同时，结果为1，计算 14^23 的结果为25。

```
          00000000  00001110      14 的补码
       ^) 00000000  00010111      23 的补码
          00000000  00011001      14^23 的补码
```

（2）将−12和6作按位异或运算：

```
          11111111  11110100      −12 的补码
       ^) 00000000  00000110      6 的补码
          11111111  11110010      −12^6 的补码
```

−12^6的结果首位为1，由补码"11111111 11110010"得反码为"11111111 11110001"，其原码为"10000000 00001110"，可知−12|6为−14。

按位异或运算的一些用途：

（1）使某些位取反（0改为1、1改为0）。因为与1作异或运算，0变1，1变0，所以要使某些位"取反"，只要设置一个数的对应位为1，其他位不变，再把它们作按位异或运算即可。

表达式 n=n^0x0001 是将n与一个前15位为0、末位为1的数作异或运算的结果送入n。n的前15位不变，最后1位被取反。

表达式 n=n^0x00ff 是将n的最后8位取反；表达式 n=n^0x80f0 是将n的第1位和第9~12位取反。

（2）加密、解密。任意一个数与某个指定的数作两次按位异或操作，则运算结果为原数。所以我们可以用它来进行文本的加密、解密（见例10−8）。

4. 按位取反运算符(~)

格式：~A

其中，A为非实型的表达式。计算结果是得到将A的每一个二进位取反后的值。

【例10−4】 解释下列程序的输出结果。

```
#include <stdio.h>
void main()
{   short a,b;
    a=7; printf("按位取反运算：~%hd=%hd\n",a,~a);
    b=-14; printf("按位取反运算：~%hd=%hd\n",b,~b);
    printf("a=%hd\tb=%hd\n",a,b);
}
```

☞ 运行结果：按位取反运算：~7=−8
         按位取反运算：~−14=13
         a=7      b=−14

❈ 程序说明：

（1）7的补码为"00000000 00000111"，~7为"11111111 11111000"，以"11111111 11111000"为补码的数，其反码为"11111111 11110111"，原码为"10000000 00001000"，该数为−8。

（2）−14的原码为"10000000 00001110"，反码为"11111111 11110001"，补码为"11111111 11110010"，因此，表达式"~−14"的结果为"00000000 00001101"，以其为补码的数，其原码也是"00000000 00001101"，该数的值应为13。

▲ **注意**：表达式 ~a 是将a按位取反，并没有改变变量a中的原有数据。同样，表达式 ~b 也没有改变变量b的值。

5. 左移运算符(<<)

格式：A<<N

其中，A、N均为非实型的表达式。计算结果是将A的各位均左移N位，左移过程中，左边N位的数码被溢出，右边N位空位补零。

【例10-5】 解释下列程序的输出结果。

```
#include <stdio.h>
void main( )
{ short a,b;
   a=7; b=a<<2;
   printf("%hd   %hd\n",a,b);
   a=-14; b=a<<2;
   printf("%hd   %hd\n",a,b);
}
```

☞ **运行结果**：　　7　　28
　　　　　　　　　-14　　-56

✵ **程序说明**：

（1）7的补码为"00000000 00000111"，将其左移2位后得"00000000 00011100"，以"00000000 00011100"为补码的数是28。

（2）-14的补码为"11111111 11110010"，左移2位后得"11111111 11001000"。以"11111111 11001000"为补码的数，其反码是"11111111 11000111"，该数的原码为"10000000 00111000"，故该数应为-56。

▲ **注意**：从上面我们可以看出，左移2位相当于该数乘以4，即2的平方，左移N位相当于该数乘以2的n次方。另外，与表达式n+1没有改变n的值一样，表达式 a<<2 也没有改变变量a的值。

6. 右移运算符(>>)

格式：A>>N

其中，A、N均为非实型的表达式。计算结果是将A的各位均右移N位，右移过程中，右边的N位数码溢出，左边的N位空位补A的最高位数码。

【例10-6】 解释下列程序的输出结果。

```
#include <stdio.h>
void main( )
{ short a,b;
   a=7; b=a>>2;
   printf("%hd   %hd\n",a,b);
   a=-14; b=a>>2;
   printf("%hd   %hd\n",a,b);
```

}
▶ **运行结果：** 　　7　　1
　　　　　　　　-14　　-4

❋ **程序说明：**

（1）7的补码为"00000000 00000111"，右移2位后得"00000000 00000001"（左边空位补零），以其为补码的数是1。

（2）-14的补码为"11111111 11110010"，右移2位后得"11111111 11111100"（左边空位补1，因为该数的补码最高位是1）。以"11111111 11111100"为补码的数，其反码是"11111111 11111011"，该数的原码为"10000000 00000100"，故该数应为-4。

## 二、位运算符的运算优先级

C语言提供的6种位运算符，它们在表达式运算中的优先级如表10-2所示。

表10-2　位运算符优先级

| 含义 | 运算符 | 优先级 |
| --- | --- | --- |
| 取反 | ~ | ① |
| 位移 | << >> | ② |
| 按位与 | & | ③ |
| 按位异或 | ^ | ④ |
| 按位或 | \| | ⑤ |

位运算符与其他运算符之间的优先级：

（1）位运算符"~"的优先级仅次于括号、下标运算、成员运算的优先级，而与逻辑非运算符"!"、间接访问运算符"*"、取地址运算符"&"的运算优先级相同。

（2）位运算符"<<"、">>"的优先级低于算术运算符，而高于关系运算符。

（3）其他位运算符的运算优先级低于关系运算符，高于逻辑运算符"&&"，它们之间的运算优先级从高到低依次为"&"、"^"、"|"。所有C的运算符之间的优先级关系，详见附录Ⅱ。

例如：int a=7,b=3,c=8；
表达式a&b|c的值为11，因为a&b|c=(a&b)|c=(7&3)|8=3|8=11。
表达式c|a&b的值为11，因为c|a&b=c|(a&b)=8|(7&3)=8|3=11。
又如：int a=7,b=2,c=2；
表达式a&~b的值为5，因为a&~b=a&(~b)=5。
表达式a^b<<2+c的值为39，因为a^(b<<(2+c))=39。

## 第三节　位运算应用举例

【例10-7】 查看short类型数据在计算机中的存储格式。
程序如下：

```
#include <stdio.h>
#include<stdlib.h>
void main( )
{  short i,a,n, *p;
   n=sizeof(short)*8;
   p=(short*)malloc(n);
   printf("请输入一个短整型整数:");
   scanf("%hd",&a);
   for(i=1;i<=n;i++) {
      p[n-i]=a&0x0001; a=a>>1;
   }
   for(i=0;i<n;i++) printf("%hd",p[i]);
   printf("\n");
}
```

☞ **运行结果**：请输入一个短整型整数:88
0000000001011000

✱ **程序说明**：sizeof(short)*8的值是short类型数据所占的二进制位位数,语句p=(short*)malloc(n)动态分配n个short类型数据的存储空间并将该存储空间首地址送到指针变量p。

a&0x0001的值是变量a机内码的最后1位,a=a>>1可将a的机内码右移1位,此后表达式a&0x0001的值就是变量a机内码的倒数第2位。重复上述操作,就可以得到a的机内码从低位到高位的各位。

【例10-8】 对文本的加密与解密。输入一个文本及任意一个密值,对该文本加密后,输出密文;重新输入密值后,输出解密后的原文。

异或运算的一个特点是任意一个数与某个指定的数做两次异或操作,则运算结果为原数。将密值通过异或运算得到密文,将密文再做异或运算得到原文。

程序如下:

```
#include<stdio.h>
void main( )
{  char s[81],ans; int m1,m2,i;
   printf("输入原文:\n");
   gets(s);
   printf("原文:%s\n",s);
   printf("输入一个整数密值(1~255):\n");
   scanf("%d",&m1);
   for(i=0;s[i]!='\0';i++) s[i]^=m1;    /* 加密 */
   printf("密文:%s\n",s);
   printf("是否解密y/n:\n");
   scanf("%*c%c",&ans);
```

```
        if(ans=='y') {
            printf("输入原密值:\n");
            scanf("%d",&m2);
            for(i=0;s[i]! ='\0';i++) s[i]^=m2;    /* 解密 */
            if(m1==m2) printf("解密原文:%s\n",s);
            else {
                printf("密值不对,解密文非原文!! \n");
                printf("解密文:%s\n",s);
            }
        }
    }
```

☞ **运行结果**：输入原文:

Hello!

原文:Hello!

输入一个整数密值(1~255)：

30

密文:V{rrq?

是否解密y/n:

y

输入原密值:

30

解密原文:Hello!

✽ **程序说明**：密值数之所以在1~255之间,是由于字符类型占一个字节。要使密值在1~65535之间,读者可将程序修改,使字符串中的每两个字符合成一个整数存放于一维数组中,加密时由于是对int型(2个字节)作异或运算,此时密值数范围可在1~65535间。

**【例10－9】** 检查float类型数据的机内存储格式。

☞ **编程分析**：由于不能够对float或double类型数据作位运算,故下列程序中声明了共用体类型变量a,将共用体的两个数据成员a.x和a.k分别声明为float类型和int类型。当输入a.x时,C将输入值按float类型的存储格式存储在4个字节中,这4个字节的二进位也是int类型数据a.k的补码,对a.k可以作位运算,取出其各个二进位。

程序如下：

```
#include <stdio.h>
void main()
{ union { float x; int k; } a;
    short b[32],i;
    while(scanf("%f",&a.x)! =EOF) {       /* 输入^z时终止循环 */
        printf("%f的机内码为\t",a.x);
        for(i=1;i<=32;i++) {
```

```
            b[32-i]=a.k&0x0001; a.k=a.k>>1;
        }
        for(i=0;i<32;i++) printf("%hd",b[i]);
        printf("\n");
    }
}
```

☞ 运行结果：

输入 23     输出：23 的机内码为 0100 0001 1011 1000 0000 0000 0000 0000
输入 −23    输出：−23 的机内码为 1100 0001 1011 1000 0000 0000 0000 0000
输入 0.005678 输出：0.005678的机内码为0011 1011 1011 1010 0000 1110 1000 0100
输入 ^z      运行终止。

✻ 程序说明：仔细分析各输入数和机内码的关系，可以找出规律，得出float类型数据在内存中存储格式的结论。

## 第四节 小 结

位运算符的操作数只能是整型数据，字符类型数据以其ASCII码作位运算。

通过本章的学习，应掌握C语言中所有位运算符的运算规则，理解这些运算符的特殊用途；了解各种数据类型的存储格式，以及C语言位运算的一些实际应用。

同时应注意，表达式A&B、A|B、A^B、~A、A<<B、A>>B均不能改变A或B的值。如同i+1不能、而i=i+1能够改变变量i的值一样，若要将int类型变量A的值改为它按位取反后的值，应写成表达式：A=~A。

## 习 题 十

1. 计算下列表达式的值。

   (1) 5&7          (2) −12&6        (3) 7|8          (4) −12|32
   (5) (x=13)^9     (6) 15/2^1       (7) ~−15         (8) ~15/3
   (9) 7<<2         (10) −9<<2       (11) (x=13)>>3   (12) −9>>3

2. 变量a、b均被声明为short类型，分别写出执行下列语句后a、b的值。

   (1) a=4;b=5;a&b;                  (2) a=−4;b=a|6;
   (3) a=3;b=a<<2;                   (4) a=−15;b=~a>>2;

3. 阅读下列程序，写出运行时输入 6 8  8 4  12 −5  23 −12  ^z 后的输出结果。

```
#include <stdio.h>
void sub1(short *x,short *y)
{ *x=*x^*y; *y=*x^*y; *x=*x^*y; }
```

```
      void main( )
    { short a,b;
      while(scanf("%hd%hd",&a,&b)! =EOF) {
        sub1(&a,&b); printf("%hd,%hd\n",a,b);
      }
    }
```

4. 编程,输入一个int类型数据后,输出该数的机内码。

5. 编程,输入1个short类型数据,显示它二进制数的奇数位(即从左边起的第1、第3、第5、……、第15位)。

6. 输入一个整数,将其低8位全置1,高8位保留,并以十六进制输出该数。

# 第十一章 文件

前面所讨论的程序中,运行时所需要的数据都是从键盘输入到内存,计算结果也是从内存输出到显示器上。当程序运行结束后,所占有的内存单元全部撤销,相应的数据不再保存。如果把程序所需要的数据事先输入到文件中,把程序的处理结果也放在文件中,那么就能长久保存。要查看程序处理结果,只需直接打开存放结果的文件;要重新运行程序,需要的数据也可以在文件中读取,而不必重复输入。

本章首先介绍了文件的概念和文件操作的基本步骤,然后重点介绍常用文件操作的库函数。通过本章的学习,我们能对文本文件和二进制文件进行简单的读写操作。

## 第一节 文件概述

### 一、文件的概念

对一个程序员来说,我们可以理解内存是程序处理的中心。如图11-1所示,我们声明一个变量就是在内存中开辟一块空间;输入数据就是把键盘输入的数据放在内存的变量中;计算机的处理过程就是中央处理器(CPU)从内存中取出需要的数据,处理完后把结果返回给内存中的变量;输出数据就是把内存变量中的数据写到显示器上。

同样,数据也可以从外存的文件中输入到内存的变量中;处理完后数据也可以从内存的变量输出到外存的文件中保存起来。

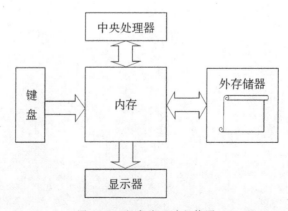

图11-1 程序处理过程简图

那么什么是文件？文件又是如何操作的呢？

"文件"是计算机处理中经常使用的概念。一般说来，文件是数据的集合体。例如，程序文件是程序代码的集合体，而数据文件中保存着待处理或已处理的数据。

文件按存储介质分，有标准输入/输出文件、磁带文件、磁盘文件等。C语言中文件的概念具有更广泛的意义，它把所有的外部设备都作为文件对待。按照系统约定：键盘为标准输入文件(stdin)，显示器为标准输出文件(stdout)、标准错误输出文件(stderr)，从而把实际的物理设备抽象化为逻辑文件的概念。

将磁盘文件和设备文件都作为相同的逻辑文件对待，这种逻辑上的统一为程序设计提供了很大的便利，使得C标准函数库中的输入、输出函数既可以用来控制标准输入、输出设备，也可以用来处理磁盘文件。

1. 文件分类

按数据的存储格式区分，文件可以分为文本(正文)文件和二进制文件。

（1）文本文件。文本文件以字节为单位，每个字节存放一个字符所对应的ASCII代码。使用Windows的写字板、记事本等应用程序，均可以方便地阅读文本文件。

C程序从文本文件中读入的数据需要经过转换，如读入int类型数据127659，要转换为4个字节的机内码；而向文本文件写入1个整数值127659，转换后写入文件中的是这6个字符的ASCII码。

（2）二进制文件。二进制文件以二进制形式存储，一般占较少(与文本文件比较)的存储空间，输入、输出时无须转换。但它的一个字节并不对应一个字符，不能直接输出字符形式。这两种文件在操作上也有所不同，本章中将分别讨论。

2. 文件处理方法

C语言有两种文件处理方法，一种叫"缓冲文件系统"，另一种叫"非缓冲文件系统"。

缓冲文件系统在处理文件时自动地在内存区为每个正在使用的文件开辟一个缓冲区。从内存向磁盘输出数据必须先送到内存中的缓冲区，装满缓冲区后才一起送到磁盘去。

如果从磁盘向内存读入数据，则一次从磁盘文件将一批数据输入到内存缓冲区，然后再从缓冲区逐个地将数据送到程序数据区，如图11-2所示。

非缓冲文件系统在系统处理文件时，系统不自动开辟确定大小的缓冲区，而由程序为每个文件设定缓冲区。

缓冲文件系统较好地解决了计算机访问内存的高速度与访问外部设备的低效率之间的矛盾，本章仅介绍缓冲文件系统。

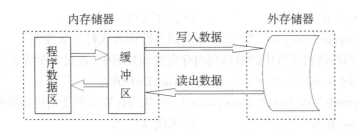

图11-2 缓冲文件系统

## 二、文件结构体

C程序对文件的读、写是通过调用C语言处理系统所提供的输入、输出函数来实现的。磁盘文件中存储着大量的数据,那么系统是如何保证输入数据的正确性的呢?系统当前读磁盘文件读到何处?读下一个数据应当从哪一个位置开始呢?这些都是我们需要了解的内容。

系统在内存中为每一个正在使用的文件建立了一个结构体类型的变量,其类型标识符为"FILE",该变量被用来存放与相应文件有关的信息,如文件名、文件状态、数据缓冲区的位置、文件读写的当前位置等。

文件的处理过程一般为:打开文件→读、写文件→关闭文件。

文件打开后,系统将建立该文件的内存缓冲区、结构体变量;关闭文件时,该变量被释放;调用读、写文件的函数时,对文件结构体变量的访问也是必不可少的。通过文件结构体间接读、写文件中的数据,可以保证缓冲区和文件之间的信息读、写正确地进行。

文件结构体类型标识符FILE在头文件stdio.h中声明。对文件的操作,是通过指向该文件结构体变量的指针变量进行的。为此,需要用户在程序中声明指向文件结构体变量的指针,格式如下:

FILE *文件结构体指针变量名

例如语句"FILE *p;"声明了一个指向文件结构体的指针变量p。文件结构体由系统自动定义,若p是指向某文件的文件结构体变量,通过它就能间接操作这个文件。

从程序员的角度出发,可将指向文件结构体的指针理解为指向文件当前读写位置的指针。

【例11-1】 文件操作示例:输入5个学生的姓名、成绩,并顺序写到文件e:\cj.txt中,然后再从文件e:\cj.txt读出并显示所有数据。

程序如下:

```
#include <stdio.h>
void main( )
{  char name[9]; int i,score;
   FILE *fp;                          /* 定义fp为指向文件结构体的指针变量 */
   fp=fopen("e:\\cj.txt","w");        /* 以"写"的方式打开文件 */
   for(i=1;i<=5;i++) {
       scanf("%s%d",name,&score);     /* 从键盘输入数据到内存的数组和变量中 */
       fprintf(fp,"%s %d\n",name,score);   /* 把内存数组和变量写入文件 */
   }
   fclose(fp);                        /* 关闭文件 */
   fp=fopen("e:\\cj.txt","r");        /* 以"读"的方式打开文件 */
   /* 循环读出文件中的数据到内存变量和数组中,直到文件结束 */
   while(fscanf(fp,"%s%d",name,&score)!=EOF)
       printf("%s,%d\n",name,score);  /* 从内存数组和变量输出数据到显示器 */
   fclose(fp);                        /* 关闭文件 */
}
```

✳ **程序说明**：这个例子说明了文件的处理流程：打开文件→读写文件→关闭文件。也说明了数据的整个流程：键盘→内存→文件，文件→内存→显示器。其中所涉及的函数，我们会在第三节详细介绍。

## 第二节 文件的打开与关闭

读写文件之前，首先要打开文件，建立起与该文件的联系；文件读写结束后，要关闭文件，切断与这个文件的联系。这两步工作是由函数fopen和fclose来实现的。

### 一、打开文件

函数原型：FILE *fopen(char *filename,char *mode)

函数功能：打开以字符串filename为文件名的文件，返回值为指向该文件的FILE类型变量的首地址，当打开文件失败时返回NULL。

字符串mode决定所打开文件的使用方式，详见表11-1。最常用的方式有以下3种。
- "r"——以只读方式打开已存在的文本文件。
- "w"——以只写方式新建文本文件，若存在同名文件，则刷新已有文件。
- "a"——以只写方式打开已存在的文本文件，追加数据到文件末尾。

如语句"fopen("e:\\su.txt","w")"新建文本文件e:\su.txt，若该文件已存在，则原有数据被清空，当前写文件位置在文件头。

又如语句"fopen("e:\\su.txt","r");"以只读的方式打开已存在的文本文件，当前读文件位置在文件头。

语句"fopen("e:\\su.txt","a");"打开文本文件后，fp1所指向文件的读写位置在尾标志^z（Ctrl+Z）前、文件中最后一个数据之后。

**表11-1 打开文件的使用方式**

| mode | 含 义 |
|---|---|
| "r" | 只读，以只读方式打开已存在的文本文件 |
| "w" | 只写，以只写方式新建文本文件，若存在同名文件，则刷新已有文件 |
| "a" | 追加，以只写方式打开已存在的文本文件，数据追加到文件末尾 |
| "r+" | 读写，以可读写方式打开已存在的文本文件 |
| "w+" | 读写，以可读写方式新建文本文件，若存在同名文件，则刷新已有文件 |
| "a+" | 读写，以可读写方式打开已存在的文本文件，数据追加到文件末尾 |
| "rb" | 只读，以只读方式打开已存在的二进制文件 |
| "wb" | 只写，以只写方式新建二进制文件，若存在同名文件，则刷新已有文件 |
| "ab" | 追加，以只写方式打开已存在的二进制文件，数据追加到文件末尾 |
| "rb+" | 读写，以可读写方式打开已存在的二进制文件 |
| "wb+" | 读写，以可读写方式新建二进制文件，若存在同名文件，则刷新已有文件 |
| "ab+" | 读写，以可读写方式打开已存在的二进制文件，数据追加到文件末尾 |

▲ **注意**：函数fopen("e:\\su.txt","w")中的双反斜杠是转义移字符'\'。

字符串mode为"r+"、"w+"、"a+"，则以可读写方式打开文本文件。新建文件一定要用"w"或"w+"模式打开。而用"w+"打开的文件在向文件头方向移动文件读写位置指针后，还可以读该文件。

字符串mode中若有字符'b'，则所打开的是二进制文件。

如语句"fopen("e:\\su.dat","wb+");"是以可读写方式新建二进制文件。

又如语句"fopen("e:\\su.dat","rb");"是以只读方式打开已存在的二进制文件。

打开文件后就建立了该文件的内存缓冲区、结构体变量，同时返回了记录该文件有关信息(如文件名、文件状态、数据缓冲区的位置、文件读写的当前位置)的结构体变量的首地址。所以我们要事先声明一个文件指针，记录下这个地址：

  FILE *fp;

  fp=fopen("d:\\su.txt","w+");

有了这个指针后，我们就可以用它间接操作该文件。我们可以这样理解：打开文件后，就建立了与该文件的通道，对指针fp的操作就是对该文件的操作。

有许多因素会导致文件不能打开，如读盘错误，又如用只读方式打开文件而指定文件不存在等。可以用下列形式的语句打开文件，本教材限于篇幅而不采用。

  if((fp=fopen("d:\\su.txt","w+")==NULL)

  { printf("不能打开文件d:\\su.txt! \n"); exit(0); }

## 二、关闭文件

函数原型：int fclose(FILE *fp)

函数功能：关闭fp所指向的文件，释放fp所指向的文件结构体和文件缓冲区。函数返回非0值表示出错，返回0表示文件已关闭。

如函数 fclose(fp) 关闭fp所指向的文件，释放fp所指向的文件结构体和文件缓冲区。我们也可以这样理解：关闭文件后，就切断了与该文件的通道，指针fp变成了悬挂指针，不能再用fp对该文件进行操作。

## 第三节 文本文件的顺序读写

打开和关闭文件只是文件操作的辅助工作，操作文件的目的是对文件进行读写，这也是通过一些库函数来实现的。学习这些函数的使用方法时，最好能与标准设备的输入、输出函数进行比较，因为它们非常类似。

因为文件有文本文件和二进制文件之分，下面我们先介绍对文本文件的顺序读写。

### 一、文本文件的读写

1. 字符输入、输出函数

（1）字符输入函数 fgetc。

函数原型：int fgetc(FILE *fp)

函数功能：从fp指向文件的当前读写位置读入一个字符。函数的返回值为该字符的ASCII值，若读到文件结束标志~z(在最后一个数据后面)时，则返回EOF(即-1)。从文件读入1个字符后，文件读写位置向后移动1个字节。

因为该函数是从文件读一个字符到内存，所以必须声明一个变量来接收这个字符。该函数的一般用法为"c=fgetc(fp);"，即将所读入字符的ASCII值送入变量c。

▲注意：该函数与标准输入函数getchar的区别是，它们虽然都是读一个字符到内存变量中，但前者是从文件中读入的，必须带有文件指针这个参数，后者是键盘输入的，它是标准、默认的，不需要指定参数。

（2）字符输出函数fputc。

函数原型：int fputc(char ch, FILE *fp)

函数功能：向fp指向文件的当前读写位置写入一个字符，写入字符成功，则函数返回该字符的ASCII码值；写入字符不成功，则返回值为EOF。向文件写入1个字符后，文件的读写位置指针向后移动1个字节。

因为该函数是把内存变量中的字符写到文件中去，所以两个参数分别是被写入的字符和文件指针。该函数的一般用法为"fputc(ch, fp);"，即将变量ch中的字符写入fp所指向的文件。

（3）函数feof。一般情况下，读文件时不要求预先知道文件中的数据个数。我们可以通过文件结束标志"~Z"(EOF)来判断读取数据时文件读写位置指针是否到达文件末尾，并据此作出判断使读取文件的过程终止。函数feof可以用以判断是否读到文件末尾。

函数原型：int feof(FILE *fp)

函数功能：当读到文件末尾时返回非0值，否则返回0。

使用该函数来控制读文件的过程非常方便，如可以使用如下程序段来控制读文件的过程：

```
while(!feof(fp)){    /* 当没有到文件结束时,执行循环体*/
    读数据,处理。
}
```

例如，从一个磁盘文件顺序读字符显示在屏幕上，可以这样来实现：

```
ch=fgetc(fp);
while(ch!=EOF) {
    putchar(ch); ch=fgetc(fp);
}
```

也可以写成：

```
while(!feof(fp)) {
    ch=fgetc(fp); putchar(ch);
}
```

▲注意：对文本文件可以用EOF或函数feof来判断文件是否结束，对于二进制文件只能用函数feof。

EOF是在stdio.h中定义的符号常量，值为-1，表示文件的结束符。由于字符的ASCII码值不可能出现-1,因此,当读入的值等于-1时,表示读入的不是正常字符而是文件结束符。而在二进制文件中,某一个数据的值可能就是-1。

【例11-2】 编程,将程序运行时输入的若干行字符写入文本文件a.txt中,假定每行字符个数不超过80。然后将文件a.txt中的字符读出,在屏幕上显示。

程序如下:

```c
#include <stdio.h>
void main()
{ FILE *p; char c,x[81]; int i;
    p=fopen("a.txt","w");
    while(gets(x)!=NULL) {  /* 输入若干以回车结束的字符串,遇 ^z 终止 */
        i=0;
        /* 将字符串逐字符写入文件,最后写入换行符 */
        while(x[i]!='\0') fputc(x[i++],p);
        fputc('\n',p);
    }
    putchar('\n');
    fclose(p);                /* 关闭p所指向的文件 */
    p=fopen("a.txt","r");     /* 再以只读方式重新打开 */
    /* 逐个读入并显示各字符,直至文件末尾 */
    while((c=fgetc(p))!=EOF) putchar(c);
    fclose(p);
}
```

☞ **运行结果**:输入若干行后,会显示与输入相同的字符串,说明输入字符串已经完全复制在文本文件 a.txt 中了。

✻ **程序说明**:程序以写的方式打开文件(若文件a.txt存在,则清除所有数据,否则就创建该文件),然后通过循环逐行从键盘输入字符串到内存,将字符串逐个字符写入文件,然后再写入一个换行符。

循环while(gets(x)!=NULL)的结束条件是输入^Z,键盘输入过程结束。

以只读方式重新打开一个已经打开的文件前,应先关闭文件。

▲ **注意**:在语句"while((c=fgetc(p))!=EOF) putchar(c);"中,循环条件不可以错误地写成"c=fgetc(p)!=EOF",因为关系运算符"!="比"="优先级高,会导致先将输入字符与EOF比较关系,然后将1或0赋值给变量c。

2. 字符串输入、输出函数

(1) 字符串输入函数 fgets。

函数原型:char *fgets(char *str,int n,FILE *fp)

函数功能:从fp所指向文件的当前读写位置起,最多读n-1(包括换行符和文件结束标志,读到它们时终止)个字符,并将后缀'\0'复制到字符数组str中,返回值为str首地址或NULL。从文件读入字符串后,读写位置向后移动到文件中该字符串的下一个字符前。

例如：

　　char str[81]; FILE *fp;
　　　　…　…
　　fgets(str,81,fp);

从fp所指向文件的当前读写位置起读最多80个字符,再将后缀'\0'赋值到字符数组str中。

我们可以将fgets与gets函数作比较:前者数据流向是文件→内存数组,后者数据流向是键盘→内存数组;前者需数据源、数据目的地和数据量这3个参数,后者只需一个参数——数据目的地,后者默认数据源是标准输入设备,数据量由操作人员控制(按回车键)。

(2) 字符串输出函数 fputs。

函数原型:int fputs(char *str,FILE *fp)

函数功能:向fp指向文件的当前读写位置写字符串str(不包括尾标志'\0'),文件读写位置移动到所写入字符串之后。返回值为所输出末字符的ASCII码,向文件输出字符串不成功,则返回值为0。

比较该函数与puts函数:前者数据流向是内存数组→文件,后者是内存数组→显示器;前者不会在输出字符串到文件时添加'\n',后者输出后会自动换行。

该函数的一般用法为:

　　fputs(str,fp);
　　fputc('\n',fp);

该函数为间隔写入到文件中的各字符串,应加入语句"fputc('\n',fp);"。

【例11-3】 编程,将程序运行时输入的若干行字符用函数fputs输出到文本文件a.txt中,假定每行字符个数不超过80。

程序如下:

```
#include <stdio.h>
#include <stdlib.h>
void dtos_1(FILE *fp)
{ char c;
    rewind(fp);         /* 反绕语句,使文件的当前读写位置移动到文件首部 */
    while((c=fgetc(fp))!=EOF) putchar(c);   /* 从文件逐个字符读入、输出 */
}
void dtos_2(FILE *fp,int n)
{ char *str;
    str=(char*)malloc(n);
    rewind(fp);         /* 反绕语句,使文件的当前读写位置移动到文件首部 */
    while(fgets(str,81,fp)!=NULL) puts(str);  /* 从文件逐行字符读入、输出 */
    free(str);
}
```

```
void main( )
{ FILE *p; char x[81];
    p=fopen("a.txt","w+");
    while(gets(x)!=NULL) {
        fputs(x,p); fputc('\n',p);
    }
    putchar('\n');
    dtos_1(p);          /* 调用函数dtos_1,从文件a.txt读字符并显示输出 */
    dtos_2(p,81);       /* 调用函数dtos_2,从文件a.txt读字符串并显示输出*/
    fclose(p);
}
```

☞ **运行结果**：输入4行 asdf  zxcv  erttyu  ^Z
函数dtos_1输出同样的3行字符串。函数dtos_2输出共6行,每个字符串后都有一个空行。

❋ **程序说明**：rewind(fp)使fp指向的当前读写位置移动到文件首部,详见本章第四节第一点。

调用dtos_1从文本文件a.txt中顺序、逐个读取字符并显示,显示结果表明文件中的每个字符串以'\n'结束。

调用dtos_2,文件中每个字符串以'\n'结束,因此输出1个换行符,而puts输出字符串str时会自动输出'\n'(第2个换行符),故会出现一个空行。要去掉输出结果中多余的换行符,可以将dtoc_2函数中的语句"puts(str);"修改为"printf("%s",str);"。

若去除函数main中的语句"fputc('\n',p);",包括调用函数dtos_2在内的结果将全部显示在1行内,这表明文件中的各字符串之间无分隔符。因此将若干字符串用fputs函数写到文本文件,一般应在写入每个字符串后再写入一个换行符。

3. 格式化输入、输出函数
（1）格式化输入函数。
函数原型：int fscanf(FILE *fp,char *format,地址列表)
函数功能：按照格式控制串format所给定的输入格式,把从fp所指向文件当前读写位置起读入的数据,按地址列表存入指定的存储单元。从文件读入若干个数据后,文件读写位置向后作相应移动。函数返回值为所输入的数据个数或EOF(此时feof(fp)为真)。
例如：
    char name[9]; int cj; FILE *fp;
    ……
    fscanf(fp,"%8s%4d",name,&cj);
从fp所指向文件当前读写位置起,按照格式"%8s%4d"读取姓名、成绩到字符数组name和int类型变量cj中。
（2）格式化输出函数。
函数原型：int fprintf(FILE *fp,char *format,输出表)
函数功能：按照格式控制串format给定的输出格式,从fp指向文件的当前读写位置起,把输出表中各表达式值输出到文件。函数返回值为所输出的数据个数,向文件输出若干数据后,文件读写位置移动到所写入数据之后。

例如:
  char name[9];int cj;FILE *fp;
    … …
  fprintf(fp,"%8s%4d",name,cj);

把数组name和变量cj中的数据,按照格式"%8s%4d"写入fp所指向文件的当前读写位置。

函数fscanf、fprintf与函数scanf、printf非常类似,除了数据流向外,只是相差一个参数——指向文件的指针。

【例11-4】 编程,将文本文件e:\aaa.txt中的各行复制到新建文本文件e:\bbb.txt中,其中学号第5、第6位为"01"的不复制,文件e:\aaa.txt中每行数据格式如下:

8个字符(姓名)10个字符(学号)3位整数(成绩) 回车换行

```
#include <stdio.h>
#include <string.h>
void main( )
{ FILE *fa,*fb;
  char name[9],num[11]; int cj;
  fa=fopen("e:\\aaa.txt","r");
  fb=fopen("e:\\bbb.txt","w");
  while(fscanf(fa,"%8s%10s%3d",name,num,&cj)!=EOF)
    if(num[4]!='0'||num[5]!='1')   /* 判断学号第5、第6位是否为"01" */
      fprintf(fb,"%8s%10s%3d\n",name,num,cj);
  fclose(fa);
  fclose(fb);
}
```

❋ **程序说明**:字符串name元素的个数为9,比格式中的8多1。这是因为文件中读出来的数据不包括'\0',而在放入数组时系统自动加上'\0',变成字符串。字符串num也是同样道理。

4. 文本文件读写操作举例

【例11-5】 编程,将文本文件e:\a.txt中的文本复制到文本文件e:\b.txt中。要求:从文件e:\a.txt中读入的连续若干个空格符中,只写一个空格符到文件e:\b.txt中。

程序如下:

```
#include <stdio.h>
void main( )
{ FILE *p1,*p2; char ch; int k=0;  /* k=0表示前1个字符不是空格 */
  p1=fopen("e:\\a.txt","r");
  p2=fopen("e:\\b.txt","w");
  while((ch=fgetc(p1))!=EOF
```

```
    if(ch!=' ') { fputc(ch,p2); k=0; }
      else if(k==0) { fputc(' ',p2); k=1; }
  fclose(p1);
  fclose(p2);
}
```

✲ **程序说明：** 变量k表示空格出现的情况，k为0表示前一个字符不是空格，k为1表示前一个字符是空格。

结合当前读入的字符，有3种情况：

(1) 当前字符不是空格，写入。

(2) k为0且当前字符为空格，即只有一个空格，写入。

(3) k为1且当前字符为空格，即有两个空格，当前空格不写入。

**【例11-6】** 文件e:\a.txt、e:\b.txt中均从小到大各自存放了若干个实数，编程将两个文件中所有数据仍按从小到大的顺序写入到文件e:\c.txt中。

程序如下：

```
#include <stdio.h>
void main( )
{  float a,b; FILE *fa,*fb,*fc;
   fa=fopen("e:\\a.txt","r");
   fb=fopen("e:\\b.txt","r");
   fc=fopen("e:\\c.txt","w");
   fscanf(fa,"%f",&a); fscanf(fb,"%f",&b);
   do                                    /* 第一个循环结构起点 */
     if(a<b) {
       fprintf(fc,"%f\n",a);
       fscanf(fa,"%f",&a);
     }
     else {
       fprintf(fc,"%f\n",b);
       fscanf(fb,"%f",&b);
     }
   while(!feof(fa)&&!feof(fb));          /* 第一个循环结构终点 */
   if(feof(fa))                          /* 选择结构起点 */
     do {
       fprintf(fc,"%f\n",b);
       fscanf(fb,"%f",&b);
     } while(! feof(fb));
   else
     do {
```

```
            fprintf(fc,"%f\n",a);
            fscanf(fa,"%f",&a);
        } while(! feof(fa));          /* 选择结构终点 */
    fclose(fa); fclose(fb); fclose(fc);
}
```

❋ **程序说明**：在文件a.txt、b.txt中各读取一个数据，把小的数据写入文件c.txt中，然后在刚才读取小数据的文件中再读取一个数据进行比较，直到文件a.txt、b.txt中一个文件的数据比较完为止，这步工作由第一个循环结构完成。这时总有一个文件中还有数据没读完，再把没读完的数据读出写入文件c.txt中。

【例11-7】 文本文件aa.txt中存储了若干个学生的信息，包括：学号、3门功课的成绩、平均分（以格式"%8s%4d%4d%4d%6.1f\n"写入）。编程，键盘输入某学生记录，修改文件aa.txt中学号与之相同的学生的记录。

☞ **编程分析**：一种做法是直接对aa.txt进行修改，这需要向文件首部移动文件当前读写位置，对此将在本章第四节中介绍。

另一种做法是：从aa.txt中逐条读取学生记录，不需要修改，则直接写入新建文件中，否则将修改后的数据写入新建文件中。最后，通过删除aa.txt、将新建文件改名为aa.txt来完成所有操作。多条学生记录的修改，也可以参照此程序。

程序如下：

```
#include <stdio.h>
#include <string.h>
struct stu{ char numb[9];int s[3];float ave;};
void main()
{ FILE *f1,*f2; stu a,b;
    f1=fopen("aa.txt","r");
    f2=fopen("bb.txt","w");
    scanf("%s%d%d%d",a.numb,&a.s[0],&a.s[1],&a.s[2]);
    a.ave=(a.s[0]+a.s[1]+a.s[2])/3.0;
    while(fscanf(f1,"%8s%4d%4d%4d%6f\n",b.numb,&b.s[0],
                 &b.s[1],&b.s[2],&b.ave)!=EOF)
        if(strcmp(a.numb,b.numb)==0) fprintf(f2,"%8s%4d%4d%4d%6.1f\n",
                   a.numb,a.s[0],a.s[1],a.s[2],a.ave);
            else fprintf(f2,"%8s%4d%4d%4d%6.1f\n",b.numb,b.s[0],b.s[1],b.s[2],b.ave);
    fclose(f1);
    fclose(f2);
    remove("aa.txt");              /* 删除文件aa.txt */
    rename("bb.txt","aa.txt");     /* 将文件bb.txt改名为aa.txt */
}
```

❋ **程序说明**：把需要修改的学生信息放入结构体变量a中，将从aa.txt中读出的学生信息放在结构体变量b中。比较a.numb和b.numb：如不相等，则把结构体变量b中的数据写入bb.txt；如相等，则说明找到了要修改的学生信息，把结构体变量a中的数据写入bb.txt，即修改了学生的信息。这样，bb.txt中记录的是修改后的信息，再把aa.txt删除，将bb.txt改名为aa.txt。

调用函数remove可删除磁盘文件。

函数原型：int remove(char *filename)

函数功能：删除以filename指向的字符串为文件名的文件，删除成功，函数返回值为0，否则返回-1。

例如：上例中remove("aa.txt")用来删除文件aa.txt。

调用函数rename可将磁盘文件改名。

函数原型：int rename(char *oldfilename,char *newfilename)

函数功能：将以字符串oldfilename为文件名的文件，重新以字符串newfilename中的字符命名。改名成功，函数返回值为0，否则返回-1。

例如：上例中rename("bb.txt","aa.txt")用来把文件bb.txt改名为aa.txt。

【例11-8】 编程，键盘输入某个学生的学号，删除aa.txt中与该学号相同的学生记录。

☞ **编程分析**：一种做法是直接对aa.txt进行修改，将要删除记录后的全部记录向文件首部移动一个记录，真正去除多出的最后一个记录，需要重新定位文件结构体指针。相比之下，下列程序采用与例11-7在文件中修改记录类似的做法，能够较好地实现以上操作。

程序如下：

```
#include <stdio.h>
#include <string.h>
struct stu { char numb[9]; int score[3]; float ave; };
void main( )
{ FILE *fp1,*fp2; stu a,b;
  fp1=fopen("aa.txt","r");
  fp2=fopen("bb.txt","w");
  scanf("%s",a.numb);
  while(fscanf(fp1,"%8s%4d%4d%4d%6f\n",b.numb,&b.score[0],
                 &b.score[1],&b.score[2],&b.ave)!=EOF)
    if(strcmp(a.numb,b.numb)!=0) fprintf(fp2,"%8s%4d%4d%4d%6.1f\n",
                 b.numb,b.score[0],b.score[1],b.score[2],b.ave);
  fclose(fp1); fclose(fp2);
  remove("aa.txt"); rename("bb.txt","aa.txt");
}
```

✲ **程序说明**：本例与例11-7唯一不同的是：在比较a.numb和b.numb时，如果相等，说明找到了要修改的学生信息，结构体变量a和b中的数据都不写入文件bb.txt，即删除了学生信息。

## 二、二进制文件的读写

1. 输入、输出函数

（1）输入函数fread。

函数原型：int fread(T *a,long sizeof(T),unsigned int n,FILE *p)

函数功能：从fp所指向文件的当前读写位置起,复制n×sizeof(T)个字节到T类型指针变量a所指向的内存区域。函数返回值为n或0(读到文件末尾)。

（2）输出函数fwrite。

函数原型：int fwrite(T *a,long sizeof(T),unsigned int n,FILE *p)

该函数的功能是：从T类型指针变量a所指向的内存地址起,复制n×sizeof(T)个字节到fp所指向文件当前读写位置起的存储区域,返回值为n。

例如：

  FILE *fp;

  float a[2];

  fread(a,sizeof(float),2,fp);

若fp所指向的文件保存的是一组实数,则上述语句可理解为：从fp所指向文件的当前读写位置起,读两个实数赋给a[0]、a[1]。

若执行语句：

  fwrite(a,sizeof(float),2,fp);

则把数组a中的a[0]、a[1]两个元素写到fp所指向文件的当前读写位置。

▲ **注意**：上面这两个函数主要用于二进制文件的成批输入、输出。在判断文件是否结束时用feof函数,不能直接用EOF来判断。

1. 二进制文件读写操作举例

【**例11-9**】编程,将1~1000之间的素数依次写入二进制文件e:\sushu.dat中,然后从二进制文件e:\sushu.dat中读出每个素数,并以每行10个在显示器中显示出来。

程序如下：

```
#include<stdio.h>
#include<math.h>
void main( )
{  FILE *fp; int n,k,i=0;
   fp=fopen("e:\\sushu.dat","wb+");      /* 以二进制读写方式打开文件 */
   for(n=2;n<=1000;n++) {
      k=sqrt(n);
      for(i=2;i<=k;i++) if(n%i==0) break;
      if(i>k) fwrite(&n,sizeof(int),1,fp);   /* 把素数写入文件 */
   }
   rewind(fp);                            /* 读写位置指针移到文件头 */
   while(1) {
```

```
        fread(&n,sizeof(int),1,fp);           /* 从文件中读出数据 */
        if(feof(fp))break;
        printf("%d   ",n);
        i++; if(i%10==0) putchar('\n');        /* 每行10个输出数据 */
    }
    fclose(fp);
}
```

✿ **程序说明**：如果你直接从记事本打开文件e:\sushu.dat,你会发现是乱码,因为它是二进制文件。如果将打开语句改写成fp=fopen("e:\\sushu.dat","w+"),将写入文件的fwrite语句改写成fprintf(fp,"%d",n),那么文件e:\sushu.dat就是文本文件,能直接用记事本打开,当然后面的输出语句也要作相应的修改。

【**例11–10**】 编程,在新建二进制文件bina.dat中存储若干个学生的信息。学生信息包括:学号、三门功课的成绩、平均分。

程序如下：

```
#include <stdio.h>
#include <stdlib.h>
void main( )
{ FILE *fp1; char numb[9]; int score[3]; float ave;
    fp1=fopen("bina.dat","wb+");              /* 新建可读写二进制文件 */
    while(scanf("%s%d%d%d",numb,&score[0],&score[1],&score[2])!=EOF) {
        ave=(score[0]+score[1]+score[2])/3.0;
        fwrite(numb,sizeof(numb),1,fp1);       /* 输出以numb为首地址的9个字符 */
        fwrite(score,sizeof(int),3,fp1);        /* 输出score指向的3个int数据 */
        fwrite(&ave,sizeof(float),1,fp1);       /* 输出以&ave为地址的1个float数据 */
    }
    rewind(fp1);
    printf("\n");
    while(fread(numb,sizeof(numb),1,fp1)!=NULL) {
        fread(score,sizeof(int),3,fp1);
        fread(&ave,sizeof(float),1,fp1);
        printf("%8s%4d%4d%4d%6.1f\n",numb,score[0],score[1],score[2],ave);
    }
    fclose(fp1);
}
```

✿ **程序说明**：运行该程序,输入数据可按要求写入到二进制磁盘文件bina.dat中。由于Windows环境中编辑器不能打开该文件并以文本格式显示,程序中附加的第2个循环结构用于再从文件中读取数据,从输入数据与显示结果的一致性可知该程序是正确的。

对于二进制文件,可以通过一次调用fread函数来读入整个数组。例题中调用函数fread

(score,sizeof(int),3,fp1)将文件中3个int类型数据顺序送入数组元素score[0]、score[1]、score[2]。

如果二进制文件中存储着若干个记录,程序中用结构体数据表示这些记录,就可以一次读取记录到结构体类型数据,或一次输出一个结构体数据到文件。根据此项规则,将例题改写如下,改写后的程序更为简捷。

```
#include <stdio.h>
void main( )
{ FILE *fp1;
    struct stu{ char numb[9];int score[3];float ave;} a;
    fp1=fopen("bina.dat","wb+");
    while(scanf("%s%d%d%d",a.numb,
            &a.score[0],&a.score[1],&a.score[2])!=EOF) {
        a.ave=(a.score[0]+a.score[1]+a.score[2])/3.0;
        fwrite(&a,sizeof(stu),1,fp1);          /* 输出结构体变量a到文件 */
    }
    rewind(fp1);
    printf("\n");
    while(fread(&a,sizeof(stu),1,fp1)!=NULL)  /* 从文件读入1个记录 */
        printf("%8s%4d%4d%4d%6.1f\n",a.numb,a.score[0],
                    a.score[1],a.score[2],a.ave);
    fclose(fp1);
}
```

【例11-11】 编程,键盘输入例11-10中的学生记录,修改文件bina.dat中的学号相同的学生记录。

```
#include <stdio.h>
#include <string.h>
void main( )
{ struct stu{ char numb[9];int score[3];float ave;};
    FILE *fp1,*fp2;   stu a,b;
    fp1=fopen("bina.dat","rb");
    fp2=fopen("binb.dat","wb");    /* 新建二进制文件 */
    scanf("%s%d%d%d",a.numb,&a.score[0],&a.score[1],&a.score[2]);
    a.ave=(a.score[0]+a.score[1]+a.score[2])/3.0;
    while(fread(&b,sizeof(stu),1,fp1)!=NULL)
        if(strcmp(a.numb,b.numb)==0)
            fwrite(&a,sizeof(stu),1,fp2);
        else
            fwrite(&b,sizeof(stu),1,fp2);
```

```
fclose(fp1); fclose(fp2);
remove("bina.dat"); rename("binb.dat","bina.dat");
}
```

✻ **程序说明**：程序中，采用了与修改文本文件中数据类似的做法，只是打开文件的方式以及所调用的读写文件函数有所不同。

## 第四节　文件的定位与随机读写简介

对文件的读写，是通过指向该文件结构体的指针变量进行的。文件结构体中，有一个"读写位置指针"，指向当前读或写的位置。以读、写方式打开文件时，该指针指向文件中所有数据项前；以追加方式打开文件时，该指针指向文件中所有数据项后。

当顺序读写文件时，每读、写完一个数据项，文件读写位置指针将自动移动到该数据项后、下一数据项前。如果希望直接读、写文件中某一数据项，而不是按照物理顺序逐个读、写文件，就是对文件的随机读写。

随机读写的过程中，读、写文件仍然使用前面介绍的各个函数，区别在于，要利用为文件读写指针重新定位的函数，移动文件读写指针到所需要的地方，如前面用到的rewind函数。下面介绍几个文件定位函数。

### 一、文件定位函数

**1. rewind函数**

函数原型：void rewind(FILE *fp)

函数功能：移动文件读写位置指针到文件头（第1个数据项前），函数返回值类型为空类型，即无返回值。

**2. fseek函数**

函数原型：int fseek(FILE *fp,long n,unsigned switch)

函数功能：移动文件读写位置指针，参数n为移动的字节数，n为正，则向文件尾部移动；n为负，则向文件首部移动。移动成功返回0,否则返回非0

参数switch 决定移动的起点位置：为0,则从文件头起移动；为1,则从当前指针位置起移动；为2,则从文件末尾起移动。

该函数的一般用法如fseek(fp,-6,1),作用是将fp所指向的文件结构体中的文件读写位置指针，从当前读写位置向文件首部移动6个字节。

**3. ftell函数**

函数原型：long ftell(FILE *fp)

函数功能：返回文件读写位置到文件首字节的字节数，文件打开、未读写前调用该函数，返回值为0,出错（如文件不存在）时返回 −1。

▲ **注意**：上述函数对文本文件和二进制文件都适用。

## 二、文件随机读写举例

**【例11-12】** 编程，键盘输入某个学生学号与成绩，修改文本文件aa.txt中与之相同学号的记录。由于学号具有唯一性，故找到该学号的记录并修改后，运行终止。

☞ **编程分析：** 例11-8中采用的方法是，先将全部记录转储（包括修改后的记录）在文本文件bb.txt中，然后通过删除aa.txt、将新建文件改名为aa.txt来完成所有操作。在此，我们还可以通过调用文件定位函数fseek，直接对aa.txt进行修改。

程序如下：

```
#include <stdio.h>
#include <string.h>
struct stu{ char numb[9]; int score[3]; float ave;};
void main()
{  FILE *fp1; stu a,b;
   fp1=fopen("aa.txt","r+");
   scanf("%s%d%d%d",a.numb,&a.score[0],&a.score[1],&a.score[2]);
   a.ave=(a.score[0]+a.score[1]+a.score[2])/3.0;
   while(fscanf(fp1,"%8s%4d%4d%4d%6f",b.numb,&b.score[0],
                        &b.score[1],&b.score[2],&b.ave)!=EOF)
     if(strcmp(a.numb,b.numb)==0){
        fseek(fp1,-26,1);
        fprintf(fp1,"%8s%4d%4d%4d%6.1f",a.numb,a.score[0],a.score[1],
                          a.score[2],a.ave);
        break;
     }
   fclose(fp1);
}
```

✲ **程序说明：** 文件中函数fseek(fp1,-26,1)将读写位置指针从当前位置向文件首部移动26个字节，为的是再将新记录用格式"%8s%4d%4d%4d%6f.1"重新写这26个字节。新记录写入后，终止读、写文件的过程。

请特别注意下列几个问题：

（1）读文件与建立文件时所采用格式的一致性。本例修改的文件是以输出格式"%8s%4d%4d%4d%6f.1\n"所建立的文件，而读文件所用的格式"%8s%4d%4d%4d%6f"保持了建立文件时的数据宽度。

（2）标准输入函数向文本文件输出数据时对换行符的处理。建立的文件中，每个记录有28个字符，即在每26个可显示字符后面还有1个回车符和1个换行符。

（3）标准输入函数从文本文件输入数据时对换行符的处理。从文本文件中输入数据时，输入格式串不需要回车符、换行符，输入时文件读写位置指针将自动跳过文件中的回车符、换行符。

(4) 文件位置指针的定位是否正确,是相关文件操作成功与否的关键。对于文本文件,请慎用文件读写指针定位函数,实用的程序中正确的位移量应当来自经过测试的结果。

【例11-13】 在二进制文件bina.dat中,根据键盘输入的学号修改文件中与该学号相同的记录。

☞ **编程分析**:该程序采用的方法与例11-11不同,它是从文件中读入或向文件输出结构体数据,直接对二进制文件bina.dat进行修改。

程序如下:

```
#include <stdio.h>
#include <string.h>
void main( )
{ FILE *fp1;
  struct stu{ char numb[9]; int score[3]; float ave;} a,b;
  fp1=fopen("bina.dat","rb+");
  scanf("%s%d%d%d",a.numb,&a.score[0],&a.score[1],&a.score[2]);
  a.ave=(a.score[0]+a.score[1]+a.score[2])/3.0;
  while(fread(&b,sizeof(stu),1,fp1)!=NULL)
     if(strcmp(a.numb,b.numb)==0) {
        fseek(fp1,-sizeof(stu),1);
        fwrite(&a,sizeof(stu),1,fp1);    /* 输出结构体变量a */
        break;
     }
  rewind(fp1);    /* 下列程序段用来显示修改后文件中的各记录 */
  while(fread(&a,sizeof(stu),1,fp1)! =NULL)
     printf("%8s%4d%4d%4d%6.1f\n",a.numb,a.score[0]
                    ,a.score[1],a.score[2],a.ave);
  fclose(fp1);
}
```

## 第五节 小　结

本章主要讨论了缓冲文件系统的输入、输出函数用于磁盘文本或二进制文件的读写,重点介绍以上文件的顺序读写,并简介这些文件的随机读写。

C语言对所使用的每个文件都在内存中开辟了一个"缓冲区",并建立了一个文件结构体变量,所有磁盘操作的函数中都必须有指向文件结构体变量的指针作参数。因此程序中对每一个所使用的文件,都必须先声明一个指向文件结构体的指针。

对文件的操作步骤是:声明文件指针→打开文件→读写文件→关闭文件。

fopen函数用于打开文件,相当于建立内存与文件的通道,应以正确的方式打开文件。

读写文件是通过一些库函数完成的。一般用字符输入/输出函数fgetc、fputc,字符串输入/出函数fgets、fputs，格式化输入/输出函数fscanf和fprintf读写文本文件，用函数fread、fwrite读写二进制文件。对于二进制文件，可以通过一次调用fread函数读入整个数组或结构体。特别要了解各输入函数的返回值,用它可以判别文件读写位置是否到达文件末尾。

文件结构体的数据成员，包括文件名、该文件内存缓冲区的地址、缓冲区中当前读写位置、文件当前读写位置等。对某个文件的读写,是根据该文件的文件结构体中的数据,通过输入、输出缓冲区而对文件的间接存取。为便于叙述和理解,读者可以把调用输入、输出函数看成是对文件的直接存取。

对文件随机读写时，使用与顺序读写相同的函数，唯一区别在于：要利用为文件读写指针重新定位的函数，来移动文件读写指针到所需要的位置。

## 习 题 十 一

1. 写出下列fopen函数调用所打开文件的读写方式与文件存储格式。
（1）fpt=fopen("d:\\user\\dat\\ex1.dat","w")
（2）fpt=fopen("d:\\user\\dat\\ex1.dat","wb")
（3）fpt=fopen("d:\\user\\dat\\ex1.dat","r+")
（4）fpt=fopen("d:\\user\\dat\\ex1.dat","ab")
（5）fpt=fopen("d:\\user\\dat\\ex1.dat","w+")

2. 填空题。
（1）fopen函数的返回值是_____。
（2）文件打开方式为"r+"，文件打开后，文件读写位置在_____。
（3）文件打开方式为"a"，文件打开后，文件读写位置在_____。
（4）表达式"fgetc(fpn)"的值为_____或_____。
（5）表达式"fgets(a,10,fpn)"的值为_____或_____。
（6）函数fscanf的返回值为_____或_____。
（7）函数fread的返回值为所读入数据的个数或_____。
（8）表达式"fscanf(fpn,"%f",&x)"的值为-1时，函数feof( )的值为_____。

3. 编程，输入若干学生的姓名、学号、3门功课成绩，写到文本文件e:\aaa.txt中。

4. 编程，顺序读入题3所建立的文本文件中各个学生的姓名、学号、成绩，并显示输出。

5. 编程，输入1个学生的学号，从题3所建立的文本文件中删除该学生的信息。

6. 编程，读入若干行字符（每行不超过80个），写入到文本文件e:\bbb.txt中。

7. 文件a.txt、b.txt中各自存放了若干个整数，编程，显示在a.txt中存在而b.txt中不存在的那些数。

8. 编程，输入若干学生的姓名、学号、3门功课成绩，写到二进制文件中（文件名自定）。

9. 编程，输入1个学生的姓名、学号、3门功课成绩，修改题8所建立的二进制文件中具有相同学号学生的信息。

10. 编程，模仿第十章例10-8，利用按位异或对某一文件加密与解密。

11. 文本文件a.txt、b.txt中每行存放一个数且均按从小到大存放。下列程序将这两个文件中的数据合并到c.txt中，文件c.txt中的数据也要从小到大存放，填空将下面的程序补充完整。

说明：若文件a.txt中的数据为1↙6↙9↙18↙27↙35↙，b.txt中的数据为10↙23↙25↙39↙61↙，则文件c.txt中的数据应为1↙6↙9↙10↙18↙23↙25↙27↙35↙39↙61↙。

```
#include <stdio.h>
void main( )
{  FILE *f1,*f2,*f3; int x,y;
   f1=fopen("e:\\a.txt","r");
   f2=fopen("e:\\b.txt","r");
   _____;
   fscanf(f1,"%d",&x); fscanf(f2,"%d",&y);
   while(1)
      if(_____){fprintf(f3,"%d\n",x);if(fscanf(f1,"%d",&x)==EOF)break;}
      else { fprintf(f3,"%d\n",y); if(fscanf(f2,"%d",&y)==EOF) break; }
   if(_____) {
      fprintf(f3,"%d\n",y);
      while(fscanf(f2,"%d",&y)! =EOF) _____
   }
   else {
      _____
      while(fscanf(f1,"%d",&x)! =EOF) fprintf(f3,"%d\n",x);
   }
   fclose(f1);
   fclose(f2);
   fclose(f3);
}
```

# 附录 I 字符与 ASCII 码对照表

| 符号 | 十进制 | 符号 | 十进制 | 符号 | 十进制 | 符号 | 十进制 |
|---|---|---|---|---|---|---|---|
| null | 0 | 空格 | 32 | @ | 64 | ` | 96 |
| ☺ | 1 | ! | 33 | A | 65 | a | 97 |
| ☻ | 2 | " | 34 | B | 66 | b | 98 |
| ♥ | 3 | # | 35 | C | 67 | c | 99 |
| ♦ | 4 | $ | 36 | D | 68 | d | 100 |
| ♣ | 5 | % | 37 | E | 69 | e | 101 |
| ♠ | 6 | & | 38 | F | 70 | f | 102 |
| beep | 7 | ' | 39 | G | 71 | g | 103 |
| ■ | 8 | ( | 40 | H | 72 | h | 104 |
| tab | 9 | ) | 41 | I | 73 | i | 105 |
| 换行 | 10 | * | 42 | J | 74 | j | 106 |
| 起始位置 | 11 | + | 43 | K | 75 | k | 107 |
| 换页 | 12 | , | 44 | L | 76 | l | 108 |
| 回车 | 13 | - | 45 | M | 77 | m | 109 |
| ♬ | 14 | . | 46 | N | 78 | n | 110 |
| ☼ | 15 | / | 47 | O | 79 | o | 111 |
| ► | 16 | 0 | 48 | P | 80 | p | 112 |
| ◄ | 17 | 1 | 49 | Q | 81 | q | 113 |
| ↕ | 18 | 2 | 50 | R | 82 | r | 114 |
| ‼ | 19 | 3 | 51 | S | 83 | s | 115 |
| ¶ | 20 | 4 | 52 | T | 84 | t | 116 |
| § | 21 | 5 | 53 | U | 85 | u | 117 |
| ▬ | 22 | 6 | 54 | V | 86 | v | 118 |
| ↨ | 23 | 7 | 55 | W | 87 | w | 119 |
| ↑ | 24 | 8 | 56 | X | 88 | x | 120 |
| ↓ | 25 | 9 | 57 | Y | 89 | y | 121 |
| → | 26 | : | 58 | Z | 90 | z | 122 |
| ← | 27 | ; | 59 | [ | 91 | { | 123 |
| ∟ | 28 | < | 60 | \ | 92 | \| | 124 |
| ✓ | 29 | = | 61 | ] | 93 | } | 125 |
| σ | 30 | > | 62 | ^ | 94 | ~ | 126 |
| τ | 31 | ? | 63 | _ | 95 | ⌂ | 127 |

说明:表中列出 ASCII 值从 0~127 在 ASNI C 中的字符。

# 附录 II 运算符优先级

| 优先级 | 运算符 | 名 称 | 举 例 |
|---|---|---|---|
| 1 | ( ) | 圆括号 | (a+b)*c |
|   | [ ] | 下标 | a[5]/x |
|   | -> | 间接引用结构体成员 | ps->score |
|   | . | 直接引用结构体成员 | stu[5].score |
| 2 | ! | 逻辑非 | !(x>0\|\|y<0) |
|   | ~ （单 | 按位取反 | ~0x5d3 |
|   | + 目 | 正号 | +70.86 |
|   | - 运 | 负号 | y=-x |
|   | (T) 算） | 类型强制转换 | (int)x/3,(char)k |
|   | * | 间接引用 | *a,*(*(b+i)+j) |
|   | & | 取地址 | &a,p=&b; |
| 3 | * | 相乘 | r*r*3.14 |
|   | / | 相除 | x/y |
|   | % | 取两整数相除的余数 | m%n |
| 4 | + | 相加 | a+b |
|   | - | 相减 | a-b |
| 5 | << | 左移 | a<<2 取 a 左移 2 位所得值 |
|   | >> | 右移 | a>>2 取 a 右移 2 位所得值 |
| 6 | > | 大于 | x>5 |
|   | < | 小于 | x<5 |
|   | >= | 大于或等于 | x>=5 |
|   | <= | 小于或等于 | x<=5 |
| 7 | == | 等于 | x==5 |
|   | != | 不等于 | x!=5 |
| 8 | & | 按位与 | 0377&a |
| 9 | ^ | 按位异或 | ~2^a |
| 10 | \| | 按位或 | ~2\|a |
| 11 | && | 逻辑与 | x>-5&&x<5 |
| 12 | \|\| | 逻辑或 | x>5\|\|x<-5 |
| 13 | ?: | 条件运算（三目运算） | max = x>y ? x:y |
| 14 | = | （自反）赋值运算 | x=5,x*=5,y/=x+6 |
| 15 | , | 逗号 | a=b,b=c+6,c++ |

说明：自增、自减运算符的运算优先级见第三章第二节。

# 附录 III 常用 C 库函数

## 1. 数学函数

应在源文件中包含头文件 math.h。

| 函数原型 | 函数功能 | 返回值 | 说明 |
|---|---|---|---|
| double acos(double x) | 计算 $\cos^{-1}(x)$ | $[0,\pi]$ | $x \in [-1,1]$ |
| double asin(double x) | 计算 $\sin^{-1}(x)$ | $[0,\pi]$ | $x \in [-1,1]$ |
| double atan(double x) | 计算 $\tan^{-1}(x)$ | $[-\pi/2,\pi/2]$ | |
| double atan(double x,double y) | 计算 $\tan^{-1}(x/y)$ | $[-\pi/2,\pi/2]$ | |
| double cos(double x) | 计算 $\cos(x)$ | $[-1,1]$ | x 为弧度值 |
| double cosh(double x) | 计算 $\cosh(x)$ | 计算结果 | |
| double exp(double x) | 计算 e 的 x 次方 | 计算结果 | e 为 2.718… |
| double fabs(double x) | 求 x 的绝对值 | 计算结果 | |
| double floor(double x) | 求小于 x 的最大整数 | double 类型 | |
| double fmod(double x,double y) | 求 x/y 的余数 | double 类型 | |
| double log(double x) | 求 $\log_e x$ | 计算结果 | e 为 2.718… |
| double log10(double x) | 求 $\log_{10} x$ | 计算结果 | |
| double pow(double x,double y) | 计算 $x^y$ | 计算结果 | |
| double sin(double x) | 计算 $\sin(x)$ | 计算结果 | x 为弧度值 |
| double sinh(double x) | 计算 $\sinh(x)$ | 计算结果 | x 为弧度值 |
| double sqrt(double x) | 计算 x 的平方根 | 计算结果 | x>=0 |
| double tan(double x) | 计算 $\tan(x)$ | 计算结果 | x 为弧度值 |
| double tanh(double x) | 计算 $\tanh(x)$ | 计算结果 | |

## 2. 字符函数

应在源文件中包含头文件 ctype.h。

| 函数原型 | 函数功能 | 返回值 |
|---|---|---|
| int isalnum(char x) | 判别 x 是否为字母、数字字符 | 是,则返回非 0;否则返回 0 |
| int isalpha(char x) | 判别 x 是否为字母字符 | 是,则返回非 0;否则返回 0 |
| int iscntrl(char x) | 判别 x 是否为控制字符 | 是,则返回非 0;否则返回 0 |
| int isdigit(char x) | 判别 x 是否为数字字符 | 是,则返回非 0;否则返回 0 |
| int isgraph(char x) | 判别 x 是否为除字母、数字、空格外的可打印字符 | 同上,x 为空格时亦返回 0 |
| int islower(char x) | 判别 x 是否为小写字母 | 是,则返回非 0;否则返回 0 |
| int isprint(char x) | 判别 x 是否为可打印字符 | 是,则返回非 0;否则返回 0 |
| int ispunct(char x) | 判别 x 是否为标点符号 | 是,则返回非 0;否则返回 0 |
| int isspace(char x) | 判别 x 是否为空格字符 | 是,则返回 1;否则返回 0 |

续表

| 函数原型 | 函数功能 | 返回值 |
| --- | --- | --- |
| int isupper(char x) | 判别 x 是否为大写字母 | 是,则返回非 0;否则返回 0 |
| char tolower(char x) | 将 x 转换为小写字母 | 大写字母 x 的小写字母 |
| char toupper(char x) | 将 x 转换为大写字母 | 小写字母 x 的大写字母 |

**3. 字符串函数**

应在源文件中包含头文件 string.h。

| 函数原型 | 函数功能 | 返回值 |
| --- | --- | --- |
| char *strcat(char *x,char *y) | 字符串 y 拼接到字符串 x 之后,字符串 x 后的 '\0' 被覆盖 | x |
| int strcmp(char *x,char *y) | 逐个比较两字符串中对应字符,直到对应字符不等或比较到串尾 | 两字符间差值之符号:1、0、-1 |
| char *strchr(char *x,char y) | 在字符串 x 中找字符 y 首次出现的地址 | 该地址或 NULL |
| char *strcpy(char *x,char *y) | 把字符串 y 复制到 x 中(从头覆盖) | x |
| unsigned int strlen(char *x) | 计算串 x 的长度(不包括串结束符'\0') | 所求长度 |
| char *strstr(char *x,char *y) | 在字符串 x 中找字符串 y 首次出现的地址 | 该地址或 NULL |

**4. 文件操作函数**

应在源文件中包含头文件 stdio.h。

| 函数原型 | 函数功能 | 返回值 |
| --- | --- | --- |
| int fclose(FILE *fp) | 关闭 fp 所指文件 | 成功:0;否则:非 0 |
| int feof(FILE *fp) | 检查 fp 所指文件是否结束 | 是:非 0;否则:0 |
| int fgetc(FILE *fp) | 从 fp 所指文件中读取下一个字符 | 成功:所取字符;否则:EOF |
| char *fgets(char *str, int n,FILE *fp) | 从 fp 所指文件最多读 n-1 个字符(遇'\n'、^z 终止)到串 str 中。 | 成功:str;否则:NULL |
| FILE *fopen(str *fname, str *mode) | 以 mode 方式打开文件 fname | 成功:文件指针;否则:NULL |
| int fprintf(FILE *fp,char *format,输出表) | 按 format 给定的格式,将输出表各表达式值输出到 fp 所指文件中 | 成功:所输出字符的个数;否则:EOF |
| int *fputs(char *str, FILE *fp) | 将字符串 str 输出到 fp 所指向的文件中 | 成功:str 末字符;否则:0 |
| int fread(T *a,long sizeof(T) ,unsigned int n, FILE *fp) | 从 fp 所指文件复制 n*sizeof(T) 个字节到 T 类型指针变量 a 所指的内存区域 | 成功:n;否则:0 |
| int fscanf(FILE *fp,char *format,地址列表) | 按串 format 给定的输入格式,从 fp 所指文件读入数据,存入地址列表指定的存储单元 | 成功:输入数据的个数;否则:EOF |

续表

| 函数原型 | 函数功能 | 返回值 |
| --- | --- | --- |
| int fseek(FILE *fp,long n, unsigned int switch) | 移动 fp 所指文件读写位置,n 为位移量,switch 决定起点位置 | 成功:0;<br>否则:非 0 |
| long ftell(FILE *fp) | 求当前读写位置到文件头的字节数 | 所求字节数或 EOF |
| int fwrite(T *a,long sizeof(T),unsigned int n, FILE *fp) | 从 T 类型指针变量 a 所指处起复制 n*sizeof(T) 个字节的数据,到 fp 所指向的文件 | 成功:n;<br>否则:0 |
| int getchar() | 从标准输入设备读入 1 个字符 | 字符 ASCII;<br>值或 EOF |
| char *gets(char *str) | 从标准输入设备读以回车结束的 1 串字符并后缀'\n',送到字符数组 str | 成功:str;<br>否则:NULL |
| int printf(char *format, 表达式列表) | 按串 format 给定的输出格式,显示各表达式的值 | 成功:输出字符数;<br>否则:EOF |
| int putchar(char x) | 向标准输出设备输出字符 x | 成功:x;<br>否则:EOF |
| int puts(char *str) | 把 str 输出到标准输出文件,将'\0'转换为换行符并输出 | 成功:换行符;<br>否则:EOF |
| int remove(char *filename) | 删除名为 filename 的文件 | 成功:0;<br>否则:EOF |
| int rename(char *oldfilename, char *newfilename) | 改文件名 oldfilename 为 newfilename | 成功:0<br>否则:EOF |
| void rewind(FILE *fp) | 移动 fp 所指文件读写位置到文件头 | |
| int scanf(char *format, 地址列表) | 按串 format 给定的输入格式,从标准输入文件读入数据,存入地址列表指定的存储单元 | 成功:输入数据的个数;<br>否则:EOF |

## 5. 动态内存分配函数

应在源文件中包含头文件 stdlib.h

| 函数原型 | 函数功能 | 返回值 |
| --- | --- | --- |
| void *colloc(unsigned int n, unsigned int size) | 分配 n 个、每个 size 字节的连续存储空间 | 成功:存储空间首地址;<br>否则:0 |
| void free(FILE *fp) | 释放 fp 所指的存储空间(必须是动态分配函数所分配的内存空间) | |
| void malloc(unsigned size) | 分配 size 个字节的存储空间 | 成功:存储空间首地址<br>否则:0 |
| void realloc(void *p, unsigned int size) | 将 p 所指的已分配内存区的大小改为 size | 成功:新的存储空间首地址;<br>否则:0 |

# 附录 Ⅳ  C程序设计样卷

## 样 卷 一

**一、程序阅读题**(每小题8分,共24分)

阅读下列程序,写出运行时的输出结果。

1. ```
   #include <stdio.h>
   void main( )
   { int a[6]={12,4,17,25,27,16},b[5]={5,13,4,24,32},i,j;
     for(i=0;i<6;i++) {
       for(j=0;j<5;j++) if(a[i]%b[j]==0)break;
       if(j<5) printf("%d\n",a[i]);
     }
   }
   ```

2. ```
   #include <stdio.h>
   void main( )
   { char a[8],temp; int i,j;
     for(i=0;i<7;i++) a[i]='A'+i;
     for(i=0;i<4;i++) {
       temp=a[0]; for(j=1;j<7;j++) a[j-1]=a[j];
       a[6]=temp;a[7]='\0';
       printf("%s\n",a);
     }
   }
   ```

3. ```
   #include <stdio.h>   /*写出运行时依次输入 1、5、-3、-13、0的输出结果*/
   void main( )
   { short a,b[16],i;  /* sizeof(short)为2,short类型数据占2个字节 */
     while(1) {
       scanf("%d",&a);
       if(a==0) break;
       for(i=15;i>=0;i--) { b[i]=a&1; a=a>>1; }
       for(i=0;i<16;i++) printf("%d",b[i]);
       putchar('\n');
     }
   }
   ```

**二、程序填空题**(每空2分,共32分)

1.【程序说明】  函数f1在字符串s1中查找并返回子串s2第一次出现的地址。若s1指向
   ```

"WINDOWS"、s2指向"DO",则返回s1+3,若s1指向"WINDOWS"、s2指向"DO",则返回NULL。
```
char *f1( char s1[ ], char s2[ ] )
{ int i,j, m;
    m = ____(1)____
    for(i=0; i<strlen(s1)-m;i++) {
        for(j=0; ____(2)____ ;j++) if(s1[i+j]!=s2[j]) break;
        if( ____(3)____ ) return s1+i;
    }
    return ____(4)____ ;
}
```

2.【程序说明】下列函数用选择法对double类型数组按值从小到大排序。
```
void sort( ____(5)____ )
{ int i,j,k; double t;
    for( i=0; ____(6)____ ;i++) {
        k=i;
        for(j=i+1;j<n;j++)
            if( ____(7)____ ) k=j;
        t=a[i]; a[i]=a[k]; ____(8)____
    }
}
```

3.【程序说明】下列程序运行时可显示所输入的二维数组中的最大值,以及其所在的行、列号。
```
#include <stdio.h>
void f(float **a, int m,int n, float *max, ____(9)____ )
{ int i,j;
    ____(10)____
    for(i=0;i<m;i++) for(j=0;j<n;j++) if(a[i][j]>=a[*i0][*j0]) {
        *max=a[i][j]; *i0=i; *j0=j;
    }
}
void main( )
{ float b[3][4],*c[3]=____(11)____ ,x;
    int i,j,m,n;
    for(i=0;i<3;i++) for(j=0;j<4;j++) scanf("%f",&a[i][j]);
    ____(12)____ ;
    printf("最大值%f行号%d列号%d\n",x,m,n);
}
```

4.【程序说明】结构体类型datalink定义如下:
struct datalink {

```
    datalink *next;
    int  num;
};
```

函数delnum的功能是:删除链表中所有num域小于n的节点,函数返回值为链表头节点的地址。

```
struct datalink *delnum(_____(13)_____)
{  struct datalink *p1,*p2;
    while(head! =NULL && _____(14)_____) {
        p2=head; head=head->next; free(p2);
    }
    if(head==NULL) return NULL;
    p1=head;p2=p1->next;
    while(p2! =NULL){
        if(p2->num<n){_____(15)_____; free(p2); p2=p1->next; }
        else { p1=p2; _____(16)_____ ; }
    }
    return(head);
}
```

三、程序设计题(第1题10分、第2题10分、第3题10分、第4题14分,共44分)

1. 编程,输入x值,按下式计算并输出y值。

$$f(x)=\begin{cases} \sin(x)+5 & x<-5 \\ x^2 & -5\leq x\leq 5 \\ x+3 & x>5 \end{cases}$$

2. 输入平面上20个点的x、y坐标值,统计并输出落在下图中阴影部分点的个数。

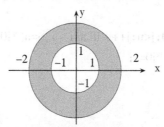

3. 编制函数,返回下列一元n次代数多项式的值。

$$a_0+a_1x+a_2x^2+\cdots+a_nx^n$$

4. 文件e:\aaa.txt中存放了若干行数据,表示姓名、成绩。每行格式如下所示,将其中成绩小于60的各行数据写入到文件e:\bbb.txt中。

张三　78
李四　69
王五　57
……

# 样 卷 二

## 一、程序阅读题（每小题8分，共24分）

阅读下列程序，写出运行时的输出结果。

1. ```c
   #include <stdio.h>
   void main( )
   { int a[10]={12,4,17,12,25,17,16,4,9,25},i,j;
     for(i=0;i<9;i++) {
     for(j=i+1;j<10;j++) if(a[i]==a[j])break;
     if(j<10) printf("%d\n",a[i]);
     }
   }
   ```

2. ```c
   #include <stdio.h>
   void main( )
   { char a[8]=" ",t; int j,k;
     for(j=0;j<5;j++) a[j]=(char)('a'+j);
     for(j=0;j<4;j++) {
       t=a[4]; for(k=4;k>0;k--) a[k]=a[k-1]; a[0]=t;
       printf("%s\n",a);
     }
   }
   ```

3. ```c
   #include <stdio.h>   /* 写出运行时依次输入 –1、–3、–5、3、0的输出结果 */
   void main( )
   { short a,b[16],i;
     while(1) {
       scanf("%d",&a);
       if(a==0) break;
       a=~a; for(i=15;i>=0;i--) { b[i]=a&1; a=a>>1; }
       for(i=0;i<16;i++) printf("%d",b[i]);
       putchar('\n');
     }
   }
   ```

## 二、程序填空题（每空2分，共32分）

1. 【程序说明】下列程序输入1个大于2的整数，判断其是否为2个大于1的整数的乘积。

   ```c
   #include <stdio.h>
          (1)
   void main( )
   ```
   ```

```
{ int m,i;
    while(____(2)____, m<3);
    for(i=2; i<=sqrt(m);i++)
        if(____(3)____) { printf("%d*%d=%d\n",i,m/i,m);break; }
    if(____(4)____) printf("不可分解\n");
}
```

2.【程序说明】下列函数查找1维数组中的最大、最小值。

```
void find(____(5)____)
{ int i;
    *max=a;  ____(6)____ ;
    for(i=1;i<n;i++) {
        if(____(7)____) *min=a[i];
        else  ____(8)____ ;
    }
}
```

3.【程序说明】下列程序计算m! /n! /(m-n)!，要求输入数据中m必须不小于n,n必须大于0。

```
#include <stdio.h>
float f(____(9)____)
{
    return k==1||k==0? 1: ____(10)____ ;
}
void main()
{ float y; int m,n;
    while(scanf("%d%d",&m,&n), m<n ____(11)____ n<=0);
    y=____(12)____ ;
    printf("%.0f\n",y);
}
```

4.【程序说明】结构体类型datalink定义如下：

```
struct datalink {
    struct datalink  *next;
    int  num;
};
```

下列函数create用于创建n个datalink类型节点的链表。

```
datalink *create(____(13)____)
{ int i; datalink *h,*p1,*p2;
    p1=h=(datalink*) malloc(sizeof(student));
    scanf("%d",&h->num);
```

```
    for(i=2;i<=n;i++) {
      p2=(datalink*) malloc(sizeof(student));
        ___(14)___ ;
      p1->next=p2;  ___(15)___ ;
    }
    p2->next=NULL;
      ___(16)___ ;
  }
```

**三、程序设计题**(第1题10分、第2题10分、第3题10分、第4题14分,共44分)

1. 输入n后,再输入n个数,求这n个数的和与积。
2. 输入25个数,计算它们的平均值,输出与平均值之差的绝对值为最小的元素。
3. 编制函数f,求二维数组全体元素和(函数头为 float f(float **a, int m, int n))。
4. 把文本文件x1.txt复制到文本文件x2.txt中,要求仅复制x1.txt中的英文字符。

# 附录 V 综合测试试卷(150分)

## 综合测试试卷(一)

一、编程,输入n(要求输入n值大于0,否则重新输入)后,输入n个数,分别统计n个数中正数、负数的和(15分)。

二、编程,利用下列公式,求π精确到小数点后14位的近似值(15分)。
$$\frac{\pi}{2}=\frac{2}{1}\cdot\frac{2}{3}\cdot\frac{4}{3}\cdot\frac{4}{5}\cdot\frac{6}{5}\cdot\frac{6}{7}\cdot\frac{8}{7}\cdot\frac{8}{9}\cdots$$

三、编程,输入两个数组(分别有m、n个元素,m、n≤30)后,输出那些只在其中一个数组中出现的数(15分)。

例如:a[5]={1,2,3,4,5}、b[6]={5,4,3,4.4,5.5,6.6},则输出为1、2、4.4、5.5、6.6。

四、输入有20个元素的数组a,计算下列算式的值并输出(15分)。
$$\sqrt{a_{19}+\sqrt{a_{18}+\sqrt{a_{17}+\cdots+\sqrt{a_2+\sqrt{a_1+\sqrt{a_0}}}}}}$$

五、编制函数find,函数原型为 char* find(char* s1, char *s2),函数的功能是查找s2指向的子串在s1所指向的字符串中第一次出现的位置。找到则返回该位置(地址)值,找不到则返回0(20分)。

例如:char *ss1="Microsoft Windows 2000", *ss2="Windows", *ss3="Office",引用函数 find(ss1,ss2)返回值为 ss1+10,引用函数 find(ss1,ss3)返回值为 0。

六、编制函数,调用该函数可计算矩阵的乘积(20分)。

若矩阵A为M行、N列,矩阵B为N行、K列,则A×B的结果C为M行、K列矩阵,且C矩阵各元素的计算公式如下:
$$c_{ij}=\sum_{l=1}^{n}(a_{il}\times b_{lj}) \quad \begin{matrix}i=1,2,\cdots,m\\ j=1,2,\cdots,k\end{matrix}$$

七、结构体类型stu定义如下:

```
struct stu {
    stu *next;
    char name[9];
    int score[5];
};
```

编制函数crea,调用该函数可从标准输入设备输入n个stu类型节点的数据并建立链表,函数的返回值为头节点的地址,若节点数为0,则返回NULL(20分)。

八、编程,将文本文件e:\zhj\a.dat中的文本复制到文本文件e:\zhj\b.dat中。要求:从e:\zhj\a.dat中读入的连续的若干个空格符中,只写一个到e:\zhj\b.dat中(30分)。

# 综合测试试卷(一)参考答案

**第一题:**
```
#include <stdio.h>
void main( )
{ int i,n,s1=0,s2=0; float x;
  while(scanf("%d",&n),n<=0);
  for(i=1;i<=n;i++) {
    scanf("%f",&x);
    if(x>0) s1++; else if(x<0) s2++;
  }
  printf("正数个数 %d,负数个数 %d\n",s1,s2);
}
```
【评分标准】数据类型选择3分,输入n正确5分,算法、结构7分。

**第二题:**
```
#include <stdio.h>
void main( )
{ double pi1=1,pi2;
  int n=1;
  do {
    pi2=pi1; n=n+2;
    pi1=pi1*(n-1)*(n+1)/n/n;
  } while(pi2-pi1>=1e-14);
  printf("%17.14lf\n",pi1*4);
}
```
【评分标准】数据类型选择3分,结束条件3分,输出格式2分,结构、语法7分。

**第三题:**
```
#include <stdio.h>
void main( )
{ float a[30],b[30]; int m,n,i,j;
  scanf("%d%d",&m,&n);
  for(i=0;i<m;i++) scanf("%f",a+i);
  for(i=0;i<n;i++) scanf("%f",b+i);
  for(i=0;i<m;i++) {
    for(j=0;j<n;j++) if(a[i]==b[j]) break;
    if(j==n) printf("%f\n",a[i]);
  }
}
```

```
        for(i=0;i<n;i++) {
            for(j=0;j<m;j++) if(b[i]==a[j]) break;
            if(j==m) printf("%f\n",b[i]);
        }
    }
```

【评分标准】数组声明2分,输入3分,第1个二重循环的结构、语法7分,写出第2个二重循环3分。

第四题:
```
#include <stdio.h>
#include <math.h>
void main( )
{ float a[20],y=0; int i;
    for(i=0;i<20;i++) {
        scanf("%f",a+i); y=sqrt(a[i]+y);
    }
    printf("%f\n",y);
}
```

【评分标准】基本算法10分,语法、初始化5分(可以不用数组)。

第五题:
```
char* find(char *s1, char *s2)
{ int i,j;
    for(i=0;i<strlen(s1)-strlen(s2);i++) {
        for(j=0;j<strlen(s2);j++) if(s1[i+j]!=s2[j]) break;
        if(j==strlen(s2)) return s1+i;
    }
    return NULL;
}
```

【评分标准】基本算法10分,返回值5分,语法5分。

第六题:
```
void f(float **a,float **b,float **c,int m,int n,int k)
{ int i,j,s;
    for(i=0;i<m;i++)
    for(j=0;j<k;j++) {
        c[i][j]=0;
        for(s=0;s<n;s++) c[i][j]+=a[i][s]*b[s][j];
    }
}
```

【评分标准】函数原型5分,基本算法8分,结构、语法7分(也可以用1级指针变量做形参)。

第七题:
```
stu* crea(int n)
{ int i,j;
  stu *head,*p1,*p2,x;
  if(n==0) return NULL;
  head=p1=(stu*) malloc(sizeof(stu));
  scanf("%s",p1->name);
  for(j=0;j<5;j++) scanf("%d",&(p1->score[j]));
  for(i=2;i<=n;i++) {
    p2=(stu*) malloc(sizeof(stu));
    scanf("%s",p2->name);
    for(j=0;j<5;j++) scanf("%d",&(p2->score[j]));
    p1->next=p2; p1=p2;
  }
  p2->next=NULL;
  return head;
}
```
【评分标准】函数原型3分,头节点处理4分,输入格式5分,基本算法、结构8分。

第八题:
```
#include <stdio.h>
#include <stdlib.h>
void main()
{ FILE *p1,*p2;
  char ch; int k=0;
  if((p1=fopen("e:\\zhj\\a.dat","r"))==NULL) {
    printf("文件打不开。\n"); exit(0);
  }
  if((p2=fopen("e:\\zhj\\b.dat","w"))==NULL) {
    printf("文件打不开。\n"); exit(0);
  }
  while((ch=fgetc(p1))!=EOF)
    if(ch!=' ') {
      fputc(ch,p2); k=0;
    }
    else
      if(k==0) {
        fputc(',',p2); k=1;
      }
```

        fclose(p1); fclose(p2);
    }

【评分标准】文件打开10分，文件读写10分，有关多空格的处理10分。

# 综合测试试卷(二)

一、输入n后(n必须大于0，否则重新输入)，再输入n个点的x、y坐标值，统计其中落在下图中圆环内(图中阴影部分)的点的个数(本题共15分)。

二、输入x值，利用下列公式求 cos(x)的近似值，直到最后一项的绝对值小于$10^{-12}$时为

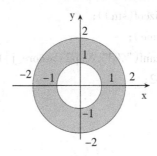

止(本题共15分)。

$$\cos(x)=1-\frac{x^2}{2!}+\frac{x^4}{4!}-\frac{x^6}{6!}+\cdots$$

三、输入10个正整数，求它们的最小公倍数(本题共15分)。

四、输入20个数，输出它们的平均值V，输出其中与V之差的绝对值为最小的那个数组元素(本题共15分)。

五、编制函数fe，函数原型为int fe(char* ss)，其功能是检查ss指向的字符串中左、右圆括号的个数是否匹配。再请为你所编制的函数写一个简要的使用说明(本题共20分)。

六、编制函数，调用该函数可对一个M行、N列矩阵作如下形式的变化(本题共20分)。

```
              4  3  9  2              -2 -1  0  1
     数组     1  6  5  7     变化后为   2  3  4  5
              8 -2  0 -1               6  7  8  9
```

七、结构体类型stu定义如下：

```
struct stu {
    stu *pf,*pb;
    char name[9];
    int score[5];
};
```

编制函数crea，调用该函数可从标准输入设备输入n个stu类型节点的数据并建立双向链表，函数的返回值为头节点的地址(若节点数为0，则返回NULL)(本题共20分)。

八、文本文件a.dat、b.dat中分别存放了若干个实数，编程，将那些在a.dat中出现、而在b.dat中不出现的数据写入到文件c.dat中(本题共30分)。

## 综合测试试卷(二)参考答案

第一题:
```
#include <stdio.h>
void main( )
{ float x,y; int n,i,m=0;
  while(scanf("%d",&n),n<=0);
  for(i=1;i<=n;i++) {
    scanf("%f%f",&x,&y);
    if(x*x+y*y>=1 && x*x+y*y<=4) m++;
  }
  printf("%d\n",m);
}
```
【评分标准】数据类型选择3分,输入n正确5分,算法、结构7分。

第二题:
```
#include <stdio.h>
#include <math.h>
void main( )
{ double x,t=1,y=0; int i=1;
  scanf("%lf",&x);
  while(fabs(t)>=1e-12) {
    y+=t;
    t=-t*x*x/i/(i+1);
    i=i+2;
  }
  printf("%15.12f\n",y);
}
```
【评分标准】数据类型选择3分,结束条件3分,输入格式2分,算法7分。

第三题:
```
#include <stdio.h>
void main( )
{ int a[10],i,m;
  for(i=0;i<10;i++) scanf("%d",a+i);
  m=a[0];
  while(1) {
    for(i=1;i<10;i++) if(m%a[i]! =0) break;
    if(i==10) break; else m+=a[0];
```

```
        }
    printf("%d\n",m);
}
```

【评分标准】数组类型声明3分,输入数组3分,算法、语法9分。

第四题:
```
#include <stdio.h>
#include <math.h>
void main( )
{ float a[20],v=0,d,x; int i;
    for(i=0;i<20;i++) { scanf("%f",a+i); v+=a[i]; }
    v/=20;
    d=fabs(a[0]-v); x=a[0];
    for(i=1;i<20;i++)
        if(fabs(a[i]-v)<d) { d=fabs(a[i]-v);x=a[i];}
    printf("%f\n",x);
}
```

【评分标准】数组声明2分,输入3分,求平均值3分,算法5分,输出结果2分。

第五题:
```
    int fe(char *ss)
    { int i,nl=0,nr=0;
        for(i=0;i<strlen(ss);i++) {
            if(ss[i]=='(') nl++;
            if(ss[i]=')') nr++;
        }
        return nl-nr;
    }
```

使用说明:形参ss为指向字符串的指针变量,返回值为左括号个数与右括号个数之差。

【评分标准】算法、语法12分,使用说明8分(形参说明4分,返回值说明4分)。

第六题:
```
    void f(float *a,int m,int n)
    { int i,j,k; float x;
        for(i=0;i<m*n-1;i++) {
            k=i;
            for(j=i+1;j<m*n;j++) if(a[j]<a[k]) k=j;
            x=a[k]; a[k]=a[i]; a[i]=x;
        }
    }
```

【评分标准】形参设置5分,排序算法10分,语法5分。

第七题:

```
stu* crea(int n)
{ int i,j; stu *head,*p1,x;
    if(n==0) return NULL;
    head = p1 = (stu*) malloc(sizeof(stu));
    p1->pf=p1;
    scanf("%s",p1->name);
    for(j=0;j<5;j++) scanf("%d",&(p1->score[j]));
    for(i=2;i<=n;i++) {
        p1->pb=(stu*) malloc(sizeof(stu));
        (p1->pb)->pf=p1; p1=p1->pf;
        scanf("%s",p1->name);
        for(j=0;j<5;j++) scanf("%d",&(p1->score[j]));
    }
    p1->pf=NULL;
    return head;
}
```

【评分标准】函数原型3分,头节点处理4分,输入格式5分,基本算法、结构8分。

第八题:

```
#include <stdio.h>
#include <stdlib.h>
void main()
{ FILE *p1,*p2,*p3;
    float x,y;
    if((p1=fopen("a.dat","r"))==NULL) {
        printf("文件打不开。\n"); exit(0);
    }
    if((p2=fopen("b.dat","r"))==NULL) {
        printf("文件打不开。\n"); exit(0);
    }
    if((p3=fopen("c.dat","w"))==NULL) {
        printf("文件打不开。\n"); exit(0);
    }
    while(fscanf(p1,"%f",&x)! =EOF) {
        rewind(p2);
        while(fscanf(p2,"%f",&y)! =EOF) if(x==y) break;
        if(feof(p2)) fprintf(p3,"%f\n",x);
    }
```

fclose(p1); fclose(p2); fclose(p3);
}

【评分标准】文件打开10分,读写5分,指针反绕或重新打开5分,算法结构10分。

## 综合测试试卷(三)

一、编程,计算$f(x)=x^2-3.14 \cdot x-6$当x为$-2$、$-1.5$、$-1$、$\cdots$、$1.5$、$2$时所取的最大值、最小值,要求将f(x)的计算写作自定义函数(本题15分)。

二、编程,输入x后计算下列级数的和,直到末项的绝对值小于$10^{-14}$为止(本题15分)。

$$x-\frac{x^3}{3!}+\frac{x^5}{5!}-\cdots+(-1)^n\frac{x^{2n+1}}{(2n+1)!}+\cdots$$

三、编程,输入n后,输入平面上n个点的坐标值,计算并输出所有各点间距离的总和(本题15分)。

四、编写函数f(不必编写函数main),引用该函数可计算并返回一元n-1次代数多项式$a_0+a_1x+a_2x^2+\ldots+a_{n-1}x^{n-1}$的值(本题15分)。

五、编写函数f(不必编写函数main),引用该函数可删除字符串中所有的空格字符,函数返回值为该字符串首地址(本题20分)。

六、文件xxx.cpp中包含有函数guss的源代码,该函数原型与使用说明如下。编程,通过调用函数guss,求解一个四元一次线性方程组(本题20分)。

　　函数原型:void guss(float **d, int n)。

　　使用说明:该函数求解n元一次线性方程组,若调用程序中数组a[4][5]前4列存放了方程组的系数矩阵,最后一列存放了方程组的右端项,指针数组b顺序存放a数组每行的行地址,形参d所对应的实参为b,形参n所对应的实参为4,调用后输出数组a的最后一列(存放了方程组的解)。

七、函数insert用于在头节点指针为h的有序链表中插入一个新节点,请将应填充的语句写在答题纸上(本题20分)。

　　节点类型标识符student定义为:

　　　　struct student { char name[9]; int cj; student *next; };

　　形参h值为非空有序(按cj值从小到大)链表的头指针,考虑到新节点可能作为头节点(重设头指针),函数返回头指针。

　　　　student *insert(student *h)
　　　　{ student *px,*p1;
　　　　　　px=(student*) malloc(sizeof(student));
　　　　　　scanf("%s%d",px->name,&px->cj);
　　　　　　if(px->cj<h->cj) { (1)　　　;　　　　;　　　　; }
　　　　　　else {
　　　　　　　　p1=h;
　　　　　　　　while(p1->next! =NULL)

```
        if( px->cj<p1->next->cj) { (2)_____;_____;_____; }
        else p1=p1->next;
    }
    p1->next=px; px->next=NULL;
    return h;
}
```

八、编程,将文本文件d:\aaa.txt中的各行复制到新建文本文件d:\bbb.txt中,其中成绩小于60的不复制,文件d:\aaa.txt中每行数据格式如下,其间以空格作为间隔(本题30分)。

8个字符(姓名) 10个字符(学号) 3位整数(成绩) 回车换行

## 综合测试试卷(三)参考答案

第一题:

```c
#include <stdio.h>
float f( float x)
{ return x*x-3.14*x-6; }
void main( )
{ float x,mmax,mmin;
    mmax=f(-2); mmin=mmax;
    for(x=-1.5; x<=2; x=x+0.5) {
        if(f(x)>mmax) mmax=f(x); if(f(x)<mmin) mmin=f(x);
    }
    printf("%f  %f\n",mmax,mmin);
}
```

【评分标准】头文件2分,类型声明2分,函数4分,循环3分,条件语句与输出语句各2分。

第二题:

```c
#include <stdio.h>
#include <math.h>
void main( )
{ int i=1; double y,x,t;
    scanf("%lf",&x); y=t=x;
    while( fabs(t)>=1e-14 ) { i=i+2; t=-t*x*x/i/(i-1); y=y+t; }
    printf("%f\n",y);
}
```

【评分标准】头文件2分,类型声明2分,输入/输出各2分,循环体4分(直接输出sin(x)也是正确的),条件3分。

第三题:

```c
#include <stdio.h>
```

```
    #include <stdlib.h>
    #include <math.h>
    void main( )
    { float *x, *y, s=0;  int n, i, j;
      scanf("%d",&n);
      x=(float*) malloc(n*sizeof(float));
      y=(float*) malloc(n*sizeof(float));
      for(i=0;i<n;i++) scanf("%f%f",x+i,y+i);
      for(i=0;i<n-1;i++) for(j=i+1;j<n;j++)
        s+=sqrt(pow(x[j]-x[i],2)+pow(y[j]-y[i],2));
      printf("%f\n",s);
    }
```

【评分标准】头文件2分,声明2分,动态分配存储4分,循环结构7分。

第四题:

```
    float f(float *a,float x,int n)
    { float t=1, y; int i;
      y=a[0];
      for(i=1;i<n;i++) { t=t*x; y=y+a[i]*t; }
      return y;
    }
```

【评分标准】首句4分,声明与初值3分,循环结构6分,返回语句2分。

第五题:

```
    char* f(char *s)
    { int i;
      for(i=0;i<strlen(s); )
        if(s[i]==' ') strcpy(s+i,s+i+1); else i++;
      return s;
    }
```

【评分标准】首句4分,循环4分,两个字符串函数(或自编)各4分,有条件执行语句"i++"4分。

第六题:

```
    #include <stdio.h>
    #include "xxx.cpp"
    void main( )
    { float a[4][5],*b[4]; int i,j;
      for(i=0;i<4;i++) for(j=0;j<5;j++) scanf("%f",&a[i][j]);
      for(i=0;i<4;i++) b[i]=a[i];
      guss(b,4);
```

260

```
        for(i=0;i<4;i++) printf("%f\n",a[i][4]);
    }
```
【评分标准】头文件5分,声明与指针数组初值5分,调用5分,输出5分。

第七题:

(1) px->next=h; h=px; return h;

(2) px->next=p1->next; p1->next=px; return h;

【评分标准】应填充各语句依次为 4分、4分、2分、4分、4分、2分。

第八题:
```
#include <stdio.h>
void main( )
{   FILE *fa,*fb;
    char name[9],num[11]; int cj;
    fa=fopen("d:\\aaa.txt","r");
    fb=fopen("d:\\bbb.txt","w");
    while(fscanf(fa,"%s%s%d",name,num,&cj)!=EOF)
        if(cj>=60) fprintf(fb,"%s %s %3d\n",name,num,cj);
    fclose(fa);
    fclose(fb);
}
```
【评分标准】声明语句5分,文件打开关闭5分,读写各5分,读写格式5分,判断读文件结束5分。

## 综合测试试卷(四)

一、编程,输入3个数后,按从大到小的顺序输出它们的值(本题20分)。

二、编程,输入一串字符(不超过80个),将其中的大写字母替换为相应的小写字母(本题20分)。

三、编程,输入n后再输入n个数,如果这n个数中正数的个数多于负数的个数,则求n个数的乘积,否则求它们的和(本题20分)。

四、编写函数f4(不必编写函数main),引用该函数可判断其二维实参数组中的数据是否表示一个下三角矩阵(本题20分)。

五、编制函数f5,其功能是为一个n行、n列数组按如下规则赋值(本题20分)。

若n等于4,则数组被赋值为:

$d_2$  $d_3$  $d_4$  $d_5$   其中,$d_m=1+2+3+\cdots+m$
$d_3$  $d_4$  $d_5$  $d_6$
$d_4$  $d_5$  $d_6$  $d_7$
$d_5$  $d_6$  $d_7$  $d_8$

六、文件a.txt、b.txt中各自存放了若干个整数,编程,显示在a.txt中存在而在b.txt中不存在的那些数(本题20分)。

七、编制函数f7,其功能是按下列复合辛普生公式求函数f(x)在[a,b]的定积分(本题30分)。

$$\int_a^b f(x)dx \approx \frac{h}{6}\left[f(a)+4\sum_{k=0}^{n-1}f(x_{k+1/2})+2\sum_{k=1}^{n-1}f(x_k)+f(b)\right]$$

其中:h=(b-a)/n,$x_{k+c}$=a+(k+c)·h

提示:被积函数f作为函数f7的形参,为flaot类型指向函数的指针。

## 综合测试试卷(四)参考答案

第一题:
```
#include <stdio.h>
void main( )
{ float a,b,c,u,s,t;
  scanf("%f%f%f",&a,&b,&c);
  u=(u=a>b?a:b)>c?u:c; t=(t=a<b?a:b)<c?t:c; s=a+b+c-u-t;
  printf("%f    %f    %f\n",u,s,t);
}
```

【评分标准】头文件2分、类型声明2分、输入/输出4分、排序12分。

第二题:
```
#include <stdio.h>
#include <string.h>
#include <ctype.h>
void main( )
{ int i,n;  char x[81];
  gets(x); for(i=0;i<strlen(x);i++) if(isupper(x[i])) x[i]=x[i]+32;
  puts(x);
}
```

【评分标准】头文件4分、类型声明2分、输入/输出4分、循环条件3分、判断3分、改写为相应的小写字母4分。

第三题:
```
#include <stdio.h>
#include <stdlib.h>
void main( )
{ float *x,y;   int n,s1=0,s2=0,i;
  scanf("%d",&n);
  x=(float*) malloc(n*sizeof(float));
  for(i=0;i<n;i++){scanf("%f",x+i);if(x[i]>0)s1++; if(x[i]<0) s2++;}
```

```
        if(s1>s2) for(i=0,y=1;i<n;i++) y*=x[i];
        else for(i=0,y=0;i<n;i++) y+=x[i];
        printf("%f\n",y);
    }
```
【评分标准】头文件2分,声明2分,动态分配存储4分,输入/输出4分,循环结构8分。
第四题:
```
    int f4(float **a, int n)
    { int i,j,k=1;
      for(i=0;i<n-1;i++)
        for(j=i+1;j<n;j++) if(a[i][j]) k=0;
      return k;
    }
```
【评分标准】函数类型,2个形参声明共6分,下三角矩阵概念2分,循环控制6分,返回值和返回语句共6分。

第五题:
```
    int f(int m)
    { int y=0,i;
      for(i=1;i<=m;i++) y=y+i;
      return y;
    }
    void f5(int **a,int n)
    { int i,j;
      for(i=0;i<n;i++) for(j=0;j<n;j++) a[i][j]=f(i+j+2);
    }
```
【评分标准】函数f或计算数列6分,函数f5声明4分,循环控制4分,调用f之参数确定6分。

第六题:
```
    #include <stdio.h>
    void main( )
    { int a,b; FILE *fa,*fb;
      fa=fopen("e:\\a.txt","r");
      fb=fopen("e:\\b.txt","r");
      do {
          fscanf(fa,"%d",&a);
          do {
              fscanf(fb,"%d",&b);
              if(a==b) break;
          } while(! feof(fb));
```

```
            if(! feof(fa) && feof(fb)) printf("%d\n",a);
                rewind(fb);
        } while(! feof(fa));
        fclose(fa);
        fclose(fb);
    }
```

【评分标准】声明语句3分，文件打开3分，外循环结构4分，内循环结构6分，数据完整性4分。

第七题：
```
        float f7(float a,float b,int n,float (*f)(float))
        { float y=0,h=(b-a)/n,x; int k;
            x=a+0.5*h;
            for(k=0;k<n;k++) {
                y=y+4*f(x); x+=h;
            }
            x=a;
            for(k=1;k<n;k++) {
                y=y+2*f(x); x+=h;
            }
            y=(y+f(a)+f(b))*h/6;
            return y;
        }
```

【评分标准】函数声明语句10分，其中形参f的声明5分，变量声明、h的计算6分，返回语句2分，其他各求和公式的计算每个4分。